Daniel Pompon
Michèle Rodary

math 2^{e}

BELIN
8, rue Férou - 75006 Paris

Nous remercions Mme Jullin pour sa participation.

 ISSN 0298-4687 ISBN 2-7011-**1930**-8

SOMMAIRE

UNE DÉMARCHE PROGRESSIVE

1. SE TESTER

Au début de chaque chapitre, un test pour évaluer vos connaissances.

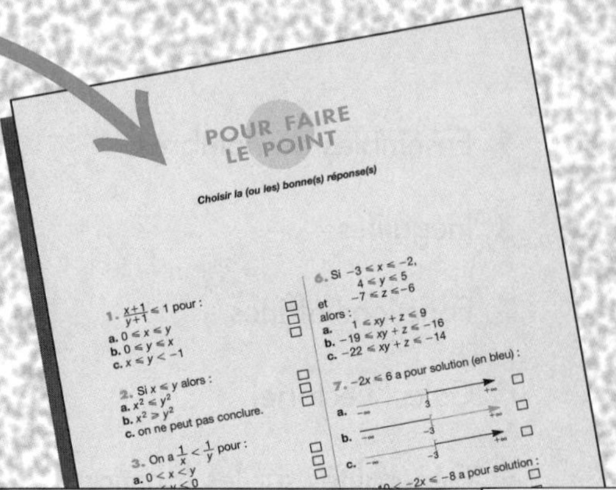
POUR FAIRE LE POINT

Choisir la (ou les) bonne(s) réponse(s)

1. $\frac{x+1}{y+1} \leqslant 1$ pour :
a. $0 \leqslant x \leqslant y$ ☐
b. $0 \leqslant y \leqslant x$ ☐
c. $x \leqslant y < -1$ ☐

2. Si $x \leqslant y$ alors :
a. $x^2 \leqslant y^2$ ☐
b. $x^2 \geqslant y^2$ ☐
c. on ne peut pas conclure. ☐

3. On a $\frac{1}{x} < \frac{1}{y}$ pour :
a. $0 < x < y$ ☐

6. Si $-3 \leqslant x \leqslant -2$, $4 \leqslant y \leqslant 5$ et $-7 \leqslant z \leqslant -6$ alors :
a. $1 \leqslant xy + z \leqslant 9$ ☐
b. $-19 \leqslant xy + z \leqslant -16$ ☐
c. $-22 \leqslant xy + z \leqslant -14$ ☐

7. $-2x \leqslant 6$ a pour solution (en bleu) :
a. ☐
b. ☐
c. ☐

2. RÉVISER

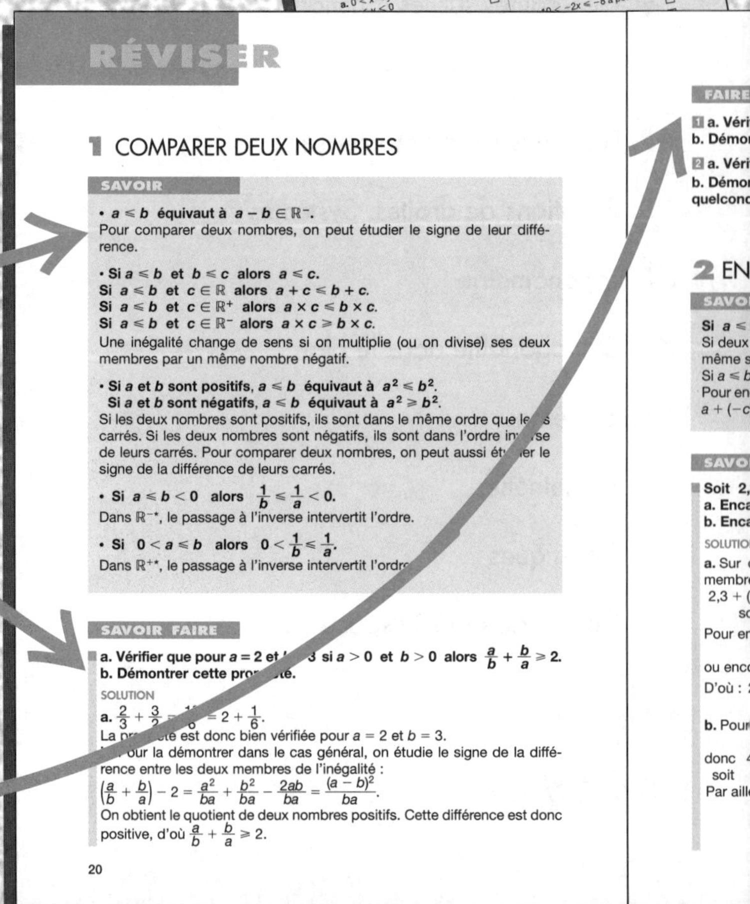
RÉVISER

1 COMPARER DEUX NOMBRES

SAVOIR

• $a \leqslant b$ **équivaut à** $a - b \in \mathbb{R}^-$.
Pour comparer deux nombres, on peut étudier le signe de leur différence.

• **Si** $a \leqslant b$ **et** $b \leqslant c$ **alors** $a \leqslant c$.
Si $a \leqslant b$ **et** $c \in \mathbb{R}$ **alors** $a + c \leqslant b + c$.
Si $a \leqslant b$ **et** $c \in \mathbb{R}^+$ **alors** $a \times c \leqslant b \times c$.
Si $a \leqslant b$ **et** $c \in \mathbb{R}^-$ **alors** $a \times c \geqslant b \times c$.
Une inégalité change de sens si on multiplie (ou on divise) ses deux membres par un même nombre négatif.

• **Si** a **et** b **sont positifs,** $a \leqslant b$ **équivaut à** $a^2 \leqslant b^2$.
Si a **et** b **sont négatifs,** $a \leqslant b$ **équivaut à** $a^2 \geqslant b^2$.
Si les deux nombres sont positifs, ils sont dans le même ordre que le[s] carrés. Si les deux nombres sont négatifs, ils sont dans l'ordre in[ve]rse de leurs carrés. Pour comparer deux nombres, on peut aussi ét[udi]er le signe de la différence de leurs carrés.

• **Si** $a \leqslant b < 0$ **alors** $\frac{1}{b} \leqslant \frac{1}{a} < 0$.
Dans $\mathbb{R}^{-*}$, le passage à l'inverse intervertit l'ordre.

• **Si** $0 < a \leqslant b$ **alors** $0 < \frac{1}{b} \leqslant \frac{1}{a}$.
Dans $\mathbb{R}^{+*}$, le passage à l'inverse intervertit l'ordr[e].

SAVOIR FAIRE

a. Vérifier que pour $a = 2$ et [b =] 3 si $a > 0$ et $b > 0$ alors $\frac{a}{b} + \frac{b}{a} \geqslant 2$.
b. Démontrer cette pro[priété].

SOLUTION

a. $\frac{2}{3} + \frac{3}{2} = \ldots = 2 + \frac{1}{6}$.
La pr[opriété] est donc bien vérifiée pour $a = 2$ et $b = 3$.
[b.] Pour la démontrer dans le cas général, on étudie le signe de la différence entre les deux membres de l'inégalité :
$\left(\frac{a}{b} + \frac{b}{a}\right) - 2 = \frac{a^2}{ba} + \frac{b^2}{ba} - \frac{2ab}{ba} = \frac{(a-b)^2}{ba}$.
On obtient le quotient de deux nombres positifs. Cette différence est donc positive, d'où $\frac{a}{b} + \frac{b}{a} \geqslant 2$.

20

Ce qu'il faut savoir.

Comment utiliser ses connaissances.

Mettre en pratique.

POUR RÉUSSIR EN MATH

3. S'ENTRAÎNER

Apprendre à mobiliser ses connaissances sur des problèmes d'examen.

En cas de difficulté, la boussole donnera des pistes de résolution.

S'ENTRAÎNER

Indications p. 170 pour les exercices comportant ce symbole.

1 Pour se rendre au lycée, Pierre part à 7 h de chez lui, à 5 minutes près. Il arrive entre 8 h 15 et 8 h 30.
Encadrer le temps nécessaire à son trajet.

2 Une association culturelle organise une représentation théâtrale pour financer un voyage.
Elle prévoit entre 150 et 180 spectateurs, chacun payant entre 40 F et 50 F en fonction des tarifs réduits.
a. Encadrer la recette R.
b. Le voyage coûtera entre 900 F et 1 000 F par personne.
Encadrer le nombre n de personnes qui pourront participer à ce voyage.

3 **a.** Soit $A = \frac{x^2}{3 - 2x}$.
Calculer A pour $x = \sqrt{3}$.
Écrire le résultat sans radical au dénominateur.
b. Encadrer A sachant que $1{,}7 \leqslant x \leqslant 1{,}8$.
Vérifier, à l'aide de la calculatrice, que le nombre trouvé au **a.** est bien dans l'encadrement obtenu au **b.**

4 Le poids des ans...
a. Dans une famille, le père pèse 75 kg, la mère 55 kg, les enfants 45 kg, ... kg.
... poids des parents est connu au kg près et celui des ... près, à quel intervalle appartient le poids total des ... tal des enfants ?
... enfants aient un poids égal à celui des parents ?

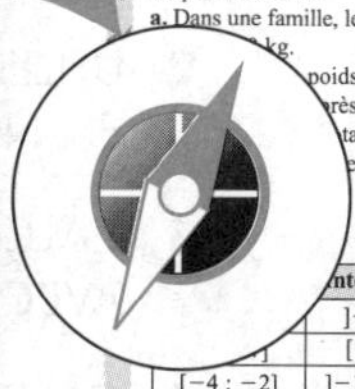

	Intervalle J	I ∩ J	I ∪ J
	]−2 ; 5]	...	...
	[7 ; 10]	...	...
[−4 ; −2]	]−10 ; +∞[	...	...
]−∞ ; 0[	]0 ; +∞[	...	...

26

2. INÉGALITÉS

$a = 2$ et $b = 3$ si $0 \leqslant a \leqslant b$ alors $\frac{a+1}{b+1} \geqslant \frac{a}{b}$.
été.
$x = 4$ et $y = 9$, on a $\frac{x+y}{2} \geqslant \sqrt{xy}$.
été lorsque x et y sont des nombres réels positifs

UNE SOMME, UNE DIFFÉRENCE

ors $a + c \leqslant b + d$.
de même sens, alors on obtient une inégalité de
itant membre à membre.
me $-d \leqslant -c$, alors $a - d \leqslant b - d$.
ence $a - c$, on encadre d'abord $-c$ puis la somme

t $-0{,}5 \leqslant b \leqslant -0{,}4$.
is $a - b$.
s $2a - 3b + 1$.

de même sens, on peut additionner membre à
$\leqslant 2{,}4 + (-0{,}4)$
$\leqslant 2$.
on encadre d'abord $-b$, puis $a + (-b)$.
$\geqslant 0{,}4$
$\leqslant 0{,}5$.
$(-b) \leqslant 2{,}4 + 0{,}5$
$b \leqslant 2{,}9$.
, on encadre d'abord $-a$, puis $4 + (-a)$.
$\leqslant -2{,}3$
$+ (-a) \leqslant 4 + (-2{,}3)$
$-a \leqslant 1{,}7$.
$\leqslant 4{,}8$
$3b \leqslant 1{,}5$
$- 3b \leqslant 6{,}3$
$- 3b + 1 \leqslant 7{,}3$.

4. CONTRÔLER SES RÉPONSES

Tous les exercices sont corrigés.

SOLUTIONS

CHAPITRE 1

POUR FAIRE LE POINT 1. b ; 2 ... 4. c ; 5. a ; 6. c ; 7. a ; 8. c ; 9. a ; 10. c.

FAIRE

1 **a.** $a = 3{,}3\overline{3} = 3 + 0{,}3\overline{3} = 3 + \frac{1}{3} = \frac{10}{3}$.
$1\,000b - b = 5\,121$ donc $b = \frac{5\,121}{999} = \frac{9 \times 569}{9 \times 111} = \frac{569}{111}$.
$10c - c = 71$ donc $c = \frac{71}{9}$.
b.

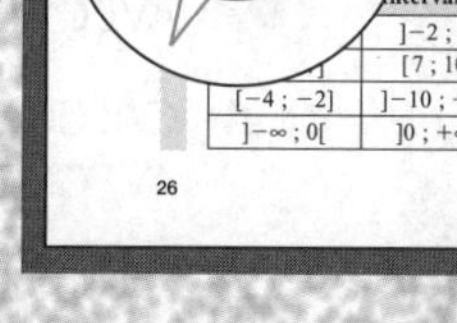

2 $20 - 6{,}5 \times \frac{16\,805}{1\,000} = -89{,}2$ °C (arrondi au dixième).
La température est donc descendue à −89,2 °C.

3 **a.** $(2 \times 10^4) \times (9 \times 10^5) = 18 \times 10^9 = 1{,}8 \times 10^{10}$.
$(2 \times 10^2)^3 = 2^3 \times 10^6 = 8 \times 10^6$.
$\frac{1{,}5 \times 10^5}{5 \times 10^3} = 0{,}3 \times 10^2 = 3 \times 10^1$.
$3 \times 10^2 - 2 \times 10^{-1} = 300 - 0{,}2 = 299{,}8 = 2{,}998 \times 10^2$.
b. $(2 \times 10^2)^3$ s'obtient par la séquence : 2 ; EXP ; 2 ; x^y ; 3 ; EXE.

4 $(307{,}1 \times 10^9) \div (5 \times 10^2) = 6{,}142 \times 10^8$ billets.
Il y aurait eu 614,2 millions de billets de 500 F.
$6{,}142 \times 10^8 \times 0{,}08 \times 10^{-3} = 49\,136$ m ou 49,136 km.
$49{,}136 \div 4{,}808 \approx 10{,}22$.
La hauteur de la pile aurait été par conséquent d'environ 49 km; soit plus de dix fois la hauteur du Mont Blanc.

5 **a.** $\frac{14}{45} \times \frac{27}{49} = \frac{7 \times 2}{9 \times 5} \times \frac{9 \times 3}{7 \times 7} = \frac{2 \times 3}{5 \times 7} = \frac{6}{35}$.
$3 - \frac{4}{7} \times \frac{5}{12} = 3 - \frac{4}{7} \times \frac{5}{...}$

1

ENSEMBLES DE NOMBRES

POUR FAIRE LE POINT

Choisir la (ou les) bonne(s) réponse(s)

1. Quel est le nombre décimal ?
a. 0,33
b. $\frac{4}{5}$
c. π

2. Quel est le nombre irrationnel ?
a. $\frac{\pi}{5}$
b. $\sqrt{2{,}25}$
c. 0,66

3. $1 - \frac{3}{4} \times \frac{2}{5}$ est égal à :
a. 0,1
b. 0,7
c. $\frac{13}{20}$

4. $\sqrt{8} + \sqrt{2}$ est égal à :
a. $\sqrt{10}$
b. 4
c. $3\sqrt{2}$

5. $\sqrt{(3 - \sqrt{5})\,(3 + \sqrt{5})}$ est égal à :
a. 2
b. 9
c. $6\sqrt{5}$

6. $\frac{(4 \times 10^2) \times (5 \times 10^4)}{(2 \times 10^2)^3}$ est égal à :
a. 250
b. 1 000
c. 2,5

7. $3 \times 10^{-1} - 2 \times 10^{-2}$ est égal à :
a. 0,28
b. – 0,001
c. 0,006

8. $2^3 - |2^2 - 2|$ est égal à :
a. 2
b. 4
c. 6

9. Si $x \leqslant 2$ alors $|2 - x|$ est égal à :
a. $2 - x$
b. $x - 2$
c. $-x - 2$

10. La distance parcourue par un corps tombant dans le vide, en négligeant les forces de frottement, est donnée par la formule :

$$d = 5t^2$$

d : distance en mètres
t : temps en secondes

Quel est le temps de chute d'un objet tombant de 125 m de haut ?
a. 25 s
b. 10 s
c. 5 s

réponses p. 174

1 RECONNAÎTRE LA NATURE D'UN NOMBRE

SAVOIR

$\mathbb{N}$ est l'ensemble des **nombres entiers naturels.**
$\mathbb{N} = \{0, 1, 2, ...\}$
$\mathbb{Z}$ est l'ensemble des **nombres entiers relatifs.**
$\mathbb{Z} = \{..., -2, -1, 0, 1, 2, ...\}$
$\mathbb{D}$ est l'ensemble des **nombres décimaux.** Ce sont les nombres pouvant s'écrire sous forme de fractions décimales (fractions ayant pour numérateur un nombre entier et pour dénominateur : 1, 10, 100, 1 000, etc.)

$\mathbb{Q}$ est l'ensemble des **nombres rationnels.** Ce sont les nombres pouvant s'écrire sous forme de fractions (une fraction est le quotient de deux nombres entiers).
$\sqrt{2}$, $\sqrt{3}$, $\sqrt{5}$, ... et π ne peuvent s'écrire sous forme de fraction. Ce sont des **nombres irrationnels.**

La réunion des nombres rationnels et des nombres irrationnels constitue l'ensemble $\mathbb{R}$ des **nombres réels.**

Il faut retenir la chaîne d'inclusions : $\mathbb{N} \subset \mathbb{Z} \subset \mathbb{D} \subset \mathbb{Q} \subset \mathbb{R}$

$\subset$ signifie « ... inclus dans... »

SAVOIR FAIRE

Étudier un procédé permettant d'écrire tout nombre à partie décimale périodique sous forme de fraction irréductible (ne pouvant se simplifier).
a. Soit $a = 52{,}36\overline{36}$ (la partie décimale de a est de période 36, soit $a = 52{,}363636...$).
Calculer $100a$. Montrer que $100a - a$ est un nombre entier.
b. En déduire la fraction irréductible égale à a.

SOLUTION

a.

$$\begin{array}{rl} 100a = & 5\,236{,}36\overline{36} \\ -\quad a = & -\ 52{,}36\overline{36} \\ \hline 99a = & 5\,184{,}0000... \end{array}$$

b. $a = \dfrac{5\,184}{99} = \dfrac{9 \times 576}{9 \times 11} = \dfrac{576}{11}$.

On vérifie bien que $576 \div 11 = 52{,}36\overline{36}$

FAIRE

1 a. Écrire sous forme de fractions irréductibles :
$a = 3,3\overline{3}$ $\qquad$ $b = 5,\overline{126126}$ $\qquad$ $c = 7,8\overline{8}$
b. Représenter sur un diagramme les ensembles $\mathbb{N}$, $\mathbb{Z}$, $\mathbb{D}$, $\mathbb{Q}$, $\mathbb{R}$ et y placer les nombres a ; b ; c ; π ; 3,3 ; $\sqrt{21}$; $-\sqrt{121}$.
2 En 1983, un ballon a atteint l'altitude record de 16 805 m.
Le thermomètre s'abaisse de 6,5 °C quand on s'élève de 1 000 m.
Quelle température faisait-il à 16 805 m sachant qu'il faisait 20 °C au niveau de la mer ?

$\frac{16\,805 \times (-6,5)}{1000} = -109,9325°$

2 UTILISER LES DÉCIMAUX EN NOTATION SCIENTIFIQUE

SAVOIR

La **notation scientifique** d'un décimal positif est de la forme :

$$a \times 10^p$$

$a \in \mathbb{D}$ et $0 \leq a < 10$ $\qquad$ $p \in \mathbb{Z}$

On affiche la puissance de dix sur la calculatrice à l'aide des touches EXP, $\times\ 10^p$ ou EE, suivant le modèle.

Il est important de savoir simplifier les écritures utilisant les puissances de 10 :

$10^3 = 10 \times 10 \times 10 = 1\,000$ (1 suivi de 3 zéros).

$10^{-3} = \frac{1}{10^3} = 0,001$ (3 zéros précédent le 1).

$10^3 \times 10^2 = 10^5$ Pour multiplier deux puissances d'un même nombre, on ajoute les exposants.

$(10^3)^2 = 10^6$ Pour élever une puissance à une autre puissance, on multiplie les exposants.

$(4 \times 10^3)^2 = 16 \times 10^6$ Pour élever un produit de facteurs à une puissance, on élève chaque facteur à la puissance.

$10^0 = 1$ La puissance 0 d'un nombre non nul est 1.

$\frac{10^2}{10^3} = 10^{-1}$ Pour diviser une puissance par une puissance du même nombre, on fait la différence des exposants.

RÉVISER

SAVOIR FAIRE

Calculer avec les nombres en notation scientifique.
a. Écrire en notation scientifique :

- $(5 \times 10^7) \times (4 \times 10^{-2})$
- $(5 \times 10^{-2})^3$
- $\dfrac{1,4 \times 10^6}{7 \times 10^{-3}}$
- $2 \times 10^3 + 3 \times 10^2$
- $4 \times 10^{-1} - 5 \times 10^{-2}$

b. Retrouver chaque résultat à l'aide de la calculatrice.

SOLUTION

a. Dans le cas d'un produit ou d'un quotient, on effectue séparément l'opération sur les nombres entiers ou à virgule et l'opération sur les puissances de 10 :
$(5 \times 10^7) \times (4 \times 10^{-2}) = 5 \times 4 \times 10^7 \times 10^{-2} = 20 \times 10^5 = 2 \times 10^6$.
$(5 \times 10^{-2})^3 = 5^3 \times 10^{-6} = 125 \times 10^{-6} = 1,25 \times 10^2 \times 10^{-6} = 1,25 \times 10^{-4}$.
$\dfrac{1,4 \times 10^6}{7 \times 10^{-3}} = \dfrac{1,4}{7} \times \dfrac{10^6}{10^{-3}} = 0,2 \times 10^9 = 2 \times 10^{-1} \times 10^9 = 2 \times 10^8$.
Lorsqu'il s'agit d'une somme ou d'une différence, on revient à l'écriture entière ou à virgule :
$2 \times 10^3 + 3 \times 10^2 = 2\,000 + 300 = 2\,300 = 2,3 \times 10^3$.
$4 \times 10^{-1} - 5 \times 10^{-2} = 0,4 - 0,05 = 0,35 = 3,5 \times 10^{-1}$.

b. Pour la première opération, on effectue la séquence :
5 ; EXP ; 7 ; x ; 4 ; EXP ; 2 ; +/ – ; EXE.
On lit 2 06 soit 2×10^6.

FAIRE

3 a. Calculer et indiquer le résultat en notation scientifique :

- $(2 \times 10^4) \times (9 \times 10^5)$
- $(2 \times 10^2)^3$
- $\dfrac{1,5 \times 10^5}{5 \times 10^3}$
- $3 \times 10^2 - 2 \times 10^{-1}$

b. Retrouver les réponses avec la calculatrice.

4 L'impôt sur le revenu a rapporté 307,1 milliards de francs en 1992. Si les contribuables avaient réglé en billets de 500 F, la pile aurait-elle dépassé la hauteur du Mont Blanc (4 808 m) ? (Un billet de 500 F a environ 0,08 mm d'épaisseur).

3 CALCULER AVEC LES RATIONNELS

SAVOIR

$\frac{a \times m}{b \times m} = \frac{a}{b}$ (*b* et *m* non nuls) Pour obtenir une fraction équivalente, on multiplie ou on divise le numérateur et le dénominateur par un même nombre non nul.

$\frac{a}{c} + \frac{b}{c} = \frac{a+b}{c}$ (*c* non nul)

$\frac{a}{b} + \frac{c}{d} = \frac{ad}{bd} + \frac{cb}{db} = \frac{ad+cb}{db}$ (*b* et *d* non nuls)

Pour additionner deux fractions, on fait la somme des fractions équivalentes de même dénominateur.

$\frac{a}{b} \times \frac{c}{d} = \frac{ac}{bd}$ (*b* et *d* non nuls) Pour multiplier deux fractions, on effectue le produit des numérateurs, puis celui des dénominateurs.

$\frac{a}{b} \div \frac{c}{d} = \frac{a}{b} \times \frac{d}{c} = \frac{ad}{bc}$ (*b*, *c* et *d* non nuls) Pour diviser par une fraction, on multiplie par son inverse.

SAVOIR FAIRE

a. Écrire sous forme de fraction irréductible :

- $\frac{1}{3} + \frac{5}{4}$
- $\frac{3}{7} - \frac{10}{21}$
- $\frac{15}{28} \times \frac{7}{25} \times \frac{1}{6}$
- $\frac{28}{56} \div \frac{9}{27}$
- $\dfrac{\frac{2}{3} + \frac{1}{2}}{\frac{3}{4} - \frac{2}{5}}$
- $2 - \frac{5}{3} \times \frac{6}{7}$

b. Retrouver les résultats en utilisant la touche $a^{b/c}$ de la calculatrice.

CONSEIL : *si une calculatrice possède la touche $a^{b/c}$, elle effectue les calculs sous forme de fractions. $\frac{7}{5}$ s'obtient par la séquence 7 ; $a^{b/c}$; 5. Lorsque la calculatrice indique 1 ⌋ 2 ⌋ 5, on lit $1 + \frac{2}{5}$. (shift ; $a^{b/c}$ permet de revenir à $\frac{7}{5}$).*

SOLUTION

a. $\frac{1}{3} + \frac{5}{4} = \frac{4+15}{12} = \frac{19}{12}$.

- $\frac{3}{7} - \frac{10}{21} = \frac{9-10}{21} = \frac{-1}{21}$.
- $\frac{15}{28} \times \frac{7}{25} \times \frac{1}{6} = \frac{\cancel{5} \times 3}{\cancel{7} \times 4} \times \frac{\cancel{7}}{\cancel{5} \times 5} \times \frac{1}{6} = \frac{3}{4 \times 5 \times 6} = \frac{1}{40}$.

- $\dfrac{28}{56} \div \dfrac{9}{27} = \dfrac{1}{2} \div \dfrac{1}{3} = \dfrac{1}{2} \times 3 = \dfrac{3}{2}$.
- $\dfrac{\dfrac{2}{3} + \dfrac{1}{2}}{\dfrac{3}{4} - \dfrac{2}{5}} = \dfrac{\dfrac{4+3}{6}}{\dfrac{15-8}{20}} = \dfrac{\dfrac{7}{6}}{\dfrac{7}{20}} = \dfrac{\cancel{7}}{6} \times \dfrac{20}{\cancel{7}} = \dfrac{10}{3}$.
- $2 - \dfrac{5}{3} \times \dfrac{6}{7} = 2 - \dfrac{5}{\cancel{3}} \times \dfrac{\cancel{3} \times 2}{7} = 2 - \dfrac{5 \times 2}{7} = \dfrac{14 - 10}{7} = \dfrac{4}{7}$.

b. $\dfrac{1}{3} + \dfrac{5}{4}$ s'obtient par la séquence :

1 ; $a^{b/c}$; 3 ; + ; 5 ; $a^{b/c}$; 4 ; EXE ; shift ; $a^{b/c}$.

Dans l'avant-dernier exemple, on n'oubliera de mettre le numérateur et le dénominateur entre parenthèses.

FAIRE

5 a. Effectuer et donner le résultat sous forme de fraction irréductible :

- $\mathbf{\dfrac{14}{45} \times \dfrac{27}{49}}$
- $\mathbf{3 - \dfrac{4}{7} \times \dfrac{5}{12}}$
- $\mathbf{3 - 5 \times \dfrac{1}{10} + 4 \times \dfrac{1}{100}}$
- $\mathbf{\dfrac{12 \times 10^{-5}}{0{,}4 \times 10^{-2}}}$
- $\mathbf{\dfrac{2 + \dfrac{4}{9}}{\dfrac{1}{2} - \dfrac{2}{3}}}$

b. Retrouver les résultats en utilisant la touche $a^{b/c}$ de la calculatrice.

6 a. Un escargot est à 1 m d'une feuille de salade. Chaque jour, il décide d'effectuer la moitié du chemin qu'il lui reste à faire. Compléter son tableau de « marche », en indiquant les distances sous forme de fractions :

n^e jour	distance totale parcourue	distance restant à parcourir
1er		
2e		
3e		
4e		

b. Écrire, en fonction de n, la distance parcourue le n^e jour et la distance restant à parcourir. Au bout de combien de jours arrivera-t-il ?

4 CALCULER AVEC LES RACINES CARRÉES

SAVOIR

$\mathbf{a = \sqrt{2}}$ équivaut à $\begin{cases} \mathbf{a^2 = 2} \\ \mathbf{a \geqslant 0} \end{cases}$

$\sqrt{2}$ est le nombre positif dont le carré est 2.

$a^2 = 2$ **équivaut à** $a = \sqrt{2}$ **ou** $a = -\sqrt{2}$

Deux nombres qui ont le même carré sont égaux ou opposés.

$\sqrt{ab} = \sqrt{a} \times \sqrt{b}$ (*a* et *b* positifs)

La racine carrée du produit est égale au produit des racines carrées.

$\sqrt{\dfrac{a}{b}} = \dfrac{\sqrt{a}}{\sqrt{b}}$ (*a* positif et *b* positif non nul)

La racine carrée du quotient est égale au quotient des racines carrées.

$\underbrace{\sqrt{16+9}}_{\sqrt{25}=5}$ est différent de $\sqrt{16} + \sqrt{9}$ (= 7)

La racine carrée d'une somme n'est pas égale à la somme des racines carrées.

Il faut, dans la mesure du possible, indiquer les résultats sans radical (racine) au dénominateur. Voici deux méthodes :
– s'il y a un seul terme au dénominateur, on multiplie numérateur et dénominateur par la racine carrée apparaissant au dénominateur ;
– s'il y a deux termes au dénominateur $(a + b)$ ou $(a - b)$, on multiplie numérateur et dénominateur par la quantité conjuguée $(a - b)$ ou $(a + b)$ du dénominateur. On a alors un dénominateur de la forme :
$(a + b) \times (a - b) = a^2 - b^2$.

SAVOIR FAIRE

Écrire sous la forme $a\sqrt{3}$:

- $\dfrac{6}{\sqrt{3}}$
- $7\sqrt{3} + \sqrt{75} - 2\sqrt{243}$
- $\dfrac{3 - 2\sqrt{3}}{2 - \sqrt{3}}$.

SOLUTION

$$\frac{6}{\sqrt{3}} = \frac{6}{\sqrt{3}} \times \frac{\sqrt{3}}{\sqrt{3}} = \frac{6\sqrt{3}}{3} = 2\sqrt{3}$$

$$\begin{aligned} 7\sqrt{3} + \sqrt{75} - 2\sqrt{243} &= 7\sqrt{3} + \sqrt{25 \times 3} - 2\sqrt{81 \times 3} \\ &= 7\sqrt{3} + 5\sqrt{3} - 2 \times 9\sqrt{3} \\ &= 7\sqrt{3} + 5\sqrt{3} - 18\sqrt{3} = -6\sqrt{3}. \end{aligned}$$

$$\begin{aligned} \frac{3 - 2\sqrt{3}}{2 - \sqrt{3}} &= \frac{3 - 2\sqrt{3}}{2 - \sqrt{3}} \times \frac{2 + \sqrt{3}}{2 + \sqrt{3}} \\ &= \frac{6 + 3\sqrt{3} - 4\sqrt{3} - 6}{2^2 - (\sqrt{3})^2} = \frac{-\sqrt{3}}{1} = -\sqrt{3}. \end{aligned}$$

a. Encadrer au centième près en utilisant la calculatrice :
$a = 7\sqrt{20} + 4\sqrt{80} - 3\sqrt{5}$; $b = 27\sqrt{5}$.

b. Que constate-t-on ? Le démontrer.

SOLUTION

a. On obtient :
$a = 60{,}373...$ $b = 60{,}373...$
soit $60{,}37 \leqslant a \leqslant 60{,}38$ et $60{,}37 \leqslant b \leqslant 60{,}38$.

b. On vérifie qu'au centième près, les deux nombres *a* et *b* sont égaux.
Démontrons cette égalité en simplifiant l'écriture de *a*.

$$a = 7\sqrt{4 \times 5} + 4\sqrt{16 \times 5} - 3\sqrt{5}$$
$$= 7 \times 2\sqrt{5} + 4 \times 4\sqrt{5} - 3\sqrt{5}$$
$$= 14\sqrt{5} + 16\sqrt{5} - 3\sqrt{5} = 27\sqrt{5} = b.$$

FAIRE

7 a. Encadrer au centième près en utilisant la calculatrice :
$x = \sqrt{27} + \sqrt{28} - 4\sqrt{12} + 7\sqrt{7}$ $y = 9\sqrt{7} - 5\sqrt{3}$
b. Que constate-t-on ? Le démontrer.

8 a. Encadrer au centième près en utilisant la calculatrice :
$a = \dfrac{6 - \sqrt{6}}{\sqrt{2}}$ $b = 3\sqrt{2} - \sqrt{3}$
Que constate-t-on ? Le démontrer.

b. Mêmes questions pour :
$x = 3\sqrt{2} + \sqrt{6}$ $y = \dfrac{2\sqrt{6}}{\sqrt{3} - 1}$

9 Comparer deux nombres en les élevant au carré.
a. Encadrer au centième près en utilisant la calculatrice :
$a = \sqrt{3} - \sqrt{2}$ $b = \sqrt{5 - 2\sqrt{6}}$
Que constate-t-on ? Le démontrer.

b. Mêmes questions pour :
$x = 8 + 2\sqrt{2}$ $y = 2\sqrt{18 + 8\sqrt{2}}$

5 CALCULER AVEC LES VALEURS ABSOLUES

SAVOIR

Si $x \geqslant 0$ alors $|x| = x$
Si $x \leqslant 0$ alors $|x| = -x$
$-x$ est l'opposé de x

La valeur absolue d'un nombre est le plus grand du nombre et de son opposé.

Plus généralement :
Si $x \geqslant a$ alors $|x - a| = x - a$
Si $x \leqslant a$ alors $|x - a| = a - x$

$|x| = 0$ équivaut à $x = 0$

La valeur absolue d'un nombre est nulle si et seulement si ce nombre est nul.

$|x + y| \leqslant |x| + |y|$

La valeur absolue de la somme est inférieure ou égale à la somme des valeurs absolues.

$|x \times y| = |x| \times |y|$

La valeur absolue du produit est égale au produit des valeurs absolues.

SAVOIR FAIRE

Pour quelles valeurs de x a-t-on :
$|x| = -x$? **$|x - 5| = x - 5$?** **$|3x| \leqslant 6$?**

SOLUTION
$|x| = -x$ équivaut à $x \leqslant 0$.
$|x - 5| = x - 5$ équivaut à $x - 5 \geqslant 0$ soit $x \geqslant 5$.
$|3x| \leqslant 6$ équivaut à $3|x| \leqslant 6$ soit $|x| \leqslant 2$ d'où $-2 \leqslant x \leqslant 2$.

FAIRE

10 Écrire sans barres de valeur absolue et indiquer le résultat exact :

a. $|2^2 - 2^3|$ **b.** $1 - \left|\frac{3}{5} - \frac{5}{3}\right|$ **c.** $|\pi - 4|$
d. $|\sqrt{3} - 1|$ **e.** $|1 - \sqrt{2}|$ **f.** $\left|\frac{22}{7} - \pi\right|$

11 Pour quelles valeurs de x a-t-on :

a. $|x| = 2$? **b.** $\sqrt{x^2} = x$? **c.** $|2x - 3| = 3 - 2x$?
d. $\sqrt{x^2} = -x$? **e.** $|x - 5| = x - 5$? **f.** $|-3x| = 9$?

Indications p. 170 pour les exercices comportant ce symbole.

1 Écrire en chiffres les distances au Soleil des planètes suivantes :

a. Terre : 150 millions de kilomètres.
Jupiter : 78 dizaines de millions de kilomètres.
Uranus : 2,9 milliards de kilomètres.
Neptune : 4 milliards 500 millions de kilomètres.
Vénus : 110 millions de kilomètres.
Mars : 2,3 centaines de millions de kilomètres.
Pluton : 59 centaines de millions de kilomètres.
Mercure : 580 centaines de milliers de kilomètres.
Saturne : 1 milliard 400 millions de kilomètres.

b. Placer les planètes sur le segment ci-dessous :

Soleil — **Pluton**

2 Vérifier les propositions et corriger éventuellement la partie en gras :

a. Un nombre décimal est **un nombre qui peut s'écrire avec une virgule**.

b. Si deux nombres ont le même carré alors **ils sont égaux**.

c. Si la calculatrice affiche 2 10 ou 2 E 10 alors la réponse est : $\mathbf{2^{10} = 1\,024}$.

d. $\sqrt{48}$ est le double de $\mathbf{\sqrt{24}}$.

e. $\dfrac{2\,(x-1)}{3} - \dfrac{(x-1)}{6} = \mathbf{\dfrac{4\,(2x-2) - x + 1}{6}}$.

f. Si $x^2 = 4$ alors $\mathbf{|x| = 2}$.

g. 3×10^{-5} s'obtient par la séquence : **3 ; × ; 10 ; EXP ; 5 ;** +/–.

3 Placer le signe opératoire qui convient :

- $|\sqrt{2} - 2| = 2 \square \sqrt{2}$
- $\sqrt{3^2 \square 2^2} = 3 \square 2$
- $(5 \square 7)^2 = 5^2 \square 7^2$
- $3 - \dfrac{2x \square 5}{4} = \dfrac{17 - 2x}{4}$
- $\dfrac{x}{4} + \dfrac{3x \square 1}{2} = \dfrac{7x - 2}{4}$
- $2 \times 10^{-3} \square 5 \times 10^{-2} = 10^{-4}$

4 Ajouter, si nécessaire, des parenthèses pour que l'égalité soit réalisée :

- $3 - 1 \times \dfrac{1}{4} = 0{,}5$
- $\dfrac{2\sqrt{3}}{\sqrt{5} - 2} = \dfrac{2\sqrt{3} \times \sqrt{5} + 2}{(\sqrt{5})^2 - 2^2}$
- $\dfrac{2 \times 2 + 2\sqrt{3}}{2} = 4\sqrt{3}$
- $\dfrac{2 \times 2 + 2\sqrt{3}}{2} = 2 + \sqrt{3}$

- $\dfrac{2 \times 3 - 2\sqrt{5}}{4} = \dfrac{3 - \sqrt{5}}{2}$
- $\dfrac{\frac{1}{2}}{3} = 1 \div 2 \div 3$
- $3 \times 10^{5\times 2} = 3 \times 10^{10}$

- $\dfrac{2 \times 2 + 2\sqrt{3}}{2} = 3\sqrt{3}$
- $\dfrac{\frac{1}{2}}{3} = 1 \div 2 \div 3$
- $2 \times 10^{-2\times 3} = 8 \times 10^{-6}$

5 **a.** Un électron a 10^{-18} m de diamètre. On le représente par un plomb de chasse de 1 mm de diamètre. A cette échelle, quel serait le diamètre d'une boule représentant ce plomb de chasse ?
b. Comparer le volume de cette boule au volume du Soleil, dont le diamètre est de $1{,}4 \times 10^6$ km (volume de la boule $= \dfrac{4\pi r^3}{3}$).

6 Indiquer à quelle heure précise, entre 3 h et 4 h :
a. la petite et la grande aiguille d'une horloge se superposent.
b. les deux aiguilles sont dans le prolongement l'une de l'autre.

7 **a.** Démontrer que $|x + y + z| \leqslant |x| + |y| + |z|$.
b. En remarquant que $x = (x - y) + y$ et $y = (y - x) + x$, démontrer que : $||x| - |y|| \leqslant |x - y| \leqslant |x| + |y|$.

8 **a.** Depuis l'Antiquité, on connaît le nombre d'or : $a = \dfrac{1 + \sqrt{5}}{2}$.
Il intervient en peinture et en architecture. Encadrer a au millième près.
b. Démontrer que : $a^2 = a + 1$ et $\dfrac{1}{a} = a - 1$.
c. Calculer : $Y_1 = 1 + \dfrac{1}{1 + 1}$ $\quad Y_2 = 1 + \dfrac{1}{1 + \dfrac{1}{1+1}}$

$$Y_3 = 1 + \cfrac{1}{1 + \cfrac{1}{1 + \cfrac{1}{1 + 1}}} \qquad Y_4 = 1 + \cfrac{1}{1 + \cfrac{1}{1 + \cfrac{1}{1 + \cfrac{1}{1 + 1}}}}$$

Ranger par ordre croissant Y_1, Y_2, Y_3, Y_4 et a.

2

INÉGALITÉS

POUR FAIRE LE POINT

Choisir la (ou les) bonne(s) réponse(s)

1. $\dfrac{x+1}{y+1} \leqslant 1$ pour :

a. $0 \leqslant x \leqslant y$ ☐
b. $0 \leqslant y \leqslant x$ ☐
c. $x \leqslant y < -1$ ☐

2. Si $x \leqslant y$ alors :

a. $x^2 \leqslant y^2$ ☐
b. $x^2 \geqslant y^2$ ☐
c. on ne peut pas conclure. ☐

3. On a $\dfrac{1}{x} < \dfrac{1}{y}$ pour :

a. $0 < x < y$ ☐
b. $x < y < 0$ ☐
c. $x < 0 < y$ ☐

4. Un commerçant prévoit des recettes mensuelles comprises entre 70 000 F et 80 000 F et des dépenses variant entre 46 000 F et 50 000 F.
Le bénéfice B, en F, vérifiera :

a. $24\,000 \leqslant B \leqslant 30\,000$ ☐
b. $20\,000 \leqslant B \leqslant 34\,000$ ☐
c. $116\,000 \leqslant B \leqslant 130\,000$ ☐

5. Un piéton évalue une distance à parcourir entre 10 et 12 km. Sa vitesse peut varier de 4 à 6 km à l'heure. Son temps de parcours peut varier de :

a. 2 h à 2 h 20 min ☐
b. 1 h 40 min à 3 h ☐
c. 2 h 30 min à 3 h ☐

6. Si $-3 \leqslant x \leqslant -2$,
$4 \leqslant y \leqslant 5$
et $-7 \leqslant z \leqslant -6$
alors :

a. $1 \leqslant xy + z \leqslant 9$
b. $-19 \leqslant xy + z \leqslant -16$
c. $-22 \leqslant xy + z \leqslant -14$

7. $-2x \leqslant 6$ a pour solution (en bleu) :

a. 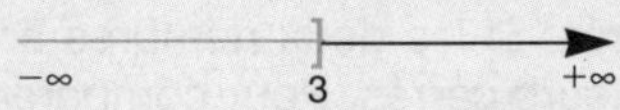

☐

b. 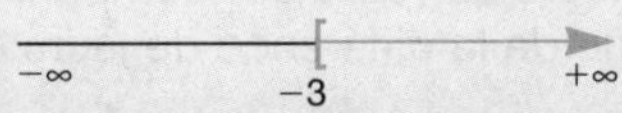

☐

c. 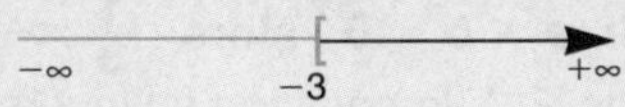

☐

8. $-10 < -2x \leqslant -8$ a pour solution :

a. [4 ; 5[☐
b.]4 ; 5] ☐
c. [4 ; 5] ☐

9. $]-\infty\,;3] \cap]-2\,;5[$ est égal à :

a. $]-\infty\,;5[$ ☐
b. $]-2\,;3]$ ☐
c. $[3\,;5[$ ☐

10. $]-\infty\,;3] \cup]-2\,;5[$ est égal à :

a. $]-\infty\,;5[$ ☐
b. $]-2\,;3]$ ☐
c. $[3\,;5[$ ☐

réponses p.180

1 COMPARER DEUX NOMBRES

SAVOIR

• **$a \leqslant b$ équivaut à $a - b \in \mathbb{R}^-$.**
Pour comparer deux nombres, on peut étudier le signe de leur différence.

• **Si $a \leqslant b$ et $b \leqslant c$ alors $a \leqslant c$.**
Si $a \leqslant b$ et $c \in \mathbb{R}$ alors $a + c \leqslant b + c$.
Si $a \leqslant b$ et $c \in \mathbb{R}^+$ alors $a \times c \leqslant b \times c$.
Si $a \leqslant b$ et $c \in \mathbb{R}^-$ alors $a \times c \geqslant b \times c$.
Une inégalité change de sens si on multiplie (ou on divise) ses deux membres par un même nombre négatif.

• **Si a et b sont positifs, $a \leqslant b$ équivaut à $a^2 \leqslant b^2$.**
Si a et b sont négatifs, $a \leqslant b$ équivaut à $a^2 \geqslant b^2$.
Si les deux nombres sont positifs, ils sont dans le même ordre que leurs carrés. Si les deux nombres sont négatifs, ils sont dans l'ordre inverse de leurs carrés. Pour comparer deux nombres, on peut aussi étudier le signe de la différence de leurs carrés.

• **Si $a \leqslant b < 0$ alors $\frac{1}{b} \leqslant \frac{1}{a} < 0$.**
Dans $\mathbb{R}^{-*}$, le passage à l'inverse intervertit l'ordre.

• **Si $0 < a \leqslant b$ alors $0 < \frac{1}{b} \leqslant \frac{1}{a}$.**
Dans $\mathbb{R}^{+*}$, le passage à l'inverse intervertit l'ordre.

SAVOIR FAIRE

a. Vérifier que pour $a = 2$ et $b = 3$ si $a > 0$ et $b > 0$ alors $\frac{a}{b} + \frac{b}{a} \geqslant 2$.
b. Démontrer cette propriété.

SOLUTION

a. $\frac{2}{3} + \frac{3}{2} = \frac{13}{6} = 2 + \frac{1}{6}$.
La propriété est donc bien vérifiée pour $a = 2$ et $b = 3$.
b. Pour la démontrer dans le cas général, on étudie le signe de la différence entre les deux membres de l'inégalité :
$\left(\frac{a}{b} + \frac{b}{a}\right) - 2 = \frac{a^2}{ba} + \frac{b^2}{ba} - \frac{2ab}{ba} = \frac{(a-b)^2}{ba}$.
On obtient le quotient de deux nombres positifs. Cette différence est donc positive, d'où $\frac{a}{b} + \frac{b}{a} \geqslant 2$.

FAIRE

1 **a. Vérifier que pour $a = 2$ et $b = 3$ si $0 \leqslant a \leqslant b$ alors $\frac{a+1}{b+1} \geqslant \frac{a}{b}$.**
b. Démontrer la propriété.

2 **a. Vérifier que pour $x = 4$ et $y = 9$, on a $\frac{x+y}{2} \geqslant \sqrt{xy}$.**
b. Démontrer la propriété lorsque x et y sont des nombres réels positifs quelconques.

2 ENCADRER UNE SOMME, UNE DIFFÉRENCE

SAVOIR

Si $a \leqslant b$ et $c \leqslant d$ alors $a + c \leqslant b + d$.
Si deux inégalités sont de même sens, alors on obtient une inégalité de même sens en les ajoutant membre à membre.
Si $a \leqslant b$ et $c \leqslant d$, comme $-d \leqslant -c$, alors $a - d \leqslant b - c$.
Pour encadrer la différence $a - c$, on encadre d'abord $-c$ puis la somme $a + (-c)$.

SAVOIR FAIRE

Soit $2{,}3 \leqslant a \leqslant 2{,}4$ et $-0{,}5 \leqslant b \leqslant -0{,}4$.
a. Encadrer $a + b$ puis $a - b$.
b. Encadrer $4 - a$ puis $2a - 3b + 1$.

SOLUTION

a. Sur deux inégalités de même sens, on peut additionner membre à membre, donc :
$2{,}3 + (-0{,}5) \leqslant a + b \leqslant 2{,}4 + (-0{,}4)$
soit $1{,}8 \leqslant a + b \leqslant 2$.

Pour encadrer $a - b$, on encadre d'abord $-b$, puis $a + (-b)$.
$0{,}5 \geqslant -b \geqslant 0{,}4$
ou encore $0{,}4 \leqslant -b \leqslant 0{,}5$.
D'où : $2{,}3 + 0{,}4 \leqslant a + (-b) \leqslant 2{,}4 + 0{,}5$
soit $2{,}7 \leqslant a - b \leqslant 2{,}9$.

b. Pour encadrer $4 - a$, on encadre d'abord $-a$, puis $4 + (-a)$.
$-2{,}4 \leqslant -a \leqslant -2{,}3$
donc $4 + (-2{,}4) \leqslant 4 + (-a) \leqslant 4 + (-2{,}3)$
soit $1{,}6 \leqslant 4 - a \leqslant 1{,}7$.
Par ailleurs : $4{,}6 \leqslant 2a \leqslant 4{,}8$
$1{,}2 \leqslant -3b \leqslant 1{,}5$
donc $5{,}8 \leqslant 2a - 3b \leqslant 6{,}3$
d'où $6{,}8 \leqslant 2a - 3b + 1 \leqslant 7{,}3$.

FAIRE

3 Soit $-45 \leqslant a \leqslant -44$ et $4 \leqslant b \leqslant 5$.
a. Encadrer $a + b$ puis $a - b$.
b. Encadrer $10 - b$ puis $3a - 2b - 6$.

4 Pour l'année, une entreprise envisage entre 12 et 15 millions de francs de recettes en France, entre 7 et 9 millions de recettes à l'étranger.
L'ensemble des dépenses devrait varier entre 8 et 13 millions de francs.
a. Encadrer R le total des recettes.
b. Encadrer D, le montant des dépenses, puis B le montant des bénéfices.

3 ENCADRER UN PRODUIT, UN QUOTIENT

SAVOIR

• Si $\mathbf{0 \leqslant a \leqslant b}$ et $\mathbf{0 \leqslant c \leqslant d}$ alors $\mathbf{a \times c \leqslant b \times d}$.
Si deux inégalités sont de même sens et de **membres positifs** alors on obtient une inégalité de même sens en les multipliant membre à membre.

Dans le cas général, pour **encadrer le produit** $x \times y$, on encadre d'abord $|x|$ puis $|y|$ et enfin $|x| \times |y| = |x \times y|$.
On en déduit l'encadrement de $x \times y$.

• Pour **encadrer le quotient** $\frac{x}{y}$, on ne divise pas membre à membre ; on encadre le numérateur $|x|$ puis l'inverse du dénominateur $\left|\frac{1}{y}\right|$ et enfin $|x| \times \left|\frac{1}{y}\right| = \left|\frac{x}{y}\right|$.
On en déduit l'encadrement de $\frac{x}{y}$.

SAVOIR FAIRE

a. Soit $-45 \leqslant a \leqslant -44$ et $4 \leqslant b \leqslant 5$.
Encadrer $|a|$, $|b|$ puis $|a \times b|$. En déduire un encadrement de $a \times b$.
b. Encadrer $\left|\frac{1}{b}\right|$ puis $\left|\frac{a}{b}\right|$. En déduire un encadrement de $\frac{a}{b}$.

SOLUTION

a. $44 \leqslant |a| \leqslant 45$ et $4 \leqslant |b| \leqslant 5$.

Comme les deux encadrements ne font apparaître que des nombres positifs, on peut multiplier membre à membre.

Soit $44 \times 4 \leqslant |a| \times |b| \leqslant 45 \times 5$
d'où $176 \leqslant |a \times b| \leqslant 225$.

Comme les deux nombres a et b sont de signes opposés, leur produit est négatif.
Donc $a \times b = -|a \times b|$.
On obtient alors $-225 \leqslant a \times b \leqslant -176$.

b. Comme pour les nombres positifs non nuls, le passage à l'inverse intervertit l'ordre : $\frac{1}{5} \leqslant \frac{1}{|b|} \leqslant \frac{1}{4}$.
D'où $44 \times \frac{1}{5} \leqslant |a| \times |\frac{1}{b}| \leqslant 45 \times \frac{1}{4}$
soit $8{,}8 \leqslant |\frac{a}{b}| \leqslant 11{,}25$.
Le quotient étant de signe négatif : $\frac{a}{b} = -|\frac{a}{b}|$.
On obtient alors $-11{,}25 \leqslant \frac{a}{b} \leqslant -8{,}8$.

FAIRE

5 a. Soit $2{,}3 \leqslant a \leqslant 2{,}4$ et $-0{,}5 \leqslant b \leqslant -0{,}4$.
Encadrer $|a|$, $|b|$ puis $|a \times b|$ et enfin le produit $a \times b$.
b. Encadrer $|\frac{1}{b}|$ puis $|\frac{a}{b}|$ et enfin le quotient $\frac{a}{b}$.

6 a. Soit $A = \frac{2x+1}{3-x}$ (x différent de 3).
Calculer A pour $x = \sqrt{2}$.
Écrire le résultat sans radical au dénominateur.

b. Encadrer A, sachant que : $1{,}4 \leqslant x \leqslant 1{,}5$.
Vérifier, à l'aide de la calculatrice, que le résultat du a. est bien dans l'encadrement obtenu au b.

4 TRAVAILLER AVEC LES INTERVALLES

SAVOIR

Sur la droite graduée, l'ensemble des nombres réels tels que $\boldsymbol{x \geqslant a}$, est représenté par la demi-droite (en bleu) :
donc $x \geqslant a$ équivaut à $x \in [a\ ;\ +\infty[$.

$[a\ ;\ +\infty[$ est un intervalle fermé à gauche car la valeur a convient, l'inégalité étant prise au sens large. L'infini ne peut être atteint.

L'ensemble des nombres réels tels que $\boldsymbol{x < b}$
est représenté par la demi-droite (en bleu) :
donc $x < b$ équivaut à $x \in]-\infty\ ;\ b[$.

$]-\infty\ ;\ b[$ est un intervalle ouvert car la valeur b n'est pas acceptée, l'inégalité étant prise au sens strict.

L'ensemble des nombres réels tels que $\boldsymbol{a \leqslant x < b}$
est représenté par le segment (en bleu) :
donc $a \leqslant x < b$ équivaut à $x \in [a\ ;\ b[$.

L'intersection de deux intervalles est l'ensemble des nombres réels qui appartiennent à l'un **et** à l'autre de ces intervalles.
Si $a < b$ alors $[a\ ;\ +\infty[\ \cap\ ]-\infty\ ;\ b[\ =\ [a\ ;\ b[$ ($\cap$ se lit « inter »).

La réunion de deux intervalles est l'ensemble des nombres réels qui appartiennent à l'un **ou** à l'autre de ces deux intervalles.
Si $a < b$ alors $[a\ ;\ +\infty[\ \cup\ ]-\infty\ ;\ b[\ =\ ]-\infty\ ;\ +\infty[\ = \mathbb{R}$ ($\cup$ se lit « union »).

SAVOIR FAIRE

a. Soit $f(x) = 2x - 3$. Indiquer à quel intervalle appartient $f(x)$ lorsque :
- **$x \in [-2\ ;\ 3]$**
- **$x \in [-5\ ;\ -2]$.**

b. Mêmes questions pour $g(x) = |x|$.

SOLUTION

a. $x \in [-2\ ;\ 3]$ équivaut à $-2 \leqslant x \leqslant 3$.
soit $-4 \leqslant 2x \leqslant 6$
d'où $-7 \leqslant 2x - 3 \leqslant 3$.
donc $f(x) \in [-7\ ;\ 3]$.

$x \in [-5\ ;\ -2]$ équivaut à $-5 \leqslant x \leqslant -2$
soit $-10 \leqslant 2x \leqslant -4$
d'où $-13 \leqslant 2x - 3 \leqslant -7$
donc $f(x) \in [-13\ ;\ -7]$.

b. L'intervalle $[-2\ ;\ 3]$ est représenté par le segment :

La valeur absolue de x est donc comprise entre 0 et 3. D'où $g(x) \in [0\ ;\ 3]$.
L'intervalle $[-5\ ;\ -2]$ est représenté par le segment :

La valeur absolue de x est donc comprise entre 2 et 5. D'où $g(x) \in [2\ ;\ 5]$.

a. Résoudre l'inéquation : $2x + 6 \leqslant 4x - 10$.
b. Représenter l'ensemble des solutions sur la droite graduée et écrire l'intervalle des solutions.

SOLUTION

a. On transpose les termes connus dans un membre et les termes inconnus dans l'autre.
Soit $2x - 4x \leqslant -10 - 6$
d'où $-2x \leqslant -16$
donc $x \geqslant (-16) \div (-2)$
et $x \geqslant 8$.
b. L'ensemble des solutions correspond à la demi-droite :

d'où $S = [8\ ;\ +\infty[$.

FAIRE

7 a. Soit la fonction f définie par : $f(x) = 1 - 2x$.
Indiquer à quel intervalle appartient $f(x)$ pour :
- **$x \in [1\ ;\ 3]$**
- **$x \in [-3\ ;\ 1]$.**

b. Soit $x \in [1\ ;\ 3]$, encadrer la fonction g définie par : $g(x) = \dfrac{x}{1 - 2x}$.

8 a. Résoudre et indiquer l'intervalle des solutions des inéquations suivantes :
- **$2x + 5 < 5x + 11$**
- **$-9 \leqslant 4x + 1 \leqslant 5$.**

b. En déduire l'ensemble des solutions du système :
$$\begin{cases} 2x + 5 < 5x + 11 \\ -9 \leqslant 4x + 1 \leqslant 5. \end{cases}$$

9 a. Résoudre et indiquer l'intervalle des solutions des inéquations suivantes :
- **$3 < 2x + 1 < 7$**
- **$-9 \leqslant 4x + 1 \leqslant 5$.**

b. En déduire les nombres réels qui vérifient :
$3 < 2x + 1 < 7$ ou $-9 \leqslant 4x + 1 \leqslant 5$.

S'ENTRAÎNER

Indications p. 170 pour les exercices comportant ce symbole.

1 Pour se rendre au lycée, Pierre part à 7 h de chez lui, à 5 minutes près.
Il arrive entre 8 h 15 et 8 h 30.
Encadrer le temps nécessaire à son trajet.

2 Une association culturelle organise une représentation théâtrale pour financer un voyage.
Elle prévoit entre 150 et 180 spectateurs, chacun payant entre 40 F et 50 F en fonction des tarifs réduits.
a. Encadrer la recette R.
b. Le voyage coûtera entre 900 F et 1 000 F par personne.
Encadrer le nombre n de personnes qui pourront participer à ce voyage.

3 **a.** Soit $A = \frac{x^2}{3 - 2x}$.
Calculer A pour $x = \sqrt{3}$.
Écrire le résultat sans radical au dénominateur.
b. Encadrer A sachant que $1{,}7 \leqslant x \leqslant 1{,}8$.
Vérifier, à l'aide de la calculatrice, que le nombre trouvé au **a.** est bien dans l'encadrement obtenu au **b.**

4 Le poids des ans...
a. Dans une famille, le père pèse 75 kg, la mère 55 kg, les enfants 45 kg, 42 kg et 40 kg.
Sachant que le poids des parents est connu au kg près et celui des enfants à 500 g près, à quel intervalle appartient le poids total des parents ? le poids total des enfants ?
b. Se peut-il que les enfants aient un poids égal à celui des parents ?

5 Compléter le tableau :

Intervalle I	Intervalle J	I ∩ J	I ∪ J
$]-\infty\,; 3]$	$]-2\,; 5]$	...	...
$]-6\,; 7]$	$[7\,; 10]$	...	...
$[-4\,; -2]$	$]-10\,; +\infty[$	...	...
$]-\infty\,; 0[$	$]0\,; +\infty[$	...	...

6 **1.** Résoudre et indiquer les intervalles des solutions S_a, S_b, S_c :

a. $2x - \left[5 - \frac{(4x+1)}{2}\right] > 3x - 2$

b. $\frac{x-2}{3} - 1 \leqslant 0$

c. $1 < \frac{4x-5}{5} \leqslant 3$

2. Écrire une égalité reliant S_a, S_b, S_c.

7 **a.** Soit $|x| \leqslant 2$, encadrer x.
b. Démontrer que si $|x| \leqslant 2$ alors $|x^2 - x| \leqslant 6$.

8 **a.** Soit $-2 \leqslant x \leqslant 3$, encadrer $|x|$ et $|x| - x$.
b. Encadrer x^2 et $x^2 - x$.

9 **a.** Soit la droite $\mathcal{D}$ d'équation $y = 3 - 2x$. Les points A et B appartiennent à cette droite.
A a pour abscisse $x_A = 4$. Quelle est son ordonnée y_A ?
B a pour ordonnée $y_B = 10$. Quelle est son abscisse x_B ?
Tracer $\mathcal{D}$.
b. Sachant que $3 \leqslant x \leqslant 4$, encadrer $3 - 2x$.
c. Résoudre l'inéquation : $-1 \leqslant 3 - 2x \leqslant 7$.
d. Indiquer comment retrouver les deux résultats sur la représentation graphique.

3

FONCTIONS AFFINES

POUR FAIRE LE POINT

Choisir la (ou les) bonne(s) réponse(s)

1. Parmi les fonctions f_1 à f_4 suivantes, indiquer les fonctions affines :

a. $f_1(x) = -x^2$. ☐

b. $f_2(x) = \dfrac{1}{1+x}$. ☐

c. $f_3(x) = 3$. ☐

d. $f_4(x) = \dfrac{x}{2} - 3$. ☐

2. Parmi les courbes suivantes, indiquer celles qui représentent une fonction affine :

a.

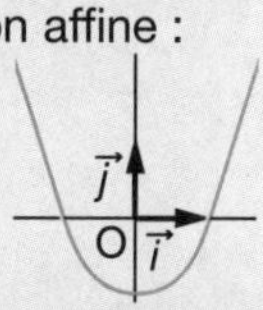

b.

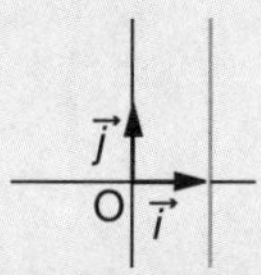

c.

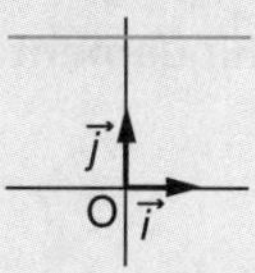

d.

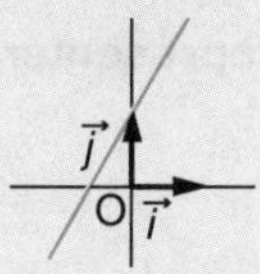

3. Parmi les fonctions suivantes, quelle est la fonction affine f qui vérifie $f(-2) = 3$ et $f(1) = 1$?

a. $f(x) = 2x - 3$. ☐

b. $f(x) = x + 5$. ☐

c. $f(x) = -\dfrac{2}{3}x + \dfrac{5}{3}$. ☐

4. La fonction affine f telle $f(x) = -2x + 3$ est représentée par une des droites suivantes. Laquelle ?

a.

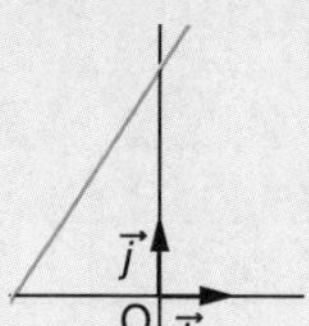

b.

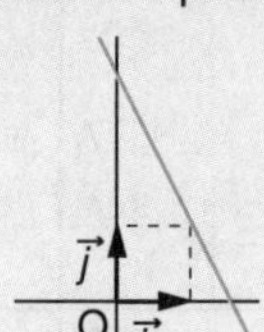

5. La droite $\mathcal{D}$ suivante représente la fonction f telle que $f(x) = ax + b$.

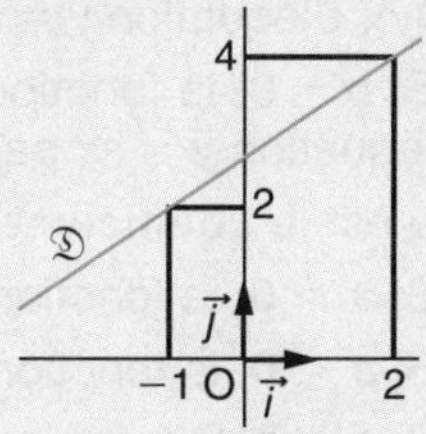

a. $a = 4$.

b. $a = 2$.

c. $a = -1$.

d. $a = \dfrac{2}{3}$.

6. $(2x - 3)(1 - x)$ a pour modèle de tableau de signes :

a.

x	$-\infty$				$+\infty$
	+		+	0	−
	−	0	+		+
	−	0	+	0	−

b.

x	$-\infty$				$+\infty$
	−		−	0	+
	+	0	−		−
	−	0	+	0	−

7. L'équation $|x| = 9$ a pour solution :

a. $x = 3$. ☐

b. $x = 9$. ☐

c. $x = -9$. ☐

d. $x = -3$. ☐

8. L'inéquation $|x - 2| < 1$ a pour solution l'intervalle :

a. $]-\infty\ ;\ 3[$. ☐

b. $]1\ ;\ 3[$. ☐

c. $[1\ ;\ 3]$. ☐

réponses p.187

1 ÉTUDIER UNE FONCTION AFFINE

SAVOIR

• **Une fonction affine** f est une fonction définie sur $\mathbb{R}$ par $\boldsymbol{f(x) = ax + b}$ où a et b sont deux nombres réels.

• **Sa représentation graphique** est la droite $\mathcal{D}$, **non parallèle à l'axe (Oy)**, d'équation $y = ax + b$.

• Si $\boldsymbol{b = 0}$, la fonction $\boldsymbol{f(x) = ax}$ est **une fonction linéaire** ; la droite $\mathcal{D}$ d'équation $y = ax$ passe alors par O origine du repère.

• $\boldsymbol{a}$ est le **coefficient directeur** de la droite $\mathcal{D}$.

• Si $\boldsymbol{a > 0}$, la fonction f est strictement **croissante** sur $\mathbb{R}$.
Si $\boldsymbol{a < 0}$, la fonction f est strictement **décroissante** sur $\mathbb{R}$.
Si $\boldsymbol{a = 0}$, la fonction f est **constante.**

SAVOIR FAIRE

Déterminer le sens de variation et représenter graphiquement la fonction f définie par : $f(x) = \frac{1}{3}x + 1$.

SOLUTION

$a = \frac{1}{3}$ donc $a > 0$, la fonction f est strictement croissante.

Tableau de variation :

x	$-\infty$ ↗ $+\infty$
$f(x)$	↗

f est représentée par la droite $\mathcal{D}$ d'équation : $y = \frac{1}{3}x + 1$.

Pour représenter $\mathcal{D}$, on calcule les coordonnées de deux points de $\mathcal{D}$:

si $x = 0$, $y = 1$ donc A(0 ; 1).

si $x = 3$, $y = \frac{1}{3} \times 3 + 1$.

$y = 2$ donc B(3 ; 2).

On représente les points A et B et on trace $\mathcal{D}$.

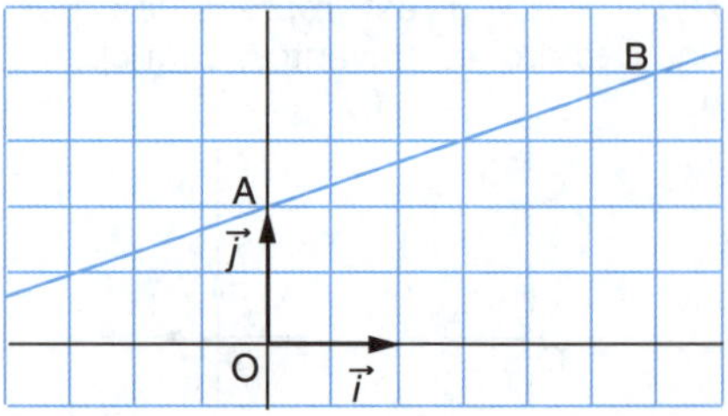

Déterminer la fonction affine f telle que $f(1) = -3$ et $f(-2) = 4$.

SOLUTION

f est une fonction affine donc $f(x) = ax + b$.
On cherche les coefficients a et b.
On remplace x et $f(x)$ par les valeurs données dans l'énoncé :

$f(1) = -3$ donc $a \times 1 + b = -3$
$a + b = -3.$

$f(-2) = 4$ donc $a \times (-2) + b = 4$
$-2a + b = 4.$

On obtient un système de deux équations à deux inconnues a et b :

$$\begin{cases} a + b = -3 \\ -2a + b = 4 \end{cases}$$

On soustrait la deuxième équation à la première et on obtient :

$$a - (-2a) + b - b = -3 - 4$$
$$3a = -7$$
$$a = -\frac{7}{3}.$$

On remplace a dans la première équation :

$$-\frac{7}{3} + b = -3$$
$$b = -3 + \frac{7}{3}$$
$$b = -\frac{2}{3}.$$

La fonction f est donc définie par : $f(x) = -\frac{7}{3}x - \frac{2}{3}.$

FAIRE

1 Soit la fonction f telle que $f(x) = \frac{1}{2}x - 1$.

a. Calculer : $f(0)$; $f(-1)$; $f(2)$; $f(10)$.
b. Déterminer x pour que :
$f(x) = 0$;
$f(x) = -1$;
$f(x) = \frac{4}{5}$.

2 Étudier le sens de variation et représenter graphiquement les fonctions suivantes :
a. $f(x) = 2x + 1$.
b. $f(x) = x + \frac{5}{2}$.
c. $f(x) = -x$.

3 Déterminer la fonction affine f telle que : $f(2) = 0$ et $f(-1) = -3$.

2 CONNAÎTRE LE SIGNE D'UN PRODUIT OU D'UN QUOTIENT DE FACTEURS DU 1ER DEGRÉ

SAVOIR

• **Signe de $ax + b$**

Si $a > 0$

x	$-\infty$		$-\frac{b}{a}$		$+\infty$
Signe de ($ax + b$)		$-$	0	$+$	

Si $a < 0$

x	$-\infty$		$-\frac{b}{a}$		$+\infty$
Signe de ($ax + b$)		$+$	0	$-$	

• Pour étudier le **signe d'un produit** ou **d'un quotient** de facteurs du premier degré, on applique la règle des signes (tableaux ci-dessus).

• Pour **résoudre une inéquation**, on se ramène à l'étude du signe d'une expression écrite sous la forme de produit ou de quotient de facteurs du premier degré.

SAVOIR FAIRE

Étudier le signe de $P(x) = (2 - x)(3x + 1)$ et résoudre l'inéquation $P(x) \geqslant 0$.

SOLUTION

On cherche la valeur qui annule chaque facteur du produit :
• $2 - x = 0$ équivaut à $x = 2$; • $3x + 1 = 0$ équivaut à $x = -\frac{1}{3}$.
On fait le tableau des signes :

x	$-\infty$		$-\frac{1}{3}$		2		$+\infty$
Signe de $(2 - x)$		$+$		$+$	0	$-$	
Signe de $(3x + 1)$		$-$	0	$+$		$+$	
Signe de $P(x)$		$-$	0	$+$	0	$-$	

Donc $P(x)$ est
- strictement positif pour $x \in \left]-\frac{1}{3} ; 2\right[$
- strictement négatif pour $x \in \left]-\infty ; -\frac{1}{3}\right[\cup \left]2 ; +\infty\right[$
- s'annule pour $x = -\frac{1}{3}$ ou $x = 2$.

Donc la solution de l'inéquation $P(x) \geqslant 0$ est l'intervalle $[-\frac{1}{3}\ ;\ 2]$.
On écrit $S = [-\frac{1}{3}\ ;\ 2]$.

Étudier le signe de $Q(x) = \dfrac{x^2 - 1}{3 - x}$ et résoudre l'inéquation : $Q(x) \geqslant 0$.

SOLUTION

On écrit $Q(x)$ sous forme de produit et de quotient de facteurs du premier degré :

$$Q(x) = \frac{(x-1)(x+1)}{3-x}.$$

Le signe du quotient est le même que celui du produit :

$$(x-1)(x+1)(3-x).$$

On cherche la valeur qui annule chaque facteur :

$x - 1 = 0$ équivaut à $x = 1$.
$x + 1 = 0$ équivaut à $x = -1$.
$3 - x = 0$ équivaut à $x = 3$.

On fait alors le tableau de signes en excluant les valeurs qui annulent le dénominateur :

x	$-\infty$		-1		$+1$		3		$+\infty$
Signe de $(x-1)$		$-$		$-$	0	$+$		$+$	
Signe de $(x+1)$		$-$	0	$+$		$+$		$+$	
Signe de $(3-x)$		$+$		$+$		$+$	0	$-$	
Signe de $Q(x)$		$+$	0	$-$	0	$+$	‖	$-$	

$Q(x)$ est
- strictement positif pour $x \in]-\infty\ ;\ -1[\cup]1\ ;\ 3[$
- strictement négatif pour $x \in]-1\ ;\ 1[\cup]3\ ;\ +\infty[$
- s'annule pour $x = -1$ ou $x = 1$
- n'est pas défini pour $x = 3$ (valeur qui annule le dénominateur).

La solution de l'inéquation $Q(x) \geqslant 0$ est donc $S =]-\infty\ ;\ -1] \cup [1\ ;\ 3[$.
Attention à la valeur 3 exclue.

FAIRE

4 Étudier le signe de $P(x) = (3 - 2x)(x + 5)$ et résoudre l'inéquation $P(x) \leqslant 0$.

5 Étudier le signe des expressions suivantes :

a. $P(x) = (4 - x^2)(7x + 2)$.

b. $Q(x) = \dfrac{5 - x}{x^2 - 9}$.

3 ÉTUDIER UNE FONCTION COMPORTANT DES VALEURS ABSOLUES

SAVOIR

La valeur absolue d'un nombre réel *a* est le nombre positif $|a|$ tel que :
$|a| = a$ si *a* est positif.
$|a| = -a$ si *a* est négatif.
$|a| = 0$ si $a = 0$.

Pour **étudier une fonction comportant une ou plusieurs valeurs absolues**, il faut enlever les valeurs absolues en déterminant le signe de chaque terme.

Tableau de variation de $f(x) = |x|$

x	$-\infty$	0	$+\infty$
$\lvert x \rvert$	↘	0	↗

Représentation graphique

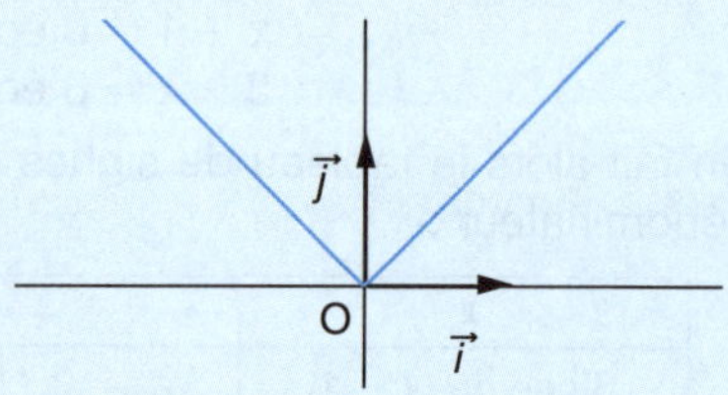

SAVOIR FAIRE

a. Étudier la fonction *f* définie par : $f(x) = |2x - 1|$.
b. En donner une représentation graphique.
c. Résoudre graphiquement l'inéquation : $|2x - 1| \leqslant 3$.

SOLUTION

a. On étudie le signe de $2x - 1$ et on enlève les valeurs absolues :
$2x - 1 = 0$ pour $x = \frac{1}{2}$.
Quand $x < \frac{1}{2}$, $2x - 1 < 0$ donc $|2x - 1| = -(2x - 1) = -2x + 1$.
Quand $x > \frac{1}{2}$, $2x - 1 > 0$ donc $|2x - 1| = 2x - 1$.
Quand $x = \frac{1}{2}$, $|2x - 1| = |0| = 0$.

x	$-\infty$	$\frac{1}{2}$	$+\infty$
Signe de $(2x - 1)$	$-$	0	$+$
$\lvert 2x - 1 \rvert$	$-2x + 1$	0	$2x - 1$

On en déduit les variations de f :

– pour $x < \frac{1}{2}$, $a = -2$ donc f est décroissante.

– pour $x > \frac{1}{2}$, $a = 2$ donc f est croissante.

– pour $x = \frac{1}{2}$, $f(x) = 0$.

Donc le tableau de variation de f est :

x	$-\infty$	0	$\frac{1}{2}$	$+\infty$
f(x)	↘	1 ↘	0	↗

b. La représentation graphique de f est composée de 2 demi-droites $\mathcal{D}_1$ et $\mathcal{D}_2$.

Pour $x < \frac{1}{2}$, $\mathcal{D}_1 : y = -2x + 1$.

Pour $x > \frac{1}{2}$, $\mathcal{D}_2 : y = 2x - 1$.

$\mathcal{D}_1$ et $\mathcal{D}_2$ se coupent en $x = \frac{1}{2}$ et $y = 0$.

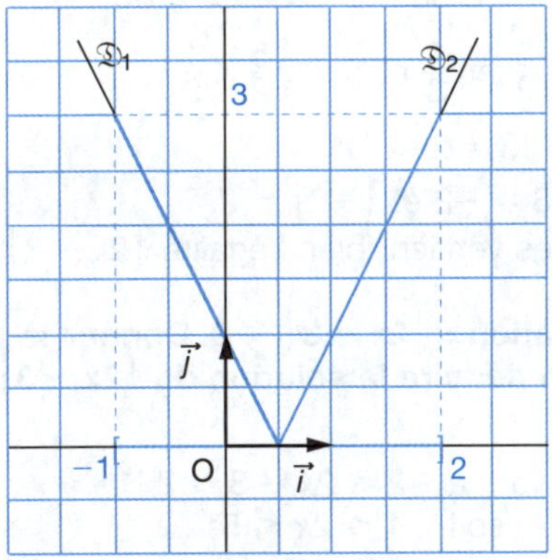

c. D'après le graphique, $f(x) \leqslant 3$ pour $x \in [-1 ; 2]$.

FAIRE

6 Étudier les variations de la fonction f définie par : $f(x) = |3 - 3x|$.
En donner une représentation graphique.
Résoudre graphiquement l'inéquation : $f(x) \geqslant 3$.

7 Étudier les variations de la fonction f définie par : $f(x) = 1 - |x|$.
En donner une représentation graphique.
Résoudre graphiquement l'inéquation $-1 \leqslant f(x) \leqslant 0$.

4 RÉSOUDRE UNE ÉQUATION, UNE INÉQUATION COMPORTANT DES VALEURS ABSOLUES

SAVOIR

a est un réel positif connu et x un réel à déterminer.

$|x| = a$ équivaut à $x = a$ ou $x = -a$.

$|x| \leqslant a$ équivaut à $-a \leqslant x \leqslant a$ soit $x \in [-a\,;\,+a]$.

$|x| \geqslant a$ équivaut à $x \leqslant -a$ ou $x \geqslant a$ soit $x \in]-\infty\,;\,-a] \cup [a\,;\,+\infty[$.

SAVOIR FAIRE

a. Résoudre l'équation : $|2x - 3| = 2$.
b. Vérifier l'égalité pour les valeurs trouvées.

SOLUTION

a. $|2x - 3| = 2$ équivaut à $2x - 3 = 2$ ou $2x - 3 = -2$

soit $2x = 5$ ou $2x = 1$

d'où $x = \frac{5}{2}$ ou $x = \frac{1}{2}$.

Les solutions sont $\frac{5}{2}$ et $\frac{1}{2}$ et $S = \left\{\frac{5}{2}\,;\,\frac{1}{2}\right\}$

b. $2 \times \frac{5}{2} - 3 = 5 - 3 = 2$ et $|2| = 2$.

$2 \times \frac{1}{2} - 3 = 1 - 3 = -2$ et $|-2| = 2$

Les valeurs trouvées vérifient bien l'égalité $|2x - 3| = 2$.

Résoudre l'inéquation : $|2x - 3| \leqslant 2$. Donner le résultat sous forme d'un intervalle. En déduire la solution de $|2x - 3| > 2$.

SOLUTION

$|2x - 3| \leqslant 2$ équivaut à $-2 \leqslant 2x - 3 \leqslant 2$

soit $1 \leqslant 2x \leqslant 5$

$\frac{1}{2} \leqslant x \leqslant \frac{5}{2}$ donc $x \in \left[\frac{1}{2}\,;\,\frac{5}{2}\right]$.

On en déduit que $|2x - 3| > 2$ a pour solution l'ensemble des x qui n'appartiennent pas à $\left[\frac{1}{2}\,;\,\frac{5}{2}\right]$, c'est-à-dire $\left]-\infty\,;\,\frac{1}{2}\right[\cup \left]\frac{5}{2}\,;\,+\infty\right[$.

FAIRE

8 Résoudre les équations suivantes :

a. $|3x - 1| = 0{,}5$ **b.** $|2 - x| = 3$

9 Résoudre les inéquations suivantes en donnant les solutions sous forme d'intervalle ou de réunion d'intervalles :

a. $|5 - 2x| \leqslant 1$ **b.** $|5 - 2x| > 1$

5 INTERPRÉTER GÉOMÉTRIQUEMENT $|x - a| = b$; $|x - a| \leqslant b$; $|x - a| \geqslant b$

SAVOIR

• Si on désigne par x et a les abscisses de deux points M et A d'une droite graduée alors :

$$|\boldsymbol{x} - \boldsymbol{a}| = |\boldsymbol{x}_{\mathbf{M}} - \boldsymbol{x}_{\mathbf{A}}| = \mathbf{AM}.$$

• Pour résoudre graphiquement $|\boldsymbol{x} - \boldsymbol{a}| = \boldsymbol{b}$, on lit les abscisses des points M qui sont à une distance de b unités de A.

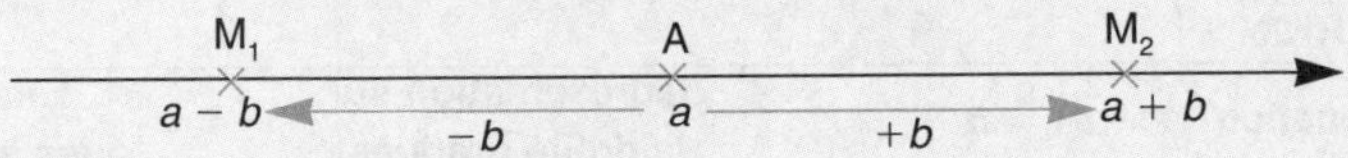

Il y a deux points solutions $M_1(a - b)$ et $M_2(a + b)$.
L'équation $|\boldsymbol{x} - \boldsymbol{a}| = \boldsymbol{b}$ a donc deux solutions :

$$\mathbf{S} = \{\boldsymbol{a} - \boldsymbol{b} \,;\, \boldsymbol{a} + \boldsymbol{b}\}.$$

• Résoudre $|\boldsymbol{x} - \boldsymbol{a}| \leqslant \boldsymbol{b}$ équivaut à chercher les abscisses des points M qui sont à moins de b unités de A.

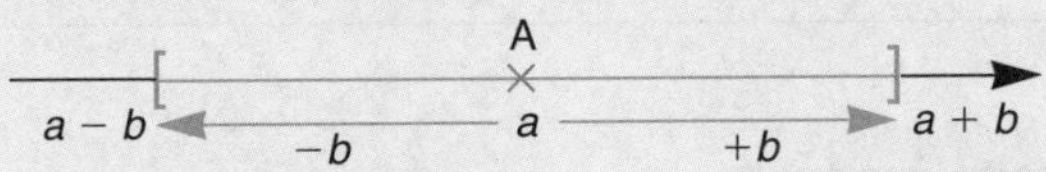

L'ensemble des points M qui conviennent est donc le segment de milieu A et de longueur $2b$.
L'ensemble des solutions de l'inéquation $|\boldsymbol{x} - \boldsymbol{a}| \leqslant \boldsymbol{b}$ est alors l'intervalle :

$$\mathbf{S} = [\boldsymbol{a} - \boldsymbol{b} \,;\, \boldsymbol{a} + \boldsymbol{b}].$$

• Résoudre $|\boldsymbol{x} - \boldsymbol{a}| \geqslant \boldsymbol{b}$ équivaut à chercher les abscisses des points M situés à plus de b unités de A.

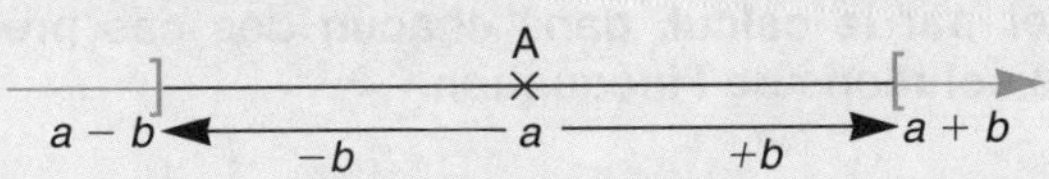

L'ensemble des points M qui conviennent est donc la réunion des deux demi-droites symétriques par rapport à A. L'ensemble des solutions de l'inéquation $|\boldsymbol{x} - \boldsymbol{a}| \geqslant \boldsymbol{b}$ est donc la réunion des intervalles :

$$\mathbf{S} =]-\infty \,;\, \boldsymbol{a} - \boldsymbol{b}] \cup [\boldsymbol{a} + \boldsymbol{b} \,;\, +\infty[.$$

SAVOIR FAIRE

Compléter le tableau suivant :

Équation $\lvert x - a \rvert = b$	Représentation sur la droite graduée	Ensemble des solutions
...	−5 ; 5	S = {−5 ; 5}
$\lvert x - 5 \rvert = 2$		S = ...
...	−2 ; 6	S = {−2 ; 6}

SOLUTION

Équation $\lvert x - a \rvert = b$	Représentation sur la droite graduée	Ensemble des solutions
$\lvert x - 0 \rvert = 5$	−5 ; 5 ; −5 ; 0 ; +5	S = {−5 ; 5}
$\lvert x - 5 \rvert = 2$	3 ; 7 ; −2 ; 5 ; +2	S = {3 ; 7}
$\lvert x - 2 \rvert = 4$	−2 ; (−2 + 6) ÷ 2 ; 6 ; −4 ; 2 ; +4	S = {−2 ; 6}

Soit une droite graduée.
Placer les points A et B d'abscisses $x_A = -2$ et $x_B = 3$.

a. Hachurer l'ensemble des points M de cette droite dont l'abscisse x vérifie :

$$\lvert x - 3 \rvert \leqslant 4.$$

b. Hachurer dans l'autre sens l'ensemble des points M de cette droite donc l'abscisse vérifie :

$$\lvert x + 2 \rvert \geqslant 5.$$

c. Retrouver par le calcul, dans chacun des cas précédents, l'ensemble des solutions de l'inéquation.

SOLUTION

a. On pose $x = x_M$ et $3 = x_B$. Alors $\lvert x - 3 \rvert = \lvert x_M - x_B \rvert = \text{BM}$.

Résoudre $\lvert x - 3 \rvert \leqslant 4$ équivaut donc à chercher l'ensemble des points M situés à moins de 4 unités du point B d'abscisse 3.
Sur la droite, tracée en fin de **b.**, on lit que l'ensemble des solutions est l'intervalle $[-1 ; 7]$.

b. On pose $x = x_M$ et $-2 = x_A$.
Alors $|x + 2| = |x - (-2)| = |x_M - x_A| = AM$.
Résoudre $|x + 2| \geqslant 5$ équivaut donc à chercher l'ensemble des points M situés à plus de 5 unités du point A d'abscisse -2.
L'ensemble des solutions est alors la réunion des intervalles $]-\infty ; -7]$ et $[3 ; +\infty[$.

c. $|x - 3| \leqslant 4$ équivaut à $-4 \leqslant x - 3 \leqslant 4$
soit $-1 \leqslant x \leqslant 7$
donc $S = [-1 ; 7]$.

$|x + 2| \geqslant 5$ équivaut à $x + 2 \leqslant -5$ ou $x + 2 \geqslant 5$
soit $x \leqslant -7$ ou $x \geqslant 3$
donc $S =]-\infty ; -7] \cup [3 ; +\infty[$.

FAIRE

10 Compléter le tableau suivant :

Équation $\lvert x - a\rvert = b$	Représentation graphique	Ensemble des solutions
. . .	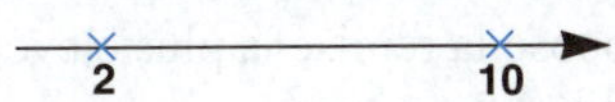	$S = \{2 ; 10\}$
. . .	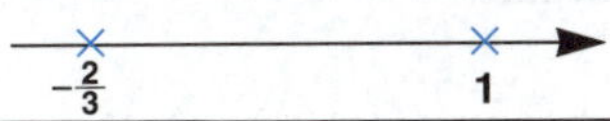	$S = \{-\frac{2}{3} ; 1\}$
$\lvert x + \frac{5}{6}\rvert = \frac{1}{2}$		S = . . .

11 Compléter le tableau suivant :

Inéquations $\lvert x - a\rvert \geqslant b$ / $\lvert x - a\rvert \leqslant b$	Représentation graphique	Ensemble des solutions
$\lvert x - 4\rvert \leqslant 3$		S = . . .
. . .	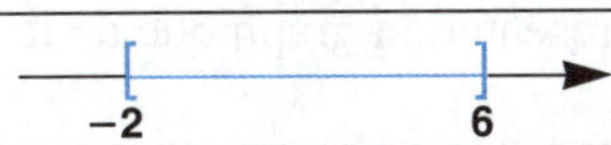	$S = [-2 ; 6]$
$\lvert x + 1\rvert \leqslant 2$		S = . . .
$\lvert x - 5\rvert \geqslant 4$		S = . . .

Indications p. 170 pour les exercices comportant ce symbole.

1 Déterminer la fonction affine f qui est représentée par la droite $\mathcal{D}$ passant par $A(-1\ ;\ 0)$ et de coefficient directeur $a = 3$. Représenter $\mathcal{D}$.

2 A l'aide de la représentation graphique de la fonction f telle que $f(x) = 3x + 2$, compléter les inégalités suivantes :

si $-1 \leqslant x \leqslant 3$ alors $\square \leqslant f(x) \leqslant \square$.

si $-4 \leqslant f(x) \leqslant 8$ alors $\square \leqslant x \leqslant \square$.

3 Résoudre dans $\mathbb{R}$ les inéquations suivantes :

a. $(5x - 3)^2 \leqslant (x + 5)^2$ **b.** $(2x + 1)^2 < 4x^2 - 1$

c. $\dfrac{1}{x} \geqslant \dfrac{1}{x + 2}$ **d.** $\dfrac{9}{(x - 2)^2} \geqslant 4$

4 Au moment des soldes, un magasin annonce 10% de remise sur tous les articles. Un autre magasin propose, lui, une remise de 10 F sur tout article donc le prix est compris entre 10 et 200 F (strictement) et une remise de 20 F sur tout article dont le prix est égal ou supérieur à 200 F. Quel magasin propose la remise la plus élevée pour le client en fonction du prix d'achat initial ?

5 M. et Mme Y. doivent aller déjeuner dimanche prochain chez leur ami M. X. qui habite à 150 km de chez eux.
Ils lui écrivent : « nous pensons partir à 10 h, nous prendrons d'abord l'autoroute pendant 90 km en roulant à une vitesse moyenne de 120 km/h. Il faudra attendre 15 min au péage de sortie et nous finirons le trajet sur la départementale où, par prudence, nous roulerons à 75 km/h ».
A partir de quelle heure M. X. doit-il attendre l'arrivée de ses amis ?
Donner une représentation graphique de leur trajet.

6 Étudier les variations de la fonction f définie par :

$$f(x) = |x + 1| - 2|1 - x|.$$

En donner une représentation graphique puis résoudre l'inéquation $f(x) \leqslant 0$.

7 **a.** Étudier et représenter la fonction : $x \mapsto 2|x| + 4|x-5|$.
b. Deux villages A et B sont distants de 5 km.
Où M. Martin doit-il construire sa maison M sur (AB) pour que son trajet journalier soit inférieur à 30 km, sachant qu'il va une fois en A et deux fois en B par jour ?

8 Le graphique suivant représente le trajet de deux véhicules. Reconstituer un énoncé correspondant et donner l'heure et le lieu de la rencontre des deux véhicules.

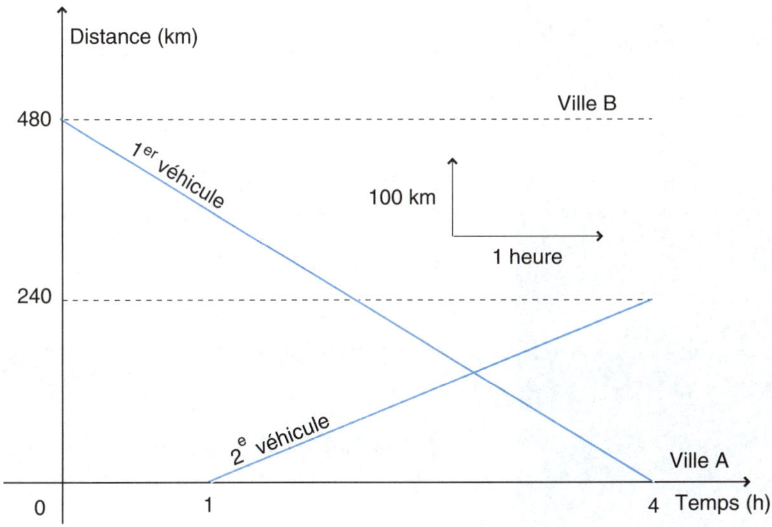

9 **a.** Sur le circuit électrique ci-contre, le voltmètre indique une tension de 220 V avec une précision de 0,04‰. Soit V la tension réelle. Montrer que $|V - 220| < 10^{-1}$.

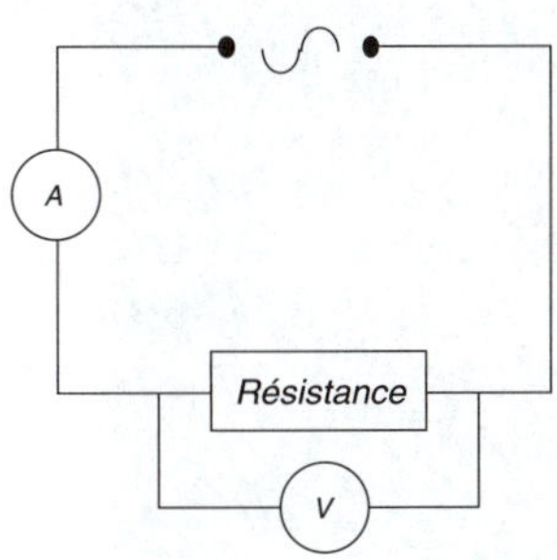

b. L'intensité affichée par l'ampèremètre est de 5 A à 0,5‰.
Soit I l'intensité réelle.
Montrer que $|I - 5| < 10^{-1}$.
c. Sachant que $V = RI$, montrer que la valeur R de la résistance est égale à 44 Ω à $\frac{1}{4}$ d'ohm près.

4

CALCUL VECTORIEL

POUR FAIRE LE POINT

Choisir la (ou les) bonne(s) réponse(s)

1. $\overrightarrow{AB} + \overrightarrow{EF}$ est égal à :

a. $\overrightarrow{AC}$ ☐
b. $\overrightarrow{OB}$ ☐
c. $\overrightarrow{CA}$ ☐

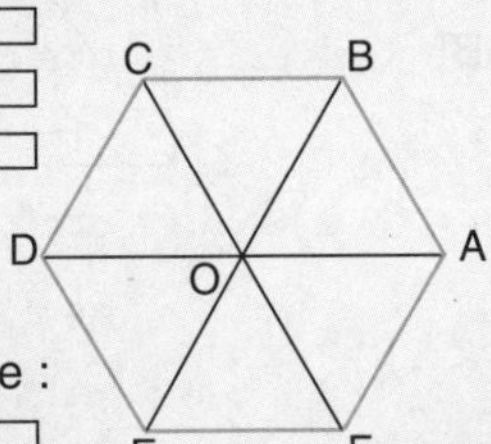

2. $\overrightarrow{CA}$ est un représentant de :

a. $\overrightarrow{CB} + \overrightarrow{CF}$ ☐
b. $\overrightarrow{DO} + \overrightarrow{AF}$ ☐
c. $\overrightarrow{EF} + \overrightarrow{OF}$ ☐

3. $\overrightarrow{BD}$ est un représentant de :

a. $\vec{u} + \vec{v}$ ☐
b. $\vec{u} - \vec{v}$ ☐
c. $\vec{v} - \vec{u}$ ☐

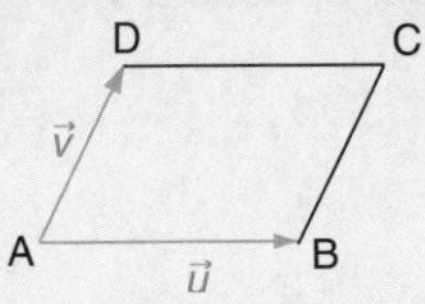

4. Dans le repère $(A ; \overrightarrow{AB}, \overrightarrow{AC})$, D a pour coordonnées :

a. $(1 ; -1)$ ☐
b. $(-1 ; 1)$ ☐
c. $(-1 ; -1)$ ☐

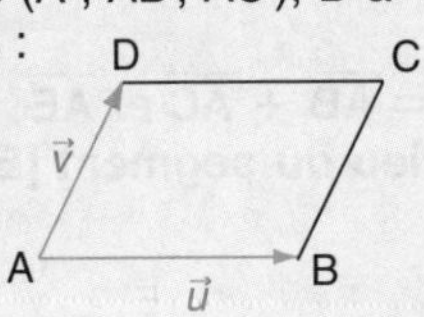

5. $\vec{u}$ est égal à :

a. $-2\vec{i} + \vec{j}$ ☐
b. $1{,}5\vec{i} - 1{,}5\vec{j}$ ☐
c. $-2{,}5\vec{i} - 0{,}5\vec{j}$ ☐

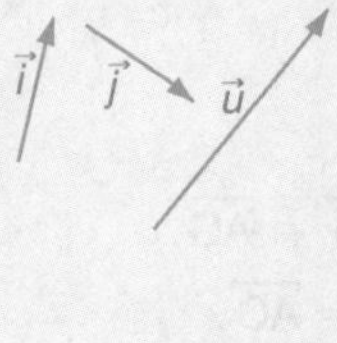

6. Le point C, aligné avec les points A et B, a pour coordonnées :

a. $(0 ; -3)$ ☐
b. $(0 ; -3{,}5)$ ☐
c. $(0 ; -4)$ ☐

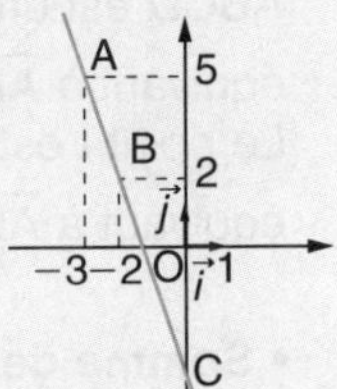

7.

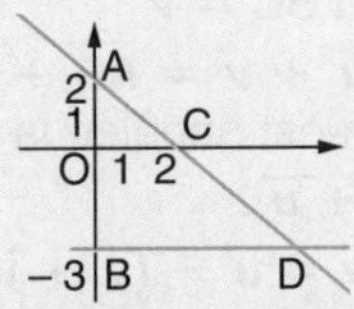

(BD) // (OC)

Le point D a pour coordonnées :

a. $(7 ; -3)$ ☐
b. $(7 ; 3)$ ☐
c. $(5 ; -3)$ ☐

8. Si $\overrightarrow{AI} = \frac{1}{2}\overrightarrow{AB}$ alors :

a. $\overrightarrow{AJ} = \overrightarrow{JC}$ ☐ ((IJ) // (BC))
b. $\overrightarrow{IJ} = \frac{1}{2}\overrightarrow{BC}$ ☐
c. $\overrightarrow{AJ} = \frac{1}{3}\overrightarrow{AC}$ ☐

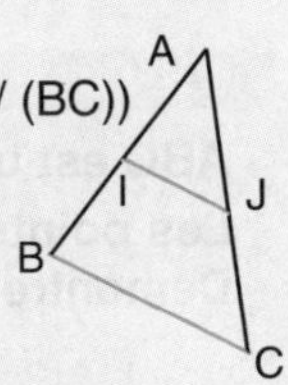

9. Si $\overrightarrow{AI} = k\overrightarrow{AD}$ et si $\overrightarrow{BJ} = k\overrightarrow{BC}$ alors :

a. (IJ) // (AB) // (DC) ☐
b. (IJ) // (AC) // BD) ☐
c. on ne peut pas conclure ☐

réponses p. 198

1 ADDITIONNER DEUX VECTEURS

SAVOIR

• Rappels

Le point A a pour image le point B par la **translation** de vecteur $\vec{u}$ équivaut à $\overrightarrow{AB} = \vec{u}$.

ABCD est un **parallélogramme** équivaut à $\overrightarrow{AB} = \overrightarrow{DC}$ **ou** $\overrightarrow{AD} = \overrightarrow{BC}$.

Le point I est le **milieu** du segment [AB] équivaut à $\overrightarrow{AI} = \overrightarrow{IB}$ ou $\overrightarrow{IA} + \overrightarrow{IB} = \vec{0}$.

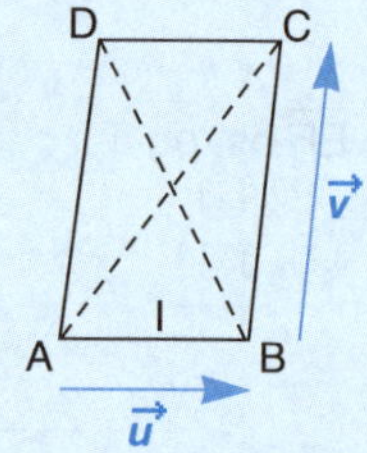

• Somme de deux vecteurs

Si $\overrightarrow{AB} = \vec{u}$ et $\overrightarrow{BC} = \vec{v}$

alors $\overrightarrow{AC} = \vec{u} + \vec{v} = \overrightarrow{AB} + \overrightarrow{BC}$.

Cette relation est appelée la relation de Chasles.

$\vec{u} + \vec{v} = \vec{v} + \vec{u}$.

$(\vec{u} + \vec{v}) + \vec{w} = \vec{u} + (\vec{v} + \vec{w}) = \vec{u} + \vec{v} + \vec{w}$.

Pour construire le vecteur différence $\vec{u} - \vec{v}$, on construit le vecteur somme $\vec{u} + (-\vec{v})$ où $-\vec{v}$ est le vecteur opposé à $\vec{v}$.

SAVOIR FAIRE

ABC est un triangle quelconque.
Les points D et E vérifient que $\overrightarrow{AD} = \overrightarrow{AB} + \overrightarrow{AC}$ et $\overrightarrow{AE} = \overrightarrow{AB} - \overrightarrow{AC}$.
Démontrer que le point B est le milieu du segment [ED].

SOLUTION

Démontrons que $\overrightarrow{EB} = \overrightarrow{BD}$.

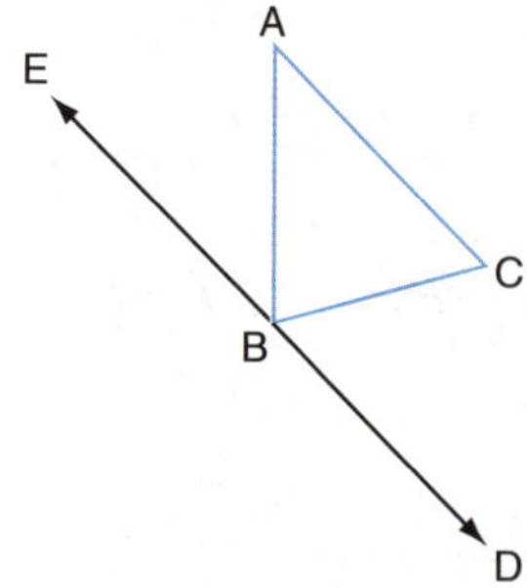

Par la relation de Chasles, on obtient :

$\overrightarrow{EB} = \overrightarrow{EA} + \overrightarrow{AB} = (-\cancel{\overrightarrow{AB}} + \overrightarrow{AC}) + \cancel{\overrightarrow{AB}} = \overrightarrow{AC}$.

$\overrightarrow{BD} = \overrightarrow{BA} + \overrightarrow{AD} = \cancel{\overrightarrow{BA}} + (\cancel{\overrightarrow{AB}} + \overrightarrow{AC}) = \overrightarrow{AC}$.

On en déduit que $\overrightarrow{EB} = \overrightarrow{BD}$.

Le point B est donc le milieu de [ED].

FAIRE

1 **a. ABCD est un quadrilatère quelconque.**

Placer les points E, F, G, H tels que :

$\overrightarrow{AE} = \overrightarrow{AB} + \overrightarrow{AC}$; $\overrightarrow{AF} = \overrightarrow{AE} + \overrightarrow{AD}$;

$\overrightarrow{AG} = \overrightarrow{AC} + \overrightarrow{AD}$; $\overrightarrow{AH} = \overrightarrow{AB} + \overrightarrow{AG}$.

b. Que constate-t-on ? Le démontrer.

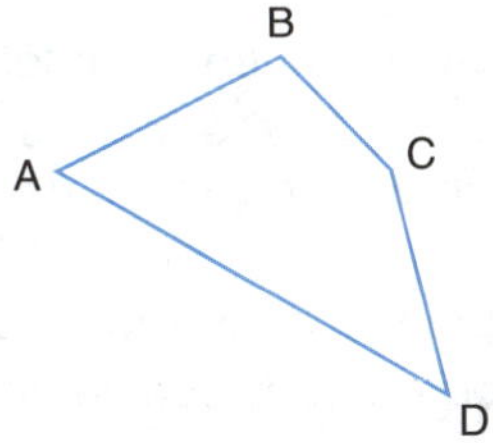

2 **a. Dessiner un parallélogramme ABCD et CEFG son image par la translation de vecteur $\overrightarrow{AC}$.**

Démontrer que CEFG est un parallélogramme.

b. Démontrer que le point C est le centre de symétrie de la figure obtenue.

2 MULTIPLIER UN VECTEUR PAR UN RÉEL

SAVOIR

- **Définition**

$\vec{v}$ est colinéaire à $\vec{u}$ équivaut à $\begin{cases} \vec{u} \neq \vec{0} \\ \vec{v} = a\vec{u} \ (a \in \mathbb{R}) \end{cases}$

$a = 0$

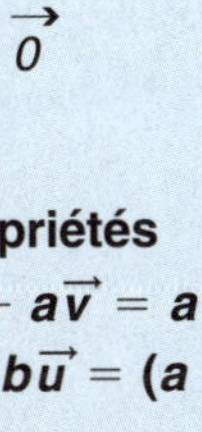

$\vec{v} = \vec{0}$

$a > 0$

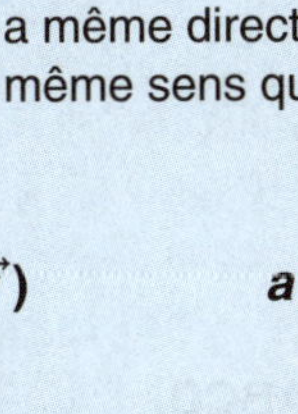

$\vec{v}$ a même direction et même sens que $\vec{u}$

$a < 0$

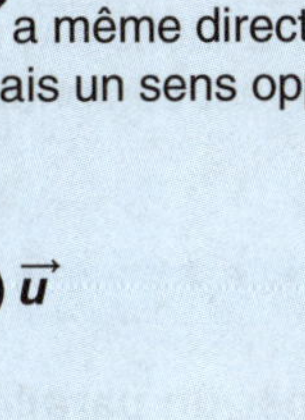

$\vec{v}$ a même direction que $\vec{u}$ mais un sens opposé

- **Propriétés**

$a\vec{u} + a\vec{v} = a(\vec{u} + \vec{v})$ $\quad$ $a(b\vec{u}) – (ab)\vec{u}$

$\vec{u} + b\vec{u} = (a + b)\vec{u}$ $\quad$ $0\,\vec{u} = \vec{0}$

- **Application**

Pour démontrer que les droites (AB) et (CD) sont **parallèles,** on prouve que les vecteurs $\overrightarrow{AB}$ et $\overrightarrow{CD}$ sont **colinéaires.**

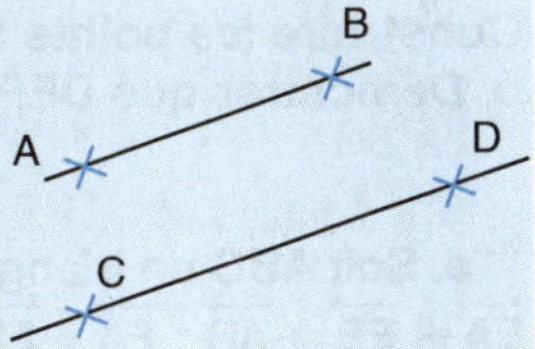

SAVOIR FAIRE

ABCD est un parallélogramme. Placer les points E et F tels que : $\overrightarrow{AE} = 1{,}5\,\overrightarrow{AC}$ et $\overrightarrow{AF} = 3\overrightarrow{AD}$.
Démontrer que les droites (DB) et (EF) sont parallèles.

SOLUTION

Démontrons que les vecteurs $\overrightarrow{DB}$ et $\overrightarrow{EF}$ sont colinéaires.
Pour cela, on écrit les vecteurs $\overrightarrow{DB}$ et $\overrightarrow{EF}$ à l'aide de deux vecteurs non nuls et non colinéaires, par exemple $\overrightarrow{AB}$ et $\overrightarrow{AD}$.

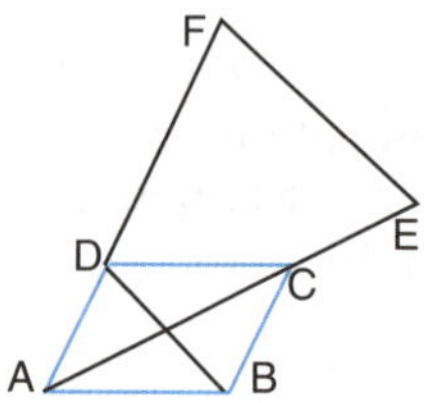

Par la relation de Chasles, on obtient :
$\overrightarrow{DB} = \overrightarrow{DA} + \overrightarrow{AB} = \overrightarrow{AB} - \overrightarrow{AD}$

$\overrightarrow{EF} = \overrightarrow{EA} + \overrightarrow{AF} = -1{,}5\,\overrightarrow{AC} + 3\,\overrightarrow{AD} \quad = -1{,}5\,(\overrightarrow{AB} + \overrightarrow{BC}) + 3\,\overrightarrow{AD}$
$= -1{,}5\,\overrightarrow{AB} - 1{,}5\,\overrightarrow{BC} + 3\,\overrightarrow{AD}$
$= -1{,}5\,\overrightarrow{AB} - 1{,}5\,\overrightarrow{AD} + 3\,\overrightarrow{AD}$
$= -1{,}5\,\overrightarrow{AB} + 1{,}5\,\overrightarrow{AD}$.

On en déduit que $\overrightarrow{EF} = -1{,}5\,\overrightarrow{DB}$. Les vecteurs $\overrightarrow{EF}$ et $\overrightarrow{DB}$ étant colinéaires, les droites (EF) et (DB) sont parallèles.

A et B sont deux points quelconques.
Placer le point M tel que : $\overrightarrow{AM} + 2\,\overrightarrow{BM} = \overrightarrow{AB}$.

SOLUTION

Écrivons le vecteur $\overrightarrow{AM}$ en fonction du vecteur $\overrightarrow{AB}$. Par la relation de Chasles, on obtient :
$\overrightarrow{AM} + 2\,(\overrightarrow{BA} + \overrightarrow{AM}) = \overrightarrow{AB}$
ou encore $\overrightarrow{AM} + 2\,\overrightarrow{AM} = \overrightarrow{AB} - 2\,\overrightarrow{BA}$.

$3\,\overrightarrow{AM} = 3\,\overrightarrow{AB}$ donc $\overrightarrow{AM} = \overrightarrow{AB}$ soit M = B.
Le point M est confondu avec le point B.

FAIRE

3 a. Dessiner un parallélogramme ABCD.
Construire les points E et F tels que $\overrightarrow{AE} = 2\,\overrightarrow{AC}$; $\overrightarrow{DF} = 3\,\overrightarrow{DC}$.
b. Démontrer que DEFB est un parallélogramme.

4 a. Soit ABC un triangle quelconque. Placer les points E, F et G tels que :
$\overrightarrow{EA} + \overrightarrow{EB} = \overrightarrow{AB}$; $\overrightarrow{FA} + \overrightarrow{FB} = \overrightarrow{AC}$; $\overrightarrow{GA} - 2\,\overrightarrow{GB} + 3\,\overrightarrow{GC} = \overrightarrow{0}$.

b. Le point I est le milieu du segment [AB].
Démontrer que, pour tout point M, on a $\overrightarrow{MA} + \overrightarrow{MB} = 2\overrightarrow{MI}$.
(Cette égalité permet la construction du vecteur somme par la règle du parallélogramme : si $\vec{u}$ et $\vec{v}$ sont représentés par deux vecteurs de même origine, alors la diagonale du parallélogramme formé par ces vecteurs représente leur somme).

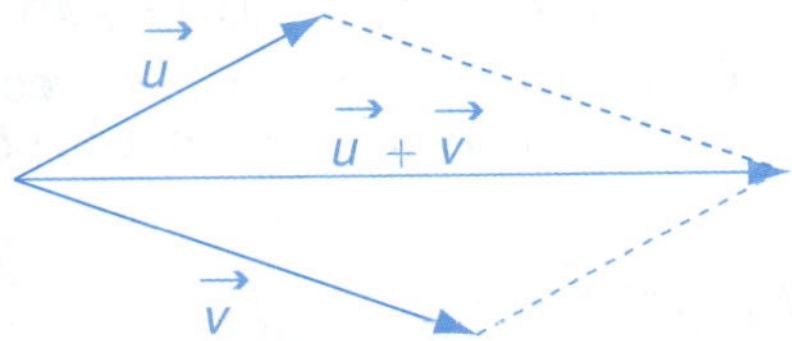

5 a. Dessiner un parallélogramme ABCD. Placer :
- **le point I milieu de [DC].**
- **le point E symétrique du point A par rapport au point I.**
- **le point F tel que $\overrightarrow{AF} = 1{,}5\,\overrightarrow{AC}$.**

b. Démontrer que les droites (EF) et (BD) sont parallèles.

3 DÉMONTRER QUE TROIS POINTS SONT ALIGNÉS

SAVOIR

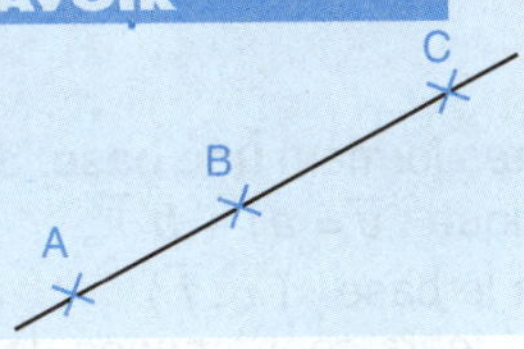

Pour démontrer que les trois points **A, B et C sont alignés**, on démontre que les vecteurs $\overrightarrow{AB}$ **et** $\overrightarrow{AC}$, par exemple, **sont colinéaires.**

SAVOIR FAIRE

ABCD est un parallélogramme.
I est le milieu du segment [BC].
Le point J vérifie : $\overrightarrow{DJ} = 2\,\overrightarrow{AI}$.
Démontrer que les points A, C et J sont alignés.

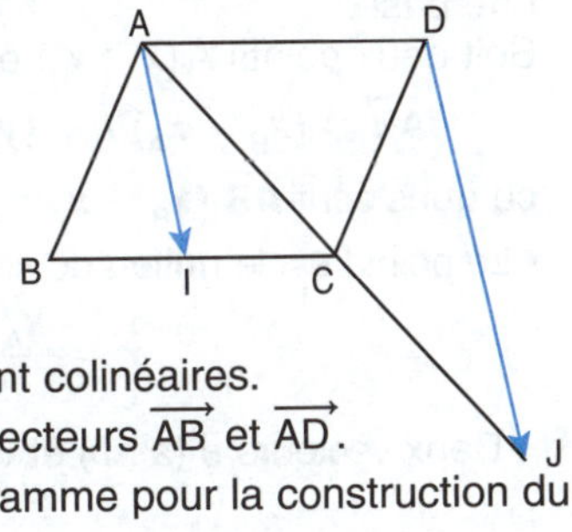

SOLUTION

Démontrons que les vecteurs $\overrightarrow{AC}$ et $\overrightarrow{AJ}$ sont colinéaires.
Écrivons pour cela $\overrightarrow{AC}$ et $\overrightarrow{AJ}$ à l'aide des vecteurs $\overrightarrow{AB}$ et $\overrightarrow{AD}$.
$\overrightarrow{AC} = \overrightarrow{AB} + \overrightarrow{AD}$ (par la règle du parallélogramme pour la construction du vecteur somme).

$\overrightarrow{AJ} = \overrightarrow{AD} + \overrightarrow{DJ} = \overrightarrow{AD} + 2\overrightarrow{AI}$
$= \overrightarrow{AD} + 2(\overrightarrow{AB} + \overrightarrow{BI}) = \overrightarrow{AD} + 2\overrightarrow{AB} + \overrightarrow{BC}$
$= \overrightarrow{AD} + 2\overrightarrow{AB} + \overrightarrow{AD} = 2\overrightarrow{AB} + 2\overrightarrow{AD}$.
On en déduit $\overrightarrow{AJ} = 2\overrightarrow{AC}$. Les vecteurs $\overrightarrow{AJ}$ et $\overrightarrow{AC}$ sont donc colinéaires et ont le point A en commun. Les points A, J et C sont donc alignés.

FAIRE

6 a. Soit un triangle ABC. Construire les points D et E tels que : $\overrightarrow{AD} = -\overrightarrow{AB} + \overrightarrow{AC}$; $\overrightarrow{AE} = 3\overrightarrow{AB} - \overrightarrow{AC}$.
b. Démontrer que les points B, D et E sont alignés.

7 a. Tracer un parallélogramme ABCD. Construire les points E, F et G tels que : $\overrightarrow{AE} = 3\overrightarrow{AC}$; $\overrightarrow{CF} = \overrightarrow{AB}$; $\overrightarrow{AG} = -3\overrightarrow{AD}$.
b. Démontrer que les points E, F et G sont alignés.

8 Soit ABCD un quadrilatère quelconque dont le centre de gravité G vérifie $\overrightarrow{GA} + \overrightarrow{GB} + \overrightarrow{GC} + \overrightarrow{GD} = \vec{0}$. Le point I est le milieu du segment [AB] et le point J celui du segment [CD].
Démontrer que G est le milieu du segment [IJ].

4 TRAVAILLER DANS UN REPÈRE

SAVOIR

• Deux vecteurs $\vec{i}$ et $\vec{j}$ non nuls et non colinéaires forment **une base**. Sur cette base, un vecteur $\vec{u}$ s'écrit de manière unique : $\vec{u} = a\vec{i} + b\vec{j}$.
a et *b* s'appellent **les coordonnées** de $\vec{u}$ dans la base $(\vec{i} ; \vec{j})$.
• Deux vecteurs sont égaux si et seulement si leurs coordonnées dans une base sont égales.
• $(O ; \vec{i}, \vec{j})$ est un **repère** du plan lorsque $(\vec{i} ; \vec{j})$ est une base.
Soit deux points $A(x_A ; x_B)$ et $B(y_A ; y_B)$, on a :

$$\overrightarrow{AB} = (x_B - x_A)\vec{i} + (y_B - y_A)\vec{j}$$

ce qui s'écrit $\overrightarrow{AB}\,(x_B - x_A ; y_B - y_A)$.

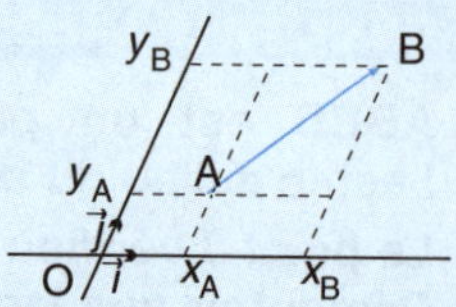

• Le point I est le **milieu** du segment [AB] si et seulement si :

$$x_I = \frac{x_A + x_B}{2} \quad \text{et} \quad y_I = \frac{y_A + y_B}{2}$$

• Deux vecteurs $\vec{u}(a ; b)$ et $\vec{v}(a' ; b')$ sont **colinéaires** si et seulement si :

$$ab' - a'b = 0.$$

SAVOIR FAIRE

Soit les points A(−1 ; 6) et I(3 ; 4), le point B est le symétrique de A par rapport à I et le point C est le quatrième sommet du parallélogramme OACB.
Calculer les coordonnées des points B et C.

SOLUTION

Comme le point I est le milieu du segment [AB], on a :

$x_I = \dfrac{x_A + x_B}{2}$ et $y_I = \dfrac{y_A + y_B}{2}$.

On résout alors les équations :

$3 = \dfrac{-1 + x_B}{2}$ et $4 = \dfrac{6 + y_B}{2}$

$6 = -1 + x_B$ $\quad$ $8 = 6 + y_B$

$7 = x_B$ $\quad$ $2 = y_B$

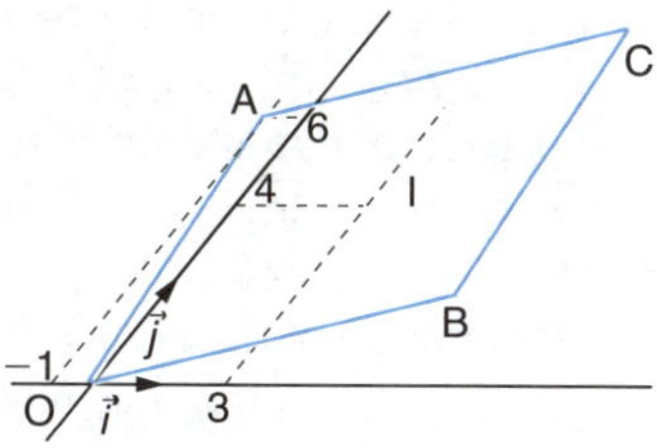

Le point B a donc pour coordonnées B(7 ; 2).

Comme OACB est un parallélogramme, $\overrightarrow{AC} = \overrightarrow{OB}$.

On a $\overrightarrow{AC}(x_C + 1 ; y_C - 6)$ et $\overrightarrow{OB}(7 ; 2)$.

Deux vecteurs égaux ont des coordonnées égales d'où :

$x_C + 1 = 7$ et $y_C - 6 = 2$

$x_C = 6$ $\quad$ $y_C = 8$

Le point C a pour coordonnées (6 ; 8).

FAIRE

9 a. Soit les points A(1 ; 3), B(−2 ; 5) et C(−4 ; −1).
Calculer les coordonnées du point D tel que ABCD soit un parallélogramme.
b. Calculer les coordonnées du point I, centre de ce parallélogramme.

10 Soit les vecteurs $\vec{u}(\sqrt{6} ; 2 - \sqrt{2})$ et $\vec{v}(x ; \sqrt{3})$.
Déterminer x pour que les deux vecteurs soient colinéaires.
Écrire le résultat sous forme $a(\sqrt{2} + 1)$.

11 a. Dessiner un parallélogramme ABCD et placer les points E, F, G, H tels que :
$\overrightarrow{AE} = \frac{2}{3}\overrightarrow{AB}$; $\overrightarrow{BF} = \frac{2}{3}\overrightarrow{BC}$; $\overrightarrow{CG} = \frac{2}{3}\overrightarrow{CD}$; $\overrightarrow{DH} = \frac{2}{3}\overrightarrow{DA}$.
b. Indiquer les coordonnées des différents points de la figure dans le repère $(A, \overrightarrow{AB}, \overrightarrow{AD})$.
En déduire que EFGH est un parallélogramme.

5 APPLIQUER LE THÉORÈME DE THALÈS

SAVOIR

Théorème de Thalès

• Soit un **triangle** ABC, un point I de la droite (AB) et un point J de la droite (AC), si les droites (IJ) et (BC) sont parallèles alors il existe un réel k tel que :

$\overrightarrow{AI} = k\overrightarrow{AB}$, $\overrightarrow{AJ} = k\overrightarrow{AC}$ et $\overrightarrow{IJ} = k\overrightarrow{BC}$,

ou encore, il existe un réel a tel que :

$\overrightarrow{IA} = a\overrightarrow{IB}$, $\overrightarrow{JA} = a\overrightarrow{JC}$, etc.

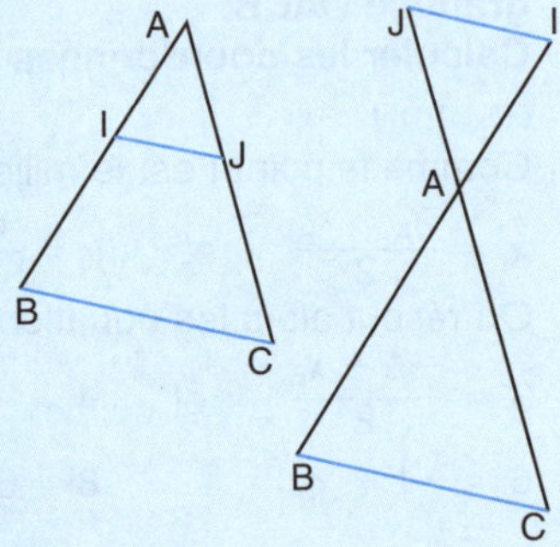

Réciproquement, si $\overrightarrow{AI} = k\overrightarrow{AB}$ et $\overrightarrow{AJ} = k\overrightarrow{AC}$, alors (IJ) // (BC).

• ABCD est un **trapèze** de bases [AD] et [BC]. Soit I un point de la droite (AB) et J un point de la droite (DC), alors il existe un réel k tel que :

$\overrightarrow{AI} = k\overrightarrow{AB}$, $\overrightarrow{DJ} = k\overrightarrow{DC}$,

ou encore, il existe un réel a tel que :

$\overrightarrow{IA} = a\overrightarrow{IB}$, $\overrightarrow{JD} = a\overrightarrow{JC}$, etc.

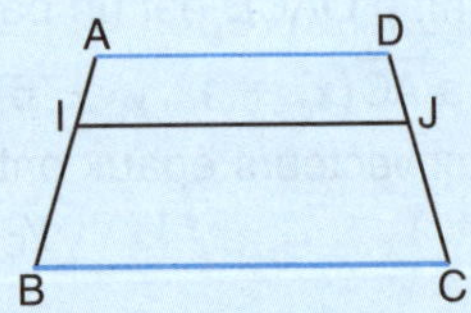

Réciproquement, si $\overrightarrow{AI} = k\overrightarrow{AB}$ et $\overrightarrow{DJ} = k\overrightarrow{DC}$ alors (IJ) // (AD) // (BC).

SAVOIR FAIRE

Soit les points A (1 ; 2), B (−3 ; 4) et C (−5 ; 5). C' est le projeté de C sur (OA), parallèlement à (OB).

a. Démontrer que les points A, B et C sont alignés.

b. Calculer les coordonnées de C'.

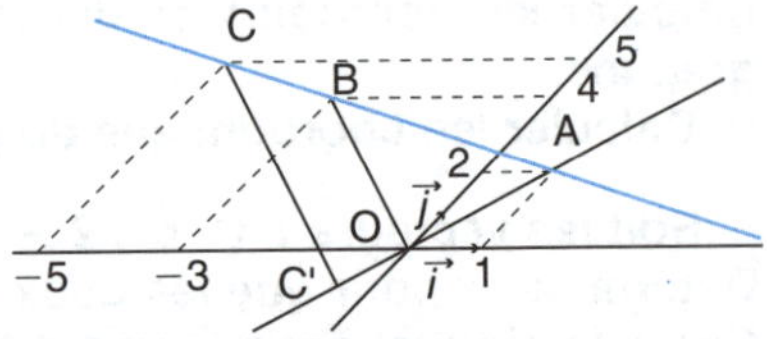

SOLUTION

a. Démontrons que les vecteurs $\overrightarrow{AB}$ et $\overrightarrow{AC}$ sont colinéaires. On a :

$\overrightarrow{AB}\,(x_B - x_A\,;\,y_B - y_A)$ et $\overrightarrow{AC}\,(x_C - x_A\,;\,y_C - y_A)$

$\overrightarrow{AB}\,(-3 - 1\,;\,4 - 2)$ et $\overrightarrow{AC}\,(-5 - 1\,;\,5 - 2)$

$\overrightarrow{AB}\,(-4\,;\,2)$ et $\overrightarrow{AC}\,(-6\,;\,3)$

On en déduit $\overrightarrow{AC} = 1{,}5\,\overrightarrow{AB}$. Les vecteurs $\overrightarrow{AC}$ et $\overrightarrow{AB}$ sont colinéaires et ont le point A en commun. Les points A, B et C sont donc alignés.

b. Comme les droites (CC') et (OB) sont parallèles, on applique le théorème de Thalès dans les triangles ABO et ACC'.

$\overrightarrow{AC} = 1{,}5\,\overrightarrow{AB}$ donc $\overrightarrow{AC'} = 1{,}5\,\overrightarrow{AO}$

soit $\overrightarrow{AO} + \overrightarrow{OC'} = 1{,}5\,\overrightarrow{AO}$

d'où $\overrightarrow{OC'} = 1{,}5\,\overrightarrow{AO} - \overrightarrow{AO} = 0{,}5\,\overrightarrow{AO}$

et $\overrightarrow{OC'} = -0{,}5\,\overrightarrow{OA}$.

En multipliant les coordonnées du point A par $-0{,}5$, on obtient C'$(-0{,}5 ; -1)$.

FAIRE

12 a. Dans un repère $(O ; \vec{i}, \vec{j})$, placer les points A $(-2 ; 5)$, B $(4 ; -3)$ et C $(2{,}5 ; -1)$. Démontrer que les points A, B et C sont alignés.
b. Calculer les coordonnées de C', projeté de C sur (AO) parallèlement à (BO).

13 a. Dans un repère $(O ; \vec{i}, \vec{j})$, placer les points A $(-2 ; 7)$, B $(7 ; -2)$ et C $(1 ; 4)$. Démontrer qu'ils sont alignés.
b. Placer les points A' $(-6 ; 4)$ et B' $(-1 ; -8)$. Démontrer que les droites (AA') et (BB') sont parallèles.
c. Placer le point C', projeté de C sur la droite (A'B'), parallèlement à la droite (AA'). Calculer les coordonnées de C'.

S'ENTRAÎNER

Indications p. 170 pour les exercices comportant ce symbole.

1 ABCDEF est un hexagone régulier, composé de six triangles équilatéraux.

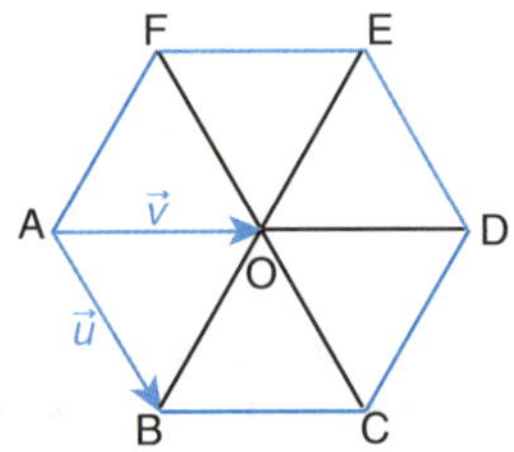

On pose : $\overrightarrow{AB} = \vec{u}$ et $\overrightarrow{AO} = \vec{v}$.
Écrire, à l'aide des vecteurs $\vec{u}$ et $\vec{v}$:
$\overrightarrow{AC}$; $\overrightarrow{OB}$; $\overrightarrow{OE}$; $\overrightarrow{AE}$; $\overrightarrow{FB}$.

2 **a.** Soit un triangle ABC et I, J, K les milieux des côtés [BC], [AC], [AB].
Placer les points D et L tels que :
- D est le symétrique de I par rapport à C.
- L est le symétrique de I par rapport à K.

b. Écrire les vecteurs $\overrightarrow{JL}$ et $\overrightarrow{JD}$ à l'aide des vecteurs $\overrightarrow{AB}$ et $\overrightarrow{AC}$. En déduire que le point J est le milieu du segment [LD].

3 **a.** Dessiner un trapèze ABCD de bases [AB] et [CD]. I est le milieu du segment [AD]. Placer le point J tel que :
$\overrightarrow{IJ} = \dfrac{\overrightarrow{AB} + \overrightarrow{DC}}{2}$. Préciser la position du point J. Le démontrer.

b. Placer K tel que $\overrightarrow{AK} = \dfrac{\overrightarrow{AC}}{2}$. Démontrer que les points I, J et K sont alignés.

4 **a.** Dessiner un triangle ABC. Placer :
- le point I milieu du segment [AB].
- le point J milieu du segment [CI].
- le point K tel que $\overrightarrow{CK} = \frac{1}{3}\overrightarrow{CB}$.

Calculer les coordonnées de J et K dans le repère $(A\,;\overrightarrow{AB}, \overrightarrow{AC})$.

b. Démontrer que les points A, J, K sont alignés.

5 **a.** Dessiner un triangle ABC et placer le point I milieu du segment [BC].
Placer le point G tel que $\overrightarrow{AG} = \frac{2}{3}\overrightarrow{AI}$.
Démontrer que $\overrightarrow{GB} + \overrightarrow{GC} = 2\,\overrightarrow{GI}$.
En déduire l'égalité : $\overrightarrow{GA} + \overrightarrow{GB} + \overrightarrow{GC} = \overrightarrow{0}$.
b. Réciproquement, démontrer que :
si $\overrightarrow{GA} + \overrightarrow{GB} + \overrightarrow{GC} = \overrightarrow{0}$ alors $\overrightarrow{AG} = \frac{2}{3}\overrightarrow{AI}$.

6 Le but de l'exercice est de démontrer que les trois médianes d'un triangle sont concourantes en un même point : le point G, centre de gravité du triangle ABC.
a. Dessiner un triangle ABC. Placer :
- le point I milieu du côté [BC].
- le point G tel que $\overrightarrow{AG} = \frac{2}{3}\overrightarrow{AI}$.

b. Soit le point J milieu du côté [AC]. Écrire $\overrightarrow{BG}$ et $\overrightarrow{BJ}$ à l'aide des vecteurs $\overrightarrow{AB}$ et $\overrightarrow{AC}$. En déduire que les points B, G et J sont alignés.
(On raisonnerait de même pour démontrer que la droite (CG) passe par le milieu du côté [AB].)

7 **1.** Construire un carré ABCD de 4 cm de côté. Placer les points E, F et I milieux respectifs des segments [AB], [AD] et [EF].
a. En utilisant l'égalité $\overrightarrow{IE} + \overrightarrow{IF} = \overrightarrow{0}$, montrer que $\overrightarrow{AE} + \overrightarrow{AF} = 2\,\overrightarrow{AI}$.
b. En déduire que $\overrightarrow{AB} + \overrightarrow{AD} = 4\,\overrightarrow{AI}$.
c. En déduire que $\overrightarrow{AC} = 4\,\overrightarrow{AI}$.
2. Le point I se projette orthogonalement en J sur la droite (AD) et en K sur la droite (AB).
a. Montrer que AJ et AK mesurent 1 cm.
b. Montrer que le quadrilatère AKIJ est un carré.
c. Soit s l'aire du carré AKIJ. Soit S l'aire du carré ABCD. Calculer $\frac{s}{S}$.

5

GÉNÉRALITÉS SUR LES FONCTIONS

POUR FAIRE LE POINT

Choisir la (ou les) bonne(s) réponse(s)

1. Quels sont les graphiques qui représentent des fonctions ?

a.

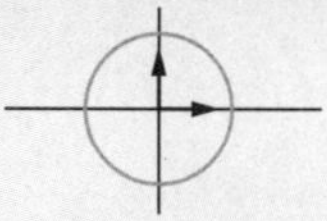

b.

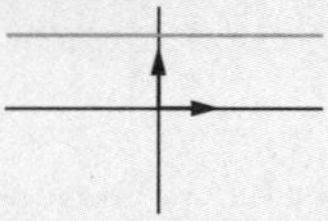

c.

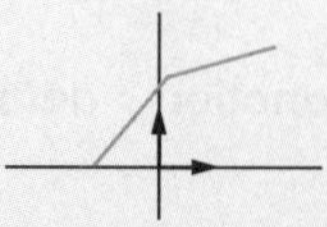

d.

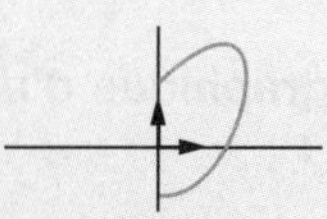

2. La fonction f est définie sur $[-1 ; +1]$. L'image de 0 par f est 1. $-0,5$ a deux antécédents. Laquelle des courbes suivantes représente f ?

a.

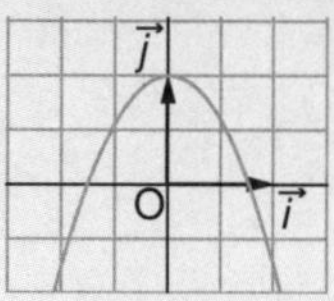

b.

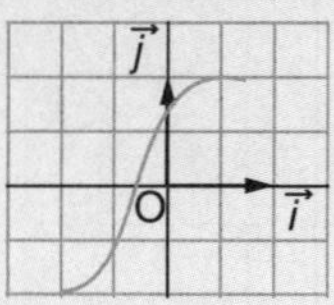

3. La fonction f est représentée par la courbe $\mathscr{C}$:

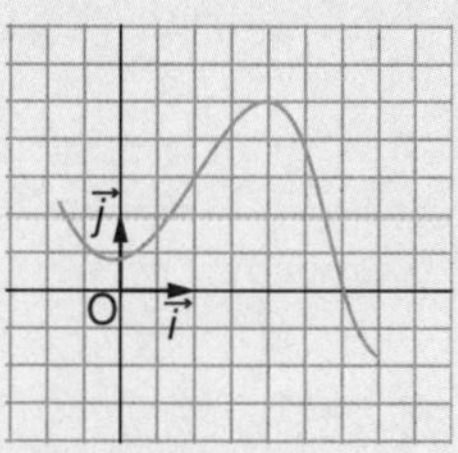

si $1 \leqslant x \leqslant 2$ alors :

a. $1 \leqslant f(x) \leqslant 2$ ☐

b. $2 \leqslant f(x) \leqslant 3$ ☐

c. $1,5 \leqslant f(x) \leqslant 3$ ☐

4. Avec le même graphique, on a $-1 \leqslant f(x) \leqslant 0$ si :

a. $-4 \leqslant x \leqslant 3$ ☐

b. $0 \leqslant x \leqslant 1$ ☐

c. $3 \leqslant x \leqslant 3,5$ ☐

5. Quelles sont les fonctions paires (sur $\mathbb{R}$ ou $\mathbb{R}^*$) ?

a. $f(x) = x^2 + 1$ ☐

b. $f(x) = x^2 - 2x + 1$ ☐

c. $f(x) = \dfrac{1}{x}$ ☐

6. La fonction f admet sur $[-2 ; 2]$ un maximum égal à 2 et un minimum égal à -1. Elle est croissante sur $[-2 ; -1]$ et décroissante sur $[-1 ; 2]$. Laquelle des courbes suivantes représente f ?

a.

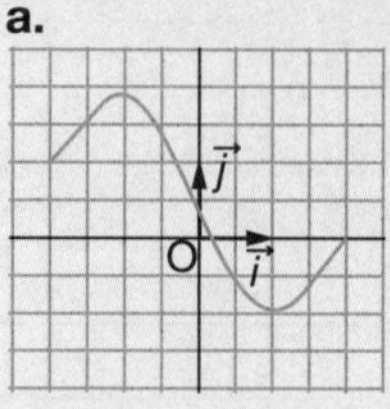

b.

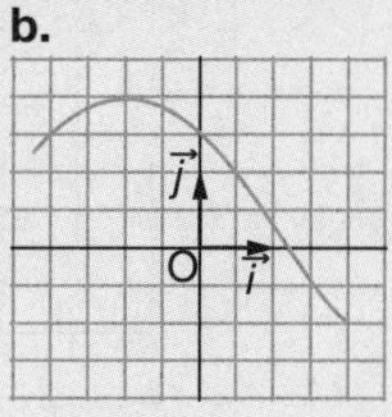

7. La fonction f est définie par $f(x) = \dfrac{x^2}{1 + x}$.

Les points suivants appartiennent-ils à la courbe $\mathscr{C}$ représentant f ?

a. A$(0 ; 1)$ ☐

b. B$(-2 ; -4)$ ☐

c. O$(0 ; 0)$ ☐

réponses p. 207

1 LIRE UN GRAPHIQUE

SAVOIR

Une fonction f définie sur un ensemble de nombres réels $\mathcal{D}_f$ associe à chaque nombre x de $\mathcal{D}_f$ **un nombre réel et un seul** $f(x)$.
$f(x)$ est l'**image** de x par f.

x est l'**antécédent** de $f(x)$ par f.

Dans un repère donné, la **courbe** $\mathscr{C}$ représentant la fonction f est l'ensemble des points M de coordonnées $(x\ ;\ y)$ où $x \in \mathcal{D}_f$ et $y = f(x)$.

SAVOIR FAIRE

La courbe $\mathscr{C}$ est la représentation graphique d'une fonction f définie sur $[-4\ ;\ 3]$. En lisant le graphique :
a. déterminer $f(-1)$; $f(0)$; $f(3)$.
b. résoudre les équations $f(x) = -1{,}5$ et $f(x) = -1$.
c. déterminer le signe de $f(x)$ suivant les valeurs de x.
d. résoudre l'équation $f(x) \leqslant -1$.

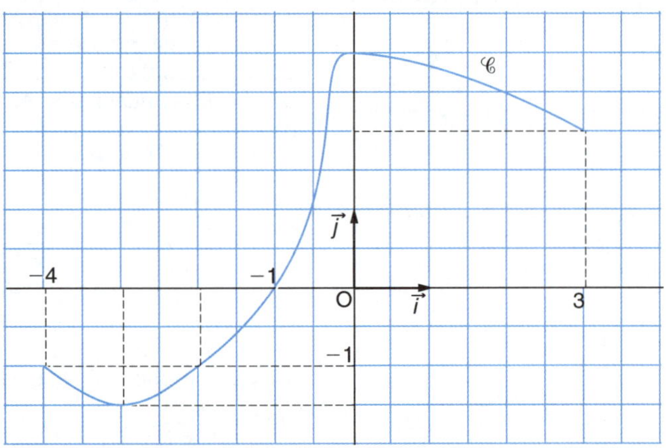

SOLUTION

a. Pour $x = -1$ (sur l'axe des abscisses)
$f(x) = 0$ (sur l'axe des ordonnées) donc $f(-1) = 0$.
Pour $x = 0$, $f(x) = 3$ donc $f(0) = 3$.
Pour $x = 3$, $f(x) = 2$ donc $f(3) = 2$.

On peut dire aussi que : • 0 est l'image de -1 par f ;
• 3 est l'image de 0 par f ;
• 2 est l'image de 3 par f.

b. $f(x) = -1,5$ sur l'axe des ordonnées si $x = -3$.
$f(x) = -1$ si $x = -4$ ou $x = -2$.

On peut dire aussi que : • -3 est l'antécédent de $-1,5$;
• -4 et -2 sont les antécédents de -1.

Attention : l'image d'un nombre par f est unique, mais un nombre peut avoir plusieurs antécédents par f.

c. La courbe $\mathscr{C}$ coupe l'axe des abscisses en $x = -1$.
Pour $x \in [-4\ ;\ -1[$, $f(x) < 0$.
Pour $x \in]-1\ ;\ 3]$, $f(x) > 0$.

d. La droite d'équation $y = -1$ coupe la courbe $\mathscr{C}$ en deux points d'abscisses -4 et -2. Lorsque $x \in [-4\ ;\ -2]$, la courbe $\mathscr{C}$ est située au-dessous de cette droite et on a $f(x) \leqslant -1$. La solution de l'inéquation est donc l'intervalle $I = [-4\ ;\ -2]$.

FAIRE

1 **$\mathscr{C}$ est la représentation graphique d'une fonction f définie sur $[-3\ ;\ 4]$.**
a. Déterminer graphiquement les images de -3 ; 1 ; 4.
b. Déterminer graphiquement les antécédents de -3 ; 0 ; 3.
c. Résoudre graphiquement les inéquations $f(x) \leqslant 0$ et $f(x) \geqslant 1$.

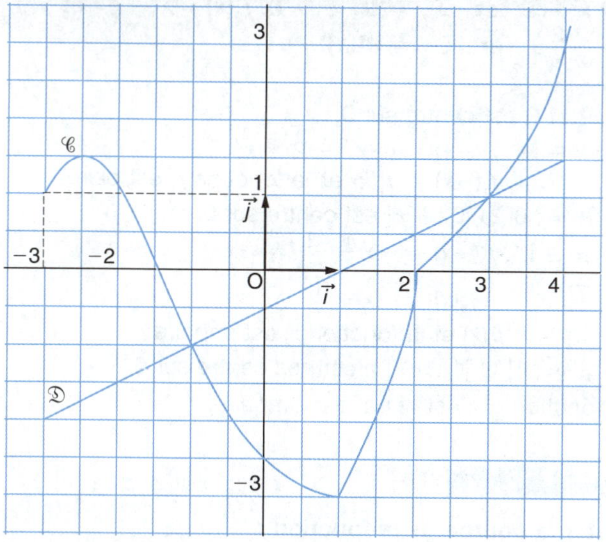

d. Soit la droite $\mathscr{D}$ d'équation $y = \dfrac{x-1}{2}$.
Résoudre graphiquement l'inéquation : $f(x) \leqslant \dfrac{x-1}{2}$.

2 ÉTUDIER LA PARITÉ D'UNE FONCTION

SAVOIR

Soit f une fonction définie sur un intervalle $\mathscr{D}_f$ centré sur 0.
Soit $\mathscr{C}$ la courbe représentative de f dans un repère.

- f est **paire** si pour tout x de $\mathscr{D}_f$ $\boldsymbol{f(-x) = f(x)}$.

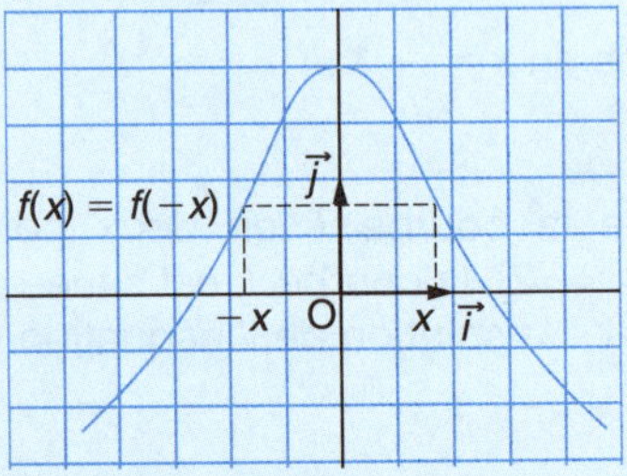

Alors (Oy) est l'axe de symétrie de $\mathscr{C}$.

- f est **impaire** si pour tout x de $\mathscr{D}_f$ $\boldsymbol{f(-x) = -f(x)}$.

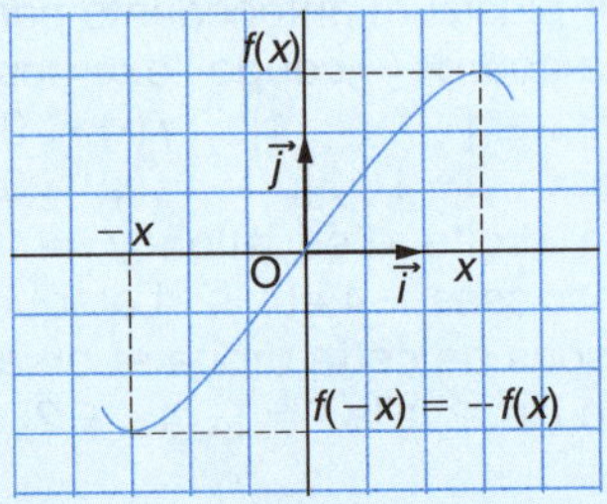

Alors O est centre de symétrie de $\mathscr{C}$.

Attention : la plupart des fonctions ne sont ni paires ni impaires.

SAVOIR FAIRE

On donne les fonctions f_1, f_2 et f_3 suivantes. Déterminer leur parité.

a. $f_1(x) = x^2 - 2$ **et** $\mathscr{D}_{f_1} = \mathbb{R}$. **b.** $f_2(x) = x - \dfrac{1}{x}$ **et** $\mathscr{D}_{f_2} = \mathbb{R}^*$.

c. $f_3(x) = \dfrac{2}{x-1}$ **et** $\mathscr{D}_{f_3} = \mathbb{R}\backslash\{1\}$.

SOLUTION

a. $\mathscr{D}_{f_1} = \mathbb{R}$ et $\mathbb{R}$ est centré sur 0.

Pour tout $x \in \mathbb{R}$, $f_1(-x) = (-x)^2 - 2 = x^2 - 2$

$f_1(-x) = f_1(x)$ et la fonction f_1 est paire.

b. $\mathscr{D}_{f_2} =]-\infty\,;0[\cup]0\,;+\infty[$ est centré sur 0.

Pour tout $x \in \mathbb{R}^*$, $f_2(-x) = -x - \dfrac{1}{-x} = -x + \dfrac{1}{x}$

$-f_2(x) = -x + \dfrac{1}{x}$

Donc $f_2(-x) = -f_2(x)$ et la fonction f_2 est impaire.

c. $\mathscr{D}_{f_3} =]-\infty\,;1[\cup]1\,;+\infty[$ n'est pas centré sur 0.

Donc la fonction f_3 n'est ni paire, ni impaire.

FAIRE

2 Compléter la courbe de la fonction f dans les deux cas suivants :

a. f est paire.

b. f est impaire.

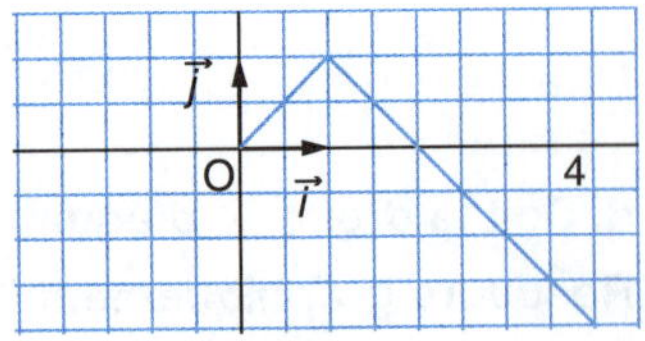

3 Déterminer si les fonctions suivantes sont paires ou impaires.

a. $f_1(x) = x^3$ et $\mathcal{D}_{f_1} = \mathbb{R}$.

b. $f_2(x) = 2x^2 - x + 1$ et $\mathcal{D}_{f_2} = \mathbb{R}$.

c. $f_3(x) = \sin x$ et $\mathcal{D}_{f_3} = \mathbb{R}$.

d. $f_4(x) = x^2 + \dfrac{1}{x^2}$ et $\mathcal{D}_{f_4} = \mathbb{R}^*$.

3 DÉTERMINER LE SENS DE VARIATION D'UNE FONCTION

SAVOIR

• Une fonction f définie sur un intervalle $I = [a\ ;\ b]$ est **croissante sur I** si pour tous réels x et x' de I tels que $\mathbf{x < x'}$, **on a** $\mathbf{f(x) < f(x')}$.
Les images sont dans le même ordre que les nombres.

• On dit que f est **décroissante sur I** si pour tous réels x et x' de I tels que $\mathbf{x < x'}$, **on a** $\mathbf{f(x) > f(x')}$.
Les images sont dans l'ordre contraire des nombres.

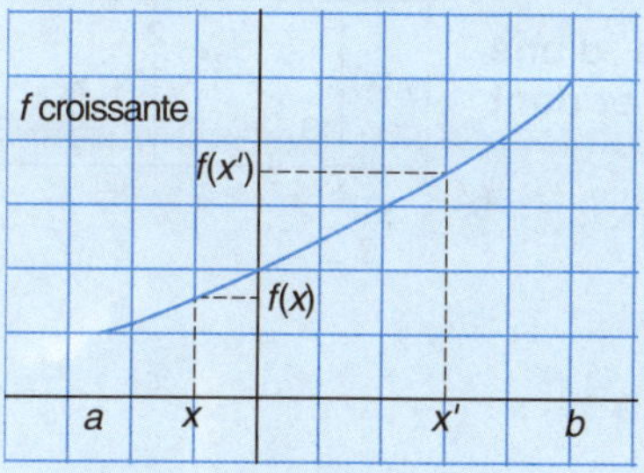

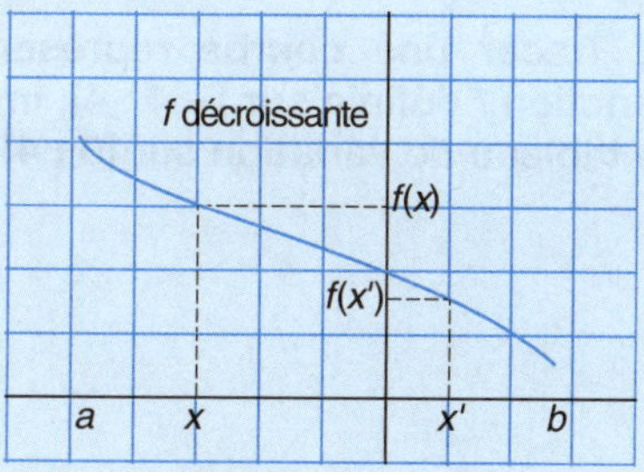

• f admet un **minimum sur I en un point d'abscisse** $\mathbf{x_0}$ si $f(x_0)$ est la plus petite valeur de f sur I ou si pour tout x de I, $\mathbf{f(x) \geqslant f(x_0)}$.

• f admet un **maximum sur I en un point d'abscisse** $\mathbf{x_0}$ si $f(x_0)$ est la plus grande valeur de f sur I ou si pour tout x de I, $\mathbf{f(x) \leqslant f(x_0)}$.

On résume tous ces résultats dans un **tableau de variation**.

SAVOIR FAIRE

La fonction f a pour représentation graphique la courbe $\mathscr{C}$ sur $[-2\ ;\ 3]$.
Déterminer ses variations.
Préciser si elle admet un minimum ou un maximum.

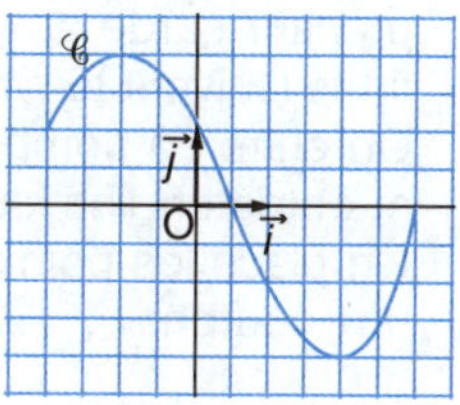

SOLUTION

D'après le graphique, le tableau de variation de f est :

x	-2		-1		2		3
$f(x)$			2				0
	1	↗		↘	-2	↗	

Donc f est croissante sur $[-2 ; -1]$
est décroissante sur $[-1 ; 2]$
est croissante sur $[2 ; 3]$.

f a un maximum $+2$ en $x = -1$.

f a un minimum -2 en $x = 2$.

FAIRE

4 Tracer une courbe représentative d'une fonction f sur $[-5 ; 3]$ telle que :

- **f est croissante sur $[-5 ; -2]$ et sur $[2 ; 3]$.**
- **f est décroissante sur $[-2 ; 2]$.**
- **$f(-5) = f(3) = 1$.**
- **$f(1) = 0$.**
- **f a un minimum : -1.**
- **f a un maximum : $+3$.**

5 Tracer une courbe représentative d'une fonction f définie sur $[-4 ; 4]$, impaire et dont le tableau de variation sur $[0 ; 4]$ est :

x	0		3		4
$f(x)$			2		
	0	↗		↘	-3

4 PROGRAMMER UNE CALCULATRICE ET CONSTRUIRE UNE FONCTION POINT PAR POINT

SAVOIR

Pour programmer, on écrit la formule de $f(x)$ sur la calculatrice en prenant garde aux parenthèses et aux priorités des signes des opérations (suivant le type de calculatrice).

On entre un nombre suffisant de valeurs pour x dans l'intervalle donné et on détermine leur image avant de dresser un tableau de valeurs.

On place les points $(x ; f(x))$ obtenus dans un repère et on les joint par une courbe.

SAVOIR FAIRE

Soit la fonction f définie par $f(x) = \dfrac{2x}{1 + x^2}$.
Donner un tableau de valeurs de f sur $I = [-5 ; +5]$.
Construire la courbe représentant f sur cet intervalle.

SOLUTION

On remarque d'abord que f est impaire sur I. En effet, I est symétrique par rapport à O et pour tout x de I :

$$f(-x) = \frac{-2x}{1 + (-x)^2} = \frac{-2x}{1 + x^2} = -f(x).$$

Il suffit donc de calculer $f(x)$ sur [0 ; 5].
On programme le calcul de $f(x)$ sur la calculatrice.
On obtient le tableau de valeurs suivant :

x	0	0,5	1	2	3	4	5
f(x)	0	0,8	1	0,8	0,6	0,47	0,38

Remarque : on prend des valeurs approchées à 10^{-2} près. Entre 0 et 1, la variation est plus rapide. On calcule donc $f(0, 5)$.
On trace la courbe sur [0 ; 5] puis la courbe symétrique par rapport à O pour [−5 ; 0].

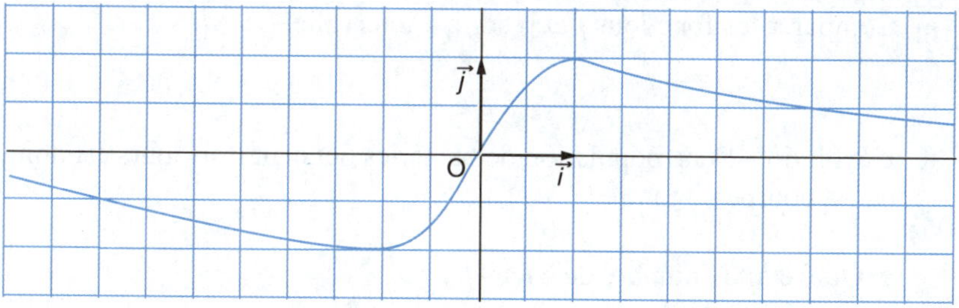

FAIRE

6 Construire point par point les courbes représentant les fonctions f_1 et f_2 définies par :

a. $f_1(x) = -x^2 + 1$ **sur [−2 ; +2].**

b. $f_2(x) = \dfrac{1}{x^2 + 1}$ **sur [−2 ; +2].**

S'ENTRAÎNER

Indications p. 171 pour les exercices comportant ce symbole.

1 f est une fonction décroissante sur $[0 ; 5]$.
$f(0) = 3$; $f(2) = 0$; $f(5) = -4$.
Compléter les inégalités suivantes :
si $0 \leqslant x \leqslant 2$ alors $\square \leqslant f(x) \leqslant \square$;
on a $-4 \leqslant f(x) \leqslant 0$ si $\square \leqslant x \leqslant \square$.

2 f et g sont deux fonctions définies sur $[0 ; +\infty[$.
$f(0) = g(0) = -1$.
f est croissante sur $[0 ; +\infty[$ et g est décroissante sur $[0 ; +\infty[$.
Comparer $f(x)$ et $g(x)$ pour tout $x \in [0 ; +\infty[$.

3 Construire sur un même graphique la courbe $\mathscr{C}$ représentant $f(x) = x^2$ et la droite $\mathscr{D}$ représentant $g(x) = x$ sur $[0 ; 1]$. (On prendra pour unité 5 cm sur chaque axe.)
Comparer les fonctions f et g sur cet intervalle.

4 L'évolution d'une population de bactéries pendant trois jours est donnée par la courbe ci-contre :

a. Quel était le nombre de bactéries au début de l'expérience ?

b. Combien y en a-t-il au bout de 36 h ? 2 jours ? 3 jours ?

c. Au bout de combien de temps aura-t-on environ 6 millions de bactéries ?

d. Comment peut-on exprimer mathématiquement la fonction f ? (On pourra généraliser le résultat trouvé pour : $x = 0$; $x = 1$; $x = 2$ et $x = 3$).

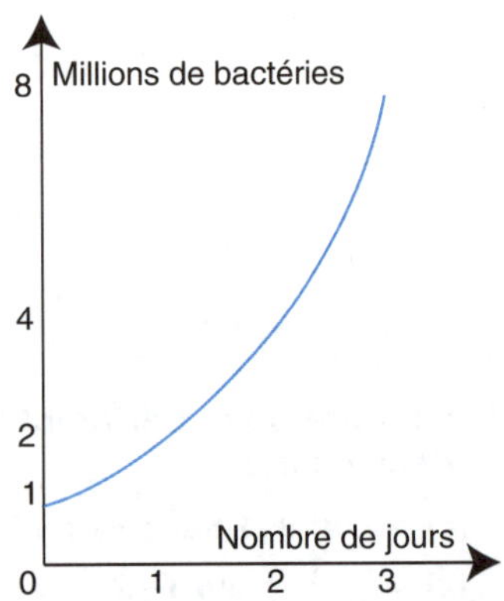

5 **a.** Construire point par point la fonction f telle que $f(x) = x^2 - 1$ sur $[-2\ ;\ 2]$ en remplissant le tableau de valeurs suivant :

x	-2	-1	$-0{,}5$	0	$0{,}5$	1	2
$f(x)$							

b. Déterminer par le graphique le signe de $f(x)$ en fonction des valeurs de x.

c. Calculer les valeurs $|f(x)|$ en ajoutant une troisième ligne au tableau ci-dessus.

d. Tracer la courbe $\mathscr{C}'$ représentant $|f|$ sur le même graphique qu'en **a**.

e. Donner le tableau de variation de $|f|$.

6 On donne la courbe représentative suivante $\mathscr{C}$:

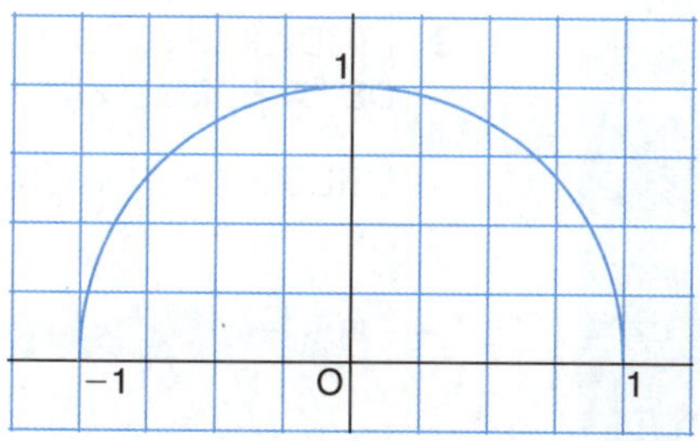

a. Pourquoi cette courbe représente-t-elle une fonction f ? Quelle est la parité de f ?

Donner le tableau de variation de f. Déterminer son maximum.

b. Pour un point M de coordonnées $(x\ ;\ y)$ appartenant à $\mathscr{C}$, exprimer y en fonction de x. En déduire l'expression de $f(x)$.

7 Parmi tous les rectangles d'aire égale à 4 cm^2, on veut trouver celui dont le périmètre est le plus petit.

a. Si x est un côté de ce rectangle, montrer que le périmètre du rectangle, en centimètres, est $P(x) = \dfrac{2(x^2 + 4)}{x}$.

b. Donner une représentation graphique de la fonction P sur $]1\ ;\ 5[$ en la construisant point par point.

c. Déduire du graphique précédent le tableau de variation de P puis son minimum et conclure.

6

FONCTIONS CARRÉ ET CUBE

POUR FAIRE LE POINT

Choisir la (ou les) bonne(s) réponse(s)

1. Soient A(−2 ; 3) et O'(1 ; 4) dans le repère $(O ; \vec{i}, \vec{j})$.
Dans le repère $(O' ; \vec{i}, \vec{j})$, on lira :
a. A(3 ; −1) ☐
b. A(−1 ; 7) ☐
c. A(−3 ; −1) ☐

2. Soit le tableau de variation de la fonction f :

x	−1	0	1
$f(x)$	1 ↘	0	↗ 1

On en déduit que :
a. f est la fonction carré ☐
b. f est paire ☐
c. f a pour minimum 0 ☐

3. La parabole suivante a pour équation :

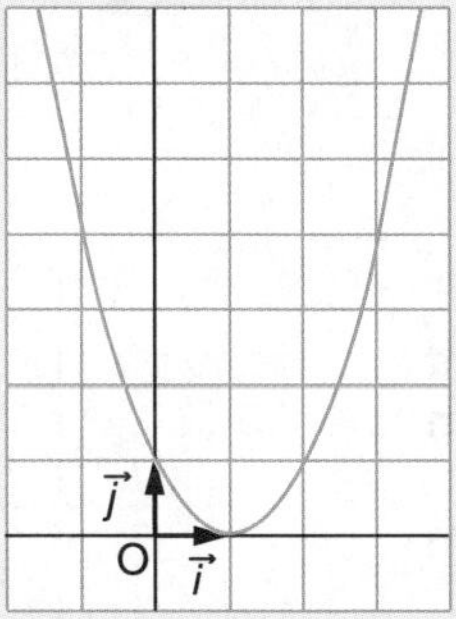

a. $y = (x + 1)^2$ ☐
b. $y = x^2 + 1$ ☐
c. $y = (x - 1)^2$ ☐

4. L'inéquation $(x - 1)^2 \leqslant 4$ a pour solution l'intervalle :
a. $[-1 ; 3]$ ☐
b. $]-\infty ; -1[\cup]3 ; +\infty[$ ☐
c. $]-\infty ; -1] \cup [3 ; +\infty[$ ☐

5. Sans élever au carré, reconnaître l'inégalité exacte :
a. $(-4{,}51)^2 > (-4{,}52)^2$ ☐
b. $(-2{,}78)^2 > (-2{,}77)^2$ ☐
c. $\left(\frac{7}{3}\right)^2 < 2{,}3^2$ ☐

6. On a $x^2 \leqslant x^3$ pour :
a. $x \in \mathbb{R}^+$ ☐
b. $x \geqslant 1$ ☐
c. $0 \leqslant x \leqslant 1$ ☐

7. Soit le tableau de variation de la fonction f :

x	−2	0	2
$f(x)$	−8 ↗	0	↗ 8

On en déduit que :
a. f est la fonction cube ☐
b. f est impaire ☐
c. $f(x) = 0$ a une et une seule solution ☐

8. Sans élever au cube, reconnaître l'inégalité exacte :
a. $(-2{,}17)^3 > (-2{,}16)^3$ ☐
b. $(-3{,}24)^3 < (-3{,}25)^3$ ☐
c. $(3 \times 10^{-1})^3 > (5 \times 10^{-2})^3$ ☐

réponses p.213

1 CHANGER DE REPÈRE

SAVOIR

Soit un point M(x ; y) et un point O'(a ; b) dans un repère (O ; $\vec{i}$, $\vec{j}$). Dans le repère (O' ; $\vec{i}$, $\vec{j}$), les coordonnées X et Y du point M vérifient :

$$\begin{cases} x = X + a \\ y = Y + b \end{cases}$$

a et b sont les coordonnées de la nouvelle origine.
x et y sont les coordonnées de M dans l'ancien repère.
X et Y sont les coordonnées de M dans le nouveau repère.

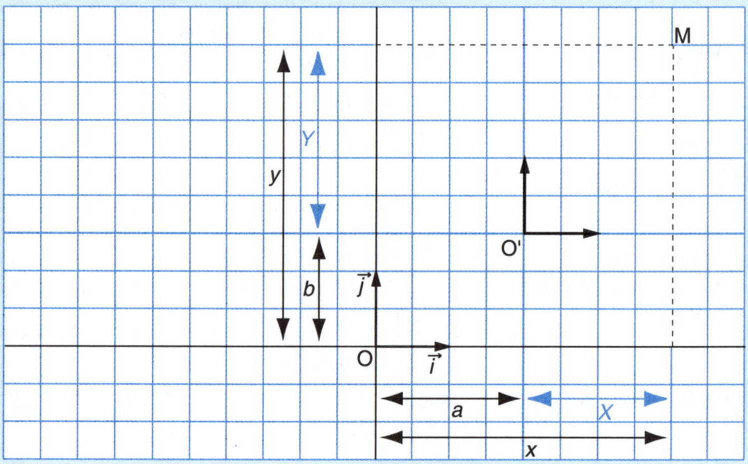

SAVOIR FAIRE

a. Dans le repère (O ; $\vec{i}$, $\vec{j}$), placer le point A(2 ; 1) et tracer la droite d'équation $y = -4x + 3$.
b. Déterminer son équation dans le repère (A ; $\vec{i}$, $\vec{j}$).

SOLUTION

b. Les coordonnées d'un point M de la droite vérifient : $\begin{cases} x = X + 2 \\ y = Y + 1 \end{cases}$

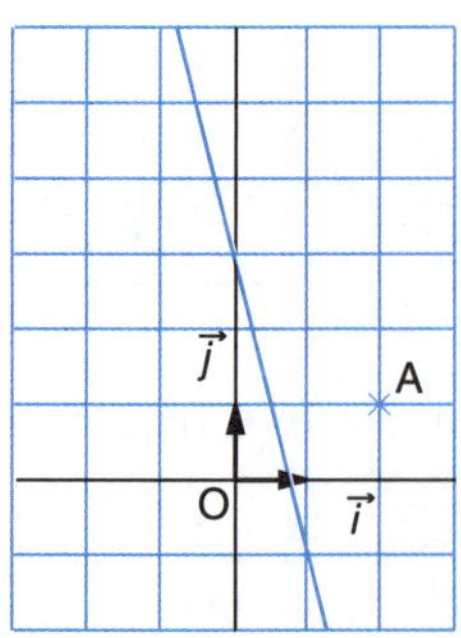

a.

x et y sont les coordonnées dans le repère $(O ; \vec{i}, \vec{j})$. X et Y sont les coordonnées dans le repère $(A ; \vec{i}, \vec{j})$.
En remplaçant dans l'équation donnée, on obtient : $Y + 1 = -4(X + 2) + 3$.
Soit encore : $Y = -4X - 8 + 3 - 1$ ou $Y = -4X - 6$.

FAIRE

1 Soit les points A(3 ; 6), B(−4 ; 1), C(−6 ; −5), D(1 ; −2) et O'(2 ; 3) dans un repère $(O ; \vec{i}, \vec{j})$.
Calculer les coordonnées de A, B, C, D, O dans le repère $(O' ; \vec{i}, \vec{j})$.

2 Dans un repère $(O ; \vec{i}, \vec{j})$, soit le point A(−2 ; 1) et les droites :
$y = 5x + 5$ $(\mathcal{D}_1)$; $y = -3x$ $(\mathcal{D}_2)$; $y = 4$ $(\mathcal{D}_3)$; $x = 2$ $(\mathcal{D}_4)$.
Déterminer une équation de chacune de ces droites dans le repère $(A ; \vec{i}, \vec{j})$.

3 Compléter :
– Comme M a pour coordonnées x et y dans le repère $(O ; \vec{i}, \vec{j})$, on a :
$\overrightarrow{OM} = ■\,\vec{i} + ■\,\vec{j}$.
– Comme M a pour coordonnées X et Y dans le repère $(O' ; \vec{i}, \vec{j})$, on a :
$\overrightarrow{O'M} = ■\,\vec{i} + ■\,\vec{j}$.
La relation de Chasles permet alors d'écrire : $\overrightarrow{OM} = \overrightarrow{OO'} + \overrightarrow{■■}$
a et b sont les coordonnées de O' dans le repère $(O ; \vec{i}, \vec{j})$, donc
$■\,\vec{i} + ■\,\vec{j} = (■ + ■)\,\vec{i} + (■ + ■)\,\vec{j}$.
On en déduit les formules de changement de repère.

2 ÉTUDIER UNE FONCTION CARRÉ $x \longmapsto ax^2$ $(a \neq 0)$

SAVOIR

La fonction $x \longmapsto x^2$ est définie pour tout nombre réel x.
C'est une fonction **paire** car deux nombres opposés ont la même image.
Elle est strictement **décroissante** sur $\mathbb{R}^-$ et strictement **croissante** sur $\mathbb{R}^+$.
Le tableau de variation est :

x	$-\infty$		0		$+\infty$
x^2		↘	0	↗	

Tableau de valeurs :

x	0	0,5	1	2	3
x^2	0	0,25	1	4	9

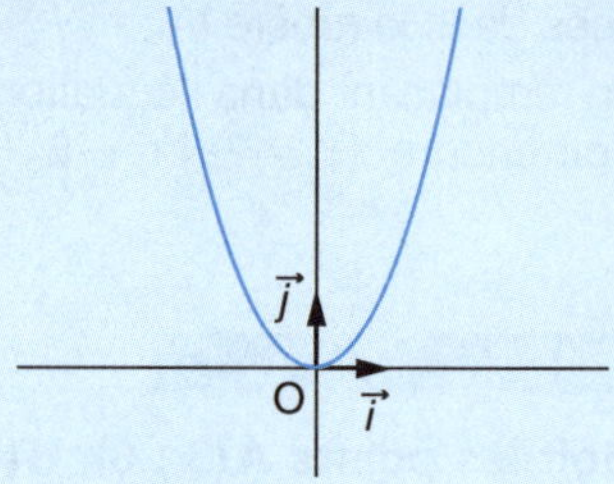

Comme la fonction est paire, la courbe est symétrique par rapport à l'axe des ordonnées.
C'est la **parabole d'équation** $y = x^2$.

Plus généralement pour la fonction $x \mapsto ax^2$, on a :

Si $a > 0$

x	$-\infty$	0	$+\infty$
ax^2	↘	0	↗

Si $a < 0$

x	$-\infty$	0	$+\infty$
ax^2	↗	0	↘

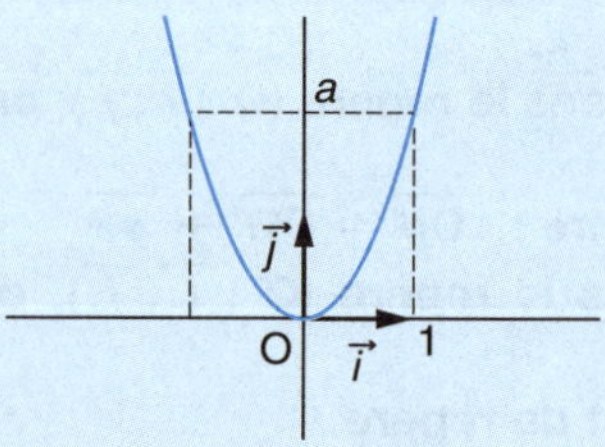

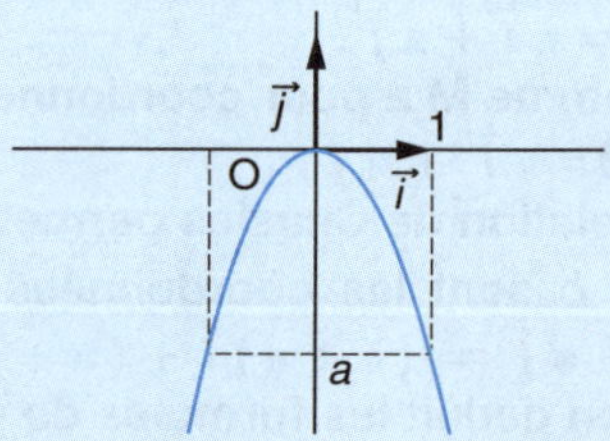

SAVOIR FAIRE

a. Soit la fonction $f : x \mapsto -\frac{1}{2}x^2$ définie sur $\mathbb{R}$.
Donner sa parité, son tableau de variation. Tracer sa représentation graphique.
b. Comparer $-\frac{1}{2}b^2$ et $-\frac{1}{2}c^2$ pour : • $b \leqslant c \leqslant 0$; • $0 \leqslant b \leqslant c$.

SOLUTION

a. Si $x \in \mathcal{D}_f$, alors $\begin{cases} -x \in \mathcal{D}_f \\ f(-x) = -\dfrac{1}{2}(-x)^2 = -\dfrac{1}{2}x^2 = f(x). \end{cases}$

La fonction est paire. La courbe est donc symétrique par rapport à l'axe des ordonnées.

Comme $a = -\frac{1}{2}$, on a le tableau de variation :

x	$-\infty$	0	$+\infty$
$f(x)$	↗	0	↘

La courbe représentative peut être tracée à partir du tableau de valeurs suivant :

x	0	0,5	1	2	3
$f(x)$	0	$-$ 0,125	$-$ 0,5	$-$ 2	$-$ 4,5

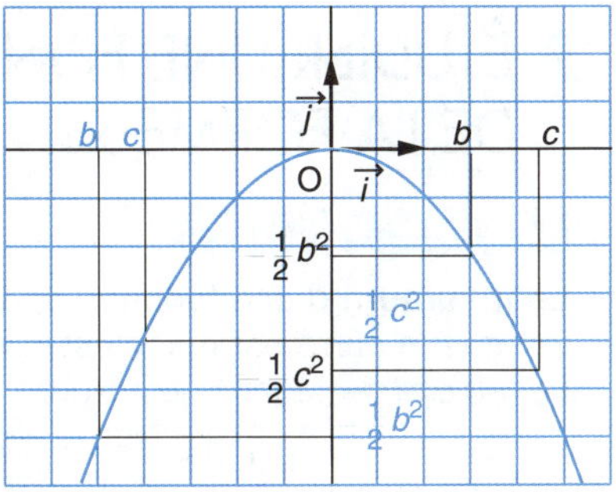

b. D'après le tableau de variation, la fonction est croissante sur $\mathbb{R}^-$ donc :
si $b \leqslant c \leqslant 0$ alors $-\frac{1}{2}b^2 \leqslant -\frac{1}{2}c^2 \leqslant 0$.
La fonction est décroissante sur $\mathbb{R}^+$, donc :
si $0 \leqslant b \leqslant c$ alors $0 \geqslant -\frac{1}{2}b^2 \geqslant -\frac{1}{2}c^2$.

FAIRE

4 Sans calculer, ranger dans l'ordre croissant :
$(-2{,}01)^2$; $(-\pi)^2$; $(-2{,}1)^2$; $(2 \times 10^{-2})^2$; $(7 \times 10^{-3})^2$.

5 Sans faire de calcul, indiquer les représentations graphiques correspondant à chacune des fonctions suivantes définies sur $\mathbb{R}$:

Fonction	Parabole
$x \longmapsto x^2$	
$x \longmapsto 2x^2$	
$x \longmapsto -2x^2$	
$x \longmapsto \frac{1}{2}x^2$	
$x \longmapsto -\frac{1}{2}x^2$	

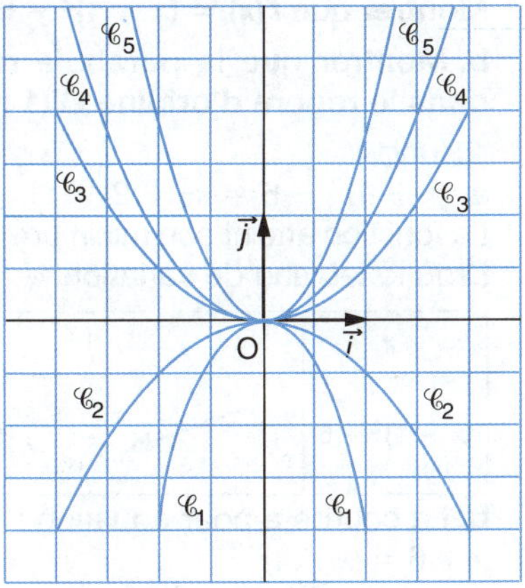

6 a. Quelle est l'aire $\mathscr{A}(x)$ d'un cube d'arête x ?
Représenter la fonction correspondante pour $x \in [0 ; 3]$.
b. Déterminer algébriquement et graphiquement les valeurs de x pour que :
• $\mathscr{A}(x) = 54$; • $\mathscr{A}(x) \leqslant 30$.

3 ÉTUDIER UNE FONCTION DE LA FORME $x \mapsto (x+p)^2 + q$

SAVOIR

Le **minimum** d'une fonction de la forme $(x + p)^2 + q$ est q. Il est atteint lorsque le carré est nul, c'est-à-dire pour $x = -p$.
Le tableau de variation est alors :

x	$-\infty$	$-p$	$+\infty$
$(x+p)^2+q$	↘	q	↗

La courbe représentative $\mathscr{C}$ d'une telle fonction a pour équation :

$$y - q = (x + p)^2.$$

Si on pose $\begin{cases} X = x + p \\ Y = y - q \end{cases}$, soit $\begin{cases} x = X - p \\ y = Y + q \end{cases}$, on obtient $Y = X^2$.

$\mathscr{C}$ est la parabole d'équation $Y = X^2$, tracée dans le repère d'origine O'$(-p\ ;\ q)$.
$\mathscr{P}$, la parabole d'équation $y = x^2$, a donc $\mathscr{C}$ pour image par la translation de vecteur $\vec{u}(-p\ ;\ q)$.

SAVOIR FAIRE

a. Soit la fonction f, définie sur $\mathbb{R}$, par $f(x) = x^2 - 2x - 5$.
Montrer que $f(x) = (x - 1)^2 - 6$. En déduire le tableau de variation de f.

b. Montrer que la parabole représentant f a pour équation $Y = X^2$ dans le repère d'origine O'(1 ; −6). La tracer.

SOLUTION

a. $(x - 1)^2 - 6 = x^2 - 2x + 1 - 6 = x^2 - 2x - 5 = f(x)$.
La fonction atteint son minimum − 6 lorsque le carré est nul, soit pour $x = 1$.
D'où le tableau de variation :

x	$-\infty$	1	$+\infty$
$(x-1)^2-6$	↘	-6	↗

b. La courbe a pour équation :
$y + 6 = (x - 1)^2$
En posant $\begin{cases} X = x - 1 \\ Y = y + 6 \end{cases}$, soit $\begin{cases} x = X + 1 \\ y = Y - 6 \end{cases}$,
on obtient $Y = X^2$.
$Y = X^2$ est l'équation de la parabole représentant f dans le repère d'origine O'(1 ; −6).

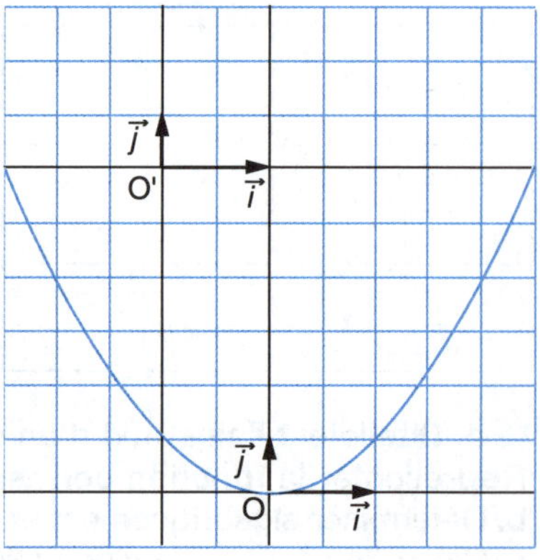

FAIRE

7 a. Soit la fonction f, définie sur $\mathbb{R}$, par $f(x) = x^2 + 2x - 3$.
Montrer que $f(x) = (x + 1)^2 - 4$.
En déduire son tableau de variation.
b. Montrer que la parabole représentant f a pour équation $Y = X^2$ dans le repère d'origine O' $(-1\ ;\ -4)$. La tracer.

8 a. Soit l'ensemble des rectangles ABCD de 12 cm de périmètre.
On pose AB $= x$.
Écrire BC, puis $S(x)$, l'aire de la surface ABCD, en fonction de x.
b. Montrer que $S(x) = -(x - 3)^2 + 9$.
En déduire pour quelle valeur de x cette aire est maximale.
Quelle est alors la nature du quadrilatère ABCD ?

4 UTILISER LA FONCTION CUBE

SAVOIR

La fonction cube $x \longmapsto x^3$ est définie pour tout nombre réel x.
C'est une fonction **impaire** car deux nombres opposés ont des images opposées.
Elle est strictement **croissante** sur $\mathbb{R}^-$ et strictement **croissante** sur $\mathbb{R}^+$.

Tableau de variation :

x	$-\infty$	0	$+\infty$
x^3	↗	0	↗

Tableau de valeurs :

x	0	0,5	1	1,5	2
$f(x)$	0	0,125	1	3,375	8

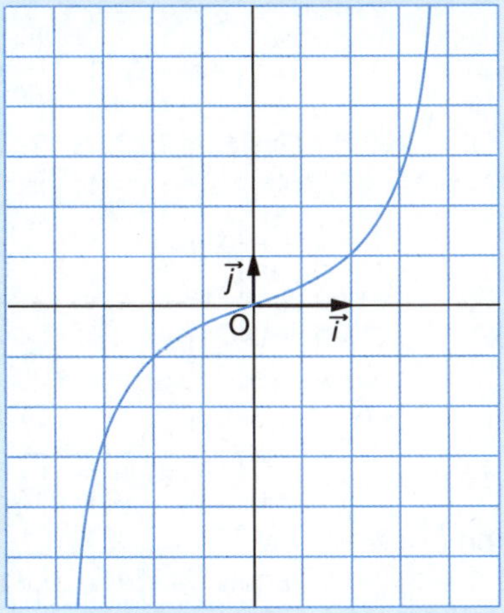

Comme la fonction est impaire, la courbe est symétrique par rapport à l'origine.

SAVOIR FAIRE

a. Développer l'expression suivante :
$(a + b)^3 = (a + b)(a + b)^2 = ...$
b. Soit la fonction f définie sur $\mathbb{R}$ par $f(x) = x^3 + 6x^2 + 12x + 11$.
Montrer que $f(x) = (x + 2)^3 + 3$.
En déduire le tableau de variation de f.
c. Montrer que la courbe a pour équation $Y = X^3$ dans le repère d'origine O'(−2 ; 3). La tracer.

SOLUTION

a. $(a + b)^3 = (a + b)(a^2 + 2ab + b^2)$
$= a^3 + 3a^2b + 3ab^2 + b^3$.

b. $(x + 2)^3 + 3 = x^3 + 3(2x^2) + 3(4x) + 8 + 3 = x^3 + 6x^2 + 12x + 11$.
Donc $f(x) = (x + 2)^3 + 3$.

On en déduit le tableau de variation :

x	$-\infty$	-2	$+\infty$
$(x+2)^3 + 3$	↗	3	↗

c. La courbe a pour équation : $y - 3 = (x + 2)^3$.

En posant $\begin{cases} X = x + 2 \\ Y = y - 3 \end{cases}$, soit $\begin{cases} x = X - 2 \\ y = Y + 3 \end{cases}$, on obtient $Y = X^3$.

$Y = X^3$ est donc son équation dans le repère d'origine O'(−2 ; 3).

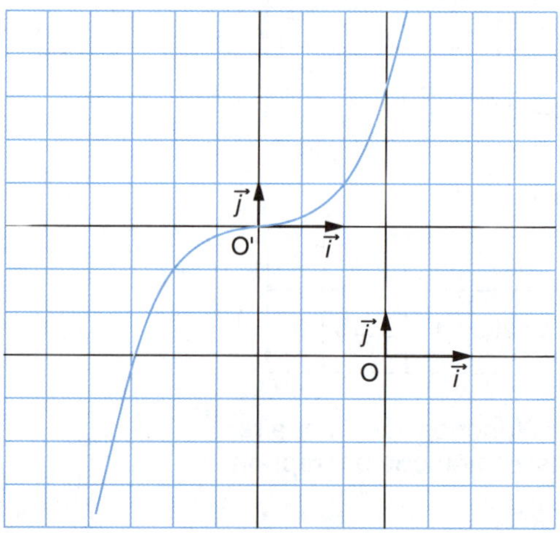

FAIRE

9 **a. Développer l'expression suivante : $(a - b)^3$.**

b. Soit la fonction f définie sur $\mathbb{R}$ par $f(x) = 2x^3 - 6x^2 + 6x - 5$.
Montrer que $f(x) = 2(x - 1)^3 - 3$.
En déduire le tableau de variation de f.

c. Montrer que la courbe a pour équation $Y = 2X^3$ dans le repère d'origine O'(1 ; −3).
La tracer.

10 **a. Représenter graphiquement les fonctions définies sur $\mathbb{R}$ par :**
$f(x) = x^3$ ($\mathscr{C}$)
$g(x) = 3x + 2$ ($\mathfrak{D}$)

b. En déduire le nombre de solutions de l'équation :
$x^3 - 3x - 2 = 0$.
Vérifier par le calcul qu'il s'agit de nombres entiers.

S'ENTRAÎNER

Indications p. 171 pour les exercices comportant ce symbole.

1 **a.** Dans un repère $(O ; \vec{i}, \vec{j})$, soit les droites d'équation :
$y = 2x \quad (\mathcal{D})$ et $y = 2x - 3 \quad (\mathcal{D}_1)$.
Montrer que $\mathcal{D}$ a pour image $\mathcal{D}_1$ par la translation de vecteur :
• $\vec{u}(1{,}5 ; 0)$ • $\vec{v}(0 ; -3)$
b. Trouver une équation de la droite $\mathcal{D}_2$ image de $\mathcal{D}$ par la translation de vecteur $\vec{w}(2 ; 5)$. La tracer.

2 **1.** Représenter graphiquement la courbe $\mathcal{C}$ d'équation $y = |x|$.
2. a. Soit $\mathcal{C}_1$ la courbe d'équation $y = |x - 2|$.
Dans quel repère s'écrit-elle $Y = |X|$? La tracer.
b. Soit $\mathcal{C}_2$ la courbe d'équation $y = |x| - 2$.
Dans quel repère s'écrit-elle $Y = |X|$? La tracer.

3 **a.** Dans un repère $(O ; \vec{i}, \vec{j})$, tracer la droite $\mathcal{D}$ d'équation $y = -1$ et placer le point $F(0 ; 1)$.
Soit $N(x ; -1)$ un point quelconque de $\mathcal{D}$. Placer le point $M(x ; y)$, équidistant de F et de N et ayant N pour projeté orthogonal sur $\mathcal{D}$.
b. Écrire MN^2 et MF^2 en fonction de x et y.
En déduire que l'ensemble des points M équidistants de F et $\mathcal{D}$ est la parabole d'équation $y = \dfrac{x^2}{4}$.

4 **a.** Dans un repère orthonormal $(O ; \vec{i}, \vec{j})$, soit les points $A(6 ; 2)$; $B(-1 ; 3)$ et $C(4 ; -2)$.
Montrer que B et C appartiennent à la droite d'équation $y = -x + 2$.
b. Soit $M(x ; -x + 2)$ un point de cette droite. Montrer que :
$AM^2 = 2(x - 3)^2 + 18$.
En déduire les coordonnées de H le projeté orthogonal de A sur (BC).
c. Calculer l'aire $\mathcal{A}$ du triangle ABC.

5 **1.** Dans un repère orthogonal $(O ; \vec{i}, \vec{j})$, construire la parabole d'équation $y = x^2$. Placer sur cette parabole le point $A(3 ; 9)$ et un point quelconque $M(x ; y)$.

2. Soit le repère $(O ; \vec{i}, 3\vec{j})$.

a. Quelles sont les coordonnées de A dans ce repère ?

b. Écrire X et Y, les coordonnées de M, en fonction de x et y.

c. En déduire une équation de la parabole dans ce repère.

3. Mêmes questions dans le repère $(O ; \frac{1}{2}\vec{i}, \vec{j})$.

6 **a.** [AB] est un segment de 12 cm de longueur. A partir d'un point M de ce segment, on construit le triangle MAC rectangle et isocèle en M et le carré BMPN. On pose AM = x.

Montrer que la somme de leurs aires s'écrit $\mathcal{A}(x) = \frac{3}{2}x^2 - 24x + 144$.

b. Montrer que $\mathcal{A}(x) = \frac{3}{2}(x - 8)^2 + 48$.

c. Quelle est l'aire minimale ?

Pour quelle valeur de x est-elle atteinte ?

d. Déterminer algébriquement pour quelle valeur de x cette aire est égale à 102 cm^2.

e. Soit la fonction $x \mapsto \mathcal{A}(x)$, définie sur [0 ; 12]. Comment peut-on retrouver graphiquement la solution à la question précédente ?

7 **1.** Soit un rectangle ABCD tel que AB = 10 et BC = 9.

On place E sur [AB] et F sur [BC] tels que AE = BF = x.

Soit le point G tel que BEGF soit un rectangle.

Montrer que l'aire de BEGF s'écrit $\mathcal{A}(x) = -(x - 5)^2 + 25$.

2. Déterminer x pour que cette aire soit :

a. égale au dixième de celle du rectangle ABCD.

b. supérieure ou égale à 12,25.

3. Tracer la courbe $y = \mathcal{A}(x)$ et indiquer comment retrouver graphiquement les résultats du 2.

8 Lorsque les solutions ne sont pas entières, il faut programmer la calculatrice pour connaître les solutions décimales approchées.

a. Soit l'équation : $x^3 - x^2 - 1 = 0$. Représenter graphiquement :

$y = x^3$ $(\mathcal{C}_1)$ et $y = x^2 + 1$ $(\mathcal{C}_2)$

Montrer graphiquement que l'équation n'a qu'une solution x_0.

b. Programmer la fonction $f(x) = x^3 - x^2 - 1$ sur la calculatrice afin d'encadrer x_0 au centième près.

7

FONCTIONS RACINE ET INVERSE

POUR FAIRE LE POINT

Choisir la (ou les) bonne(s) réponse(s)

1. $\sqrt{a} < \sqrt{b}$ équivaut à :

a. $0 \leqslant a \leqslant b$ ☐

b. $0 \leqslant a \leqslant b \leqslant 1$ ☐

c. $1 \leqslant a \leqslant b$ ☐

2. La demi-parabole d'équation $y = \sqrt{x+1}$ a pour équation $Y = \sqrt{X}$ dans le repère d'origine :

a. O′ (1 ; 0) ☐

b. O′ (− 1 ; 0) ☐

c. O′ (0 ; − 1) ☐

3. $\sqrt{x} = 1 - x$ équivaut à $x = (1-x)^2$ pour :

a. $x \in [0 ; 1]$ ☐

b. $x \in \mathbb{R}^+$ ☐

c. $x \in [1 ; +\infty[$ ☐

4. Si $0 \leqslant x \leqslant 1$ alors :

a. $\sqrt{x} \leqslant x \leqslant x^2$ ☐

b. $x^2 \leqslant \sqrt{x} \leqslant x$ ☐

c. $x^2 \leqslant x \leqslant \sqrt{x}$ ☐

5. Sans calcul, reconnaître l'inégalité exacte :

a. $\frac{1}{2{,}16} < \frac{1}{2{,}17}$ ☐

b. $\frac{1}{-3{,}24} < \frac{1}{-3{,}25}$ ☐

6.

x	$-\infty$	2	$+\infty$
$f(x)$	↗	‖	↗

C'est le tableau de variations de la fonction définie par :

a. $f(x) = \frac{1}{x-2}$ ☐

b. $f(x) = \frac{-1}{x-2}$ ☐

c. $f(x) = 2 + \frac{1}{x}$ ☐

7. $2 + \frac{3}{x-2}$ est égal à :

a. $\frac{2x-1}{x-2}$ ☐

b. $\frac{2x+1}{x-2}$ ☐

c. $\frac{2x+3}{x-2}$ ☐

8. L'hyperbole d'équation $y = 2 + \frac{1}{x-1}$ a pour écriture $Y = \frac{1}{X}$ dans le repère d'origine :

a. O′ (1 ; 2) ☐

b. O′ (1 ; − 2) ☐

c. O′ (− 1 ; − 2) ☐

9. $\frac{x+2}{x-3} = 0$ équivaut à :

a. $\begin{cases} x+2=0 \\ x-3=0 \end{cases}$ ☐

b. $\begin{cases} x+2=0 \\ x \neq 3 \end{cases}$ ☐

10. $\frac{2}{x} < 1$ équivaut à :

a. $2 < x$ ☐

b. $\begin{cases} 2-x<0 \\ x>0 \end{cases}$ ☐

c. $\frac{2-x}{x} < 0$ ☐

réponses p. 221

1 ÉTUDIER UNE FONCTION RACINE

SAVOIR

La **fonction** $x \mapsto \sqrt{x}$ est définie pour tout nombre réel positif ou nul.
Elle est strictement croissante sur $\mathbb{R}^+$.
Son tableau de variation est :

x	0	$+\infty$
$\sqrt{x}$	0	↗

Tableau de valeurs :

x	0	0,5	1	2	3	4
$\sqrt{x}$	0	0,7	1	1,4	1,7	2

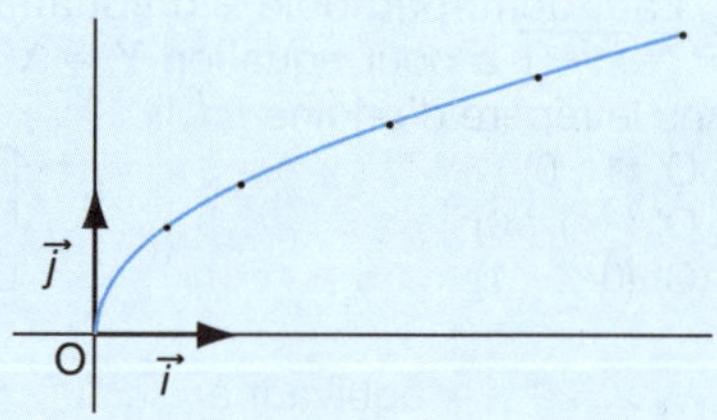

SAVOIR FAIRE

a. Soit la fonction $f : x \mapsto \sqrt{x-2}$ et $\mathscr{C}$ sa courbe représentative dans un repère $(O ; \vec{i}, \vec{j})$.
Indiquer sur quel intervalle f est définie puis donner son tableau de variations.
b. Soit le point M tel que $\overrightarrow{OM} = x\vec{i} + y\vec{j}$. En utilisant la relation de Chasles $\overrightarrow{OM} = \overrightarrow{OO'} + \overrightarrow{O'M}$, montrer que les coordonnées $(X ; Y)$ du point M dans le repère d'origine O′ (2 ; 0) vérifient :

$$\begin{cases} x = X + 2 \\ y = Y \end{cases}$$

c. Montrer que la courbe $\mathscr{C}$ a pour équation $Y = \sqrt{X}$ dans le repère d'origine O′. La tracer.

SOLUTION

a. Le nombre sous le radical doit être positif, d'où $x - 2 \geqslant 0$ ou $x \geqslant 2$.
La fonction f est donc définie sur $\mathscr{D}_f = [2 ; +\infty[$

Tableau de variations :

x	2	$+\infty$
$\sqrt{x-2}$	0	↗

b. De $\overrightarrow{OM} = \overrightarrow{OO'} + \overrightarrow{O'M}$, on déduit $x\vec{i} + y\vec{j} = 2\vec{i} + (X\vec{i} + Y\vec{j})$ ou encore $x\vec{i} + y\vec{j} = (2 + X)\vec{i} + Y\vec{j}$.

Deux vecteurs sont égaux si et seulement si leurs coordonnées sont égales donc $\begin{cases} x = X + 2 \\ y = Y \end{cases}$.

c. On obtient $Y = \sqrt{X}$ en posant $\begin{cases} x - 2 = X \\ y = Y \end{cases}$ soit $\begin{cases} x = X + 2 \\ y = Y \end{cases}$

$Y = \sqrt{X}$ est donc l'équation de la courbe dans le repère d'origine O′.

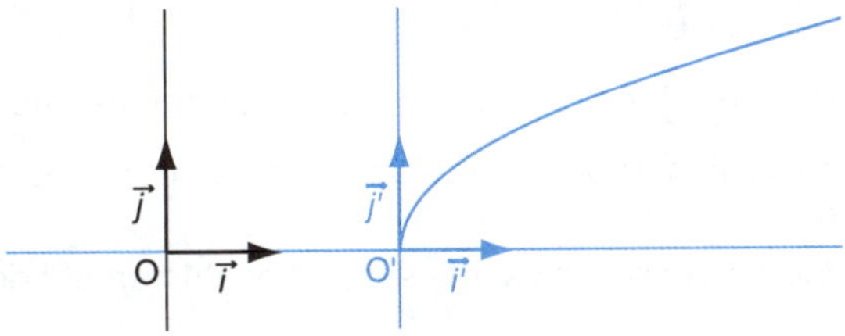

FAIRE

1 a. Soit la fonction $f : x \mapsto 2 + \sqrt{x+3}$.
Indiquer sur quel intervalle la fonction f est définie et donner son tableau de variations.

b. Soit le point M de coordonnées $(x\,;y)$ dans le repère $(O\,;\vec{i},\vec{j})$ et de coordonnées $(X\,;Y)$ dans le repère d'origine O′ (– 3 ; 2).
Écrire x et y en fonction de X et Y.

c. Montrer que la courbe représentant f a pour équation $Y = \sqrt{X}$ dans le repère d'origine O′. La tracer.

2 Indiquer les fonctions racines, de la forme $x \mapsto a + \sqrt{x+b}$ et $x \mapsto a - \sqrt{x+b}$, correspondant aux tableaux de variations suivants :

a.

x	1	$+\infty$
$f(x)$	2	↗

b.

x	2	$+\infty$
$g(x)$	1	↘

c.

x	−1	$+\infty$
$h(x)$	2	↗

d.

x	1	$+\infty$
$k(x)$	2	↘

3 a. Indiquer sur quels ensembles les fonctions suivantes sont définies et donner leurs tableaux de variations :

- **$f(x) = \sqrt{x}$**
- **$g(x) = -\sqrt{x}$**
- **$h(x) = \sqrt{-x}$**
- **$k(x) = \sqrt{|x|}$**

b. Soient $\mathscr{C}_1$, $\mathscr{C}_2$, $\mathscr{C}_3$ et $\mathscr{C}_4$ les courbes représentatives respectives des fonctions f, g, h et k.
Par quelles transformations obtient-on $\mathscr{C}_2$, $\mathscr{C}_3$ et $\mathscr{C}_4$ à partir de $\mathscr{C}_1$?
Tracer les quatre courbes.

2 ÉTUDIER UNE FONCTION INVERSE $x \mapsto \frac{a}{x}$

SAVOIR

La **fonction $x \mapsto \frac{1}{x}$** est définie pour tout nombre réel non nul.

C'est une fonction impaire car deux nombres opposés ont des images opposées.

Elle est strictement décroissante sur $\mathbb{R}^{-*}$ et strictement décroissante sur $\mathbb{R}^{+*}$.

Son tableau de variation est :

x	$-\infty$	0	$+\infty$
$\frac{1}{x}$	↘	‖	↘

Tableau de valeurs :

x	0,25	0,5	1	2	4
$\frac{1}{x}$	4	2	1	0,5	0,25

Comme la fonction est impaire, la courbe est symétrique par rapport à l'origine. Cette courbe est l'**hyperbole** d'équation $y = \frac{1}{x}$.

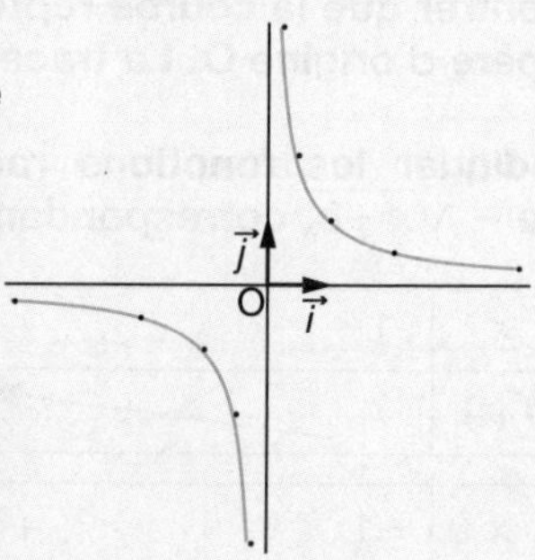

Les deux branches s'approchent des deux axes sans jamais les atteindre. Ce sont les deux droites asymptotes de l'hyperbole.

Plus généralement :

si $a > 0$,

x	$-\infty$	0	$+\infty$
$\dfrac{a}{x}$	↘	‖	↘

si $a < 0$,

x	$-\infty$	0	$+\infty$
$\dfrac{a}{x}$	↗	‖	↗

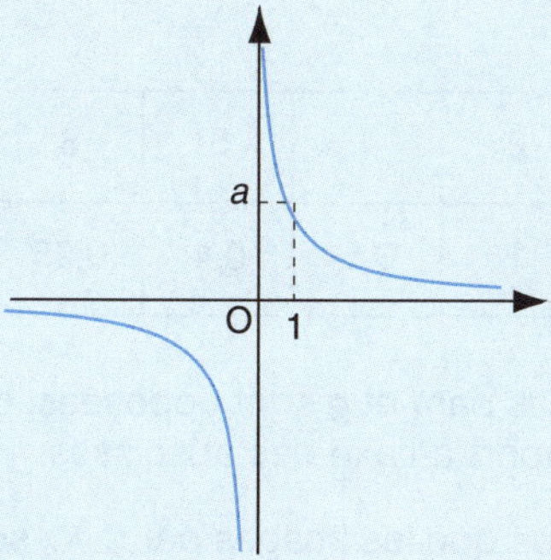

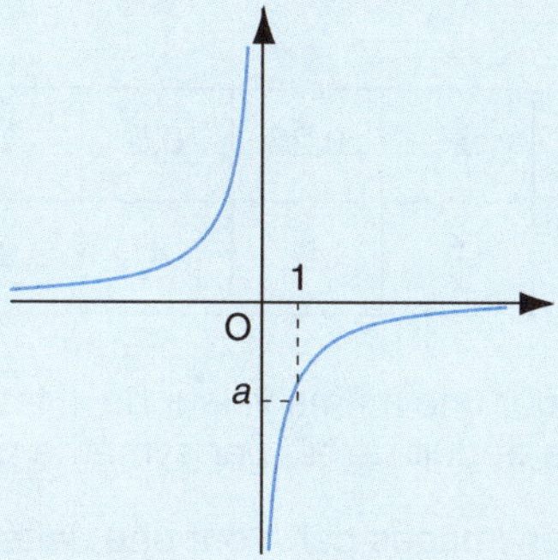

SAVOIR FAIRE

a. Donner le tableau de variations des fonctions définies sur $\mathbb{R}^*$ par :

- $f(x) = \dfrac{2}{x}$
- $g(x) = -\dfrac{2}{x}$
- $h(x) = \dfrac{2}{x} + 1$
- $k(x) = \dfrac{2}{|x|}$

b. Soient $\mathcal{H}_1$, $\mathcal{H}_2$, $\mathcal{H}_3$, et $\mathcal{H}_4$ les courbes représentatives respectives des fonctions *f*, *g*, *h* et *k*. Compléter le tableau de valeurs :

x	0,25	0,5	1	2	4	5	8
$\dfrac{2}{x}$							

En déduire le tracé de l'hyperbole $\mathcal{H}_1$. Par quelles transformations déduit-on $\mathcal{H}_2$, $\mathcal{H}_3$ et $\mathcal{H}_4$ de $\mathcal{H}_1$? Tracer $\mathcal{H}_2$, $\mathcal{H}_3$ et $\mathcal{H}_4$.

SOLUTION

a.

x	$-\infty$	0	$+\infty$
$\dfrac{2}{x}$	↘	‖	↘

(car $a > 0$)

x	$-\infty$	0	$+\infty$
$-\dfrac{2}{x}$	↗	‖	↗

(car $a < 0$)

x	$-\infty$	0	$+\infty$
$\frac{2}{x}+1$	↘	‖	↘

(car $a > 0$)

x	$-\infty$	0	$+\infty$
$\frac{2}{\lvert x \rvert}$	↗	‖	↘

$\left(\begin{array}{l} \text{car si } x > 0 \text{ alors } k(x) = \frac{2}{x} \\ \quad \text{si } x < 0 \text{ alors } k(x) = -\frac{2}{x} \end{array} \right)$

b.

x	0,25	0,5	1	2	4	5	8
$\frac{2}{x}$	8	4	2	1	0,5	0,4	0,25

Pour une même valeur de x, les images par f et g sont opposées, donc $\mathcal{H}_2$ se déduit de $\mathcal{H}_1$ par symétrie par rapport à l'axe des abscisses.

Les images par h ont une unité de plus que les images par f. $\mathcal{H}_3$ se déduit donc de $\mathcal{H}_1$ par une translation de vecteur $\vec{j}$.

La fonction k est paire car deux nombres opposés ont la même image. $\mathcal{H}_4$ est donc composée de la branche gauche de $\mathcal{H}_2$ et de la branche droite de $\mathcal{H}_1$.

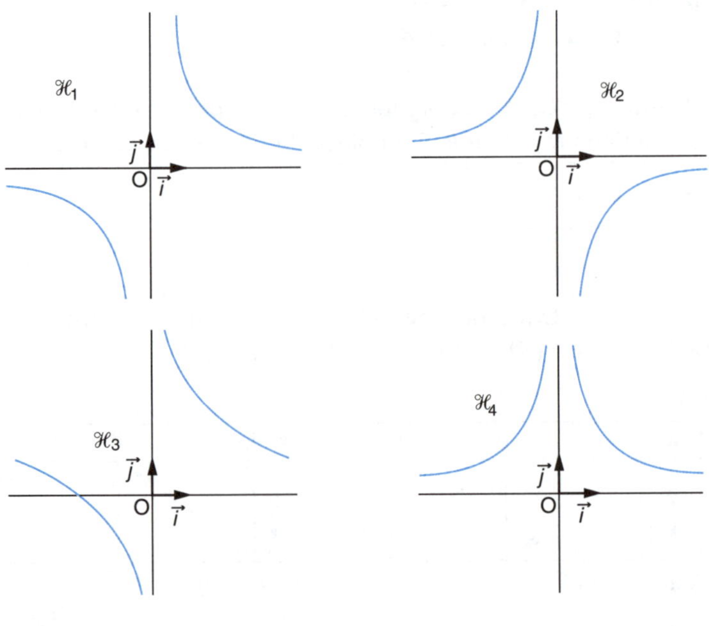

FAIRE

4 **a. Donner le tableau de variations des fonctions définies sur $\mathbb{R}^*$ par :**

• $f(x) = \dfrac{3}{x}$ • $g(x) = \dfrac{3}{|x|}$ • $h(x) = 2 - \dfrac{3}{x}$

b. Soit $\mathscr{H}_1$, $\mathscr{H}_2$ et $\mathscr{H}_3$ les courbes représentant respectivement les trois fonctions *f*, *g* et *h*. Tracer $\mathscr{H}_1$. Comment déduit-on $\mathscr{H}_2$ et $\mathscr{H}_3$? Les tracer.

5 **a. Donner le tableau de variations des fonctions définies sur $\mathbb{R} \setminus \{2\}$ par :**

• $f(x) = \dfrac{1}{x-2}$ • $g(x) = \dfrac{-1}{x-2}$

• $h(x) = \dfrac{1}{|x-2|}$ • $k(x) = \dfrac{1}{|x|-2}$

b. Soit $\mathscr{H}_1$, $\mathscr{H}_2$, $\mathscr{H}_3$ et $\mathscr{H}_4$ les courbes représentant respectivement les quatre fonctions *f*, *g*, *h* et *k*.

Montrer que $\mathscr{H}_1$ a pour équation $Y = \dfrac{1}{X}$ dans le repère d'origine O′ (2 ; 0).

c. Par quelles transformations déduit-on $\mathscr{H}_2$, $\mathscr{H}_3$ et $\mathscr{H}_4$ de $\mathscr{H}_1$? Tracer les quatre courbes.

3 ÉTUDIER UNE FONCTION DE LA FORME $x \mapsto p + \dfrac{1}{x+q}$

SAVOIR

La fonction $f : x \mapsto p + \dfrac{1}{x+q}$ est définie sur $\mathbb{R} \setminus \{-q\}$.

Son tableau de variations est :

x	$-\infty$	$-q$	$+\infty$
$x+q$	$-$	0	$+$
$p + \dfrac{1}{x+q}$	↘	‖	↘

La courbe a pour équation $y = p + \dfrac{1}{x+q}$ soit $y - p = \dfrac{1}{x+q}$.

On trace donc l'hyperbole $Y = \dfrac{1}{X}$ dans le repère d'origine O′ $(-q\ ;\ p)$.

L'asymptote horizontale est la droite d'équation $y = p$.

L'asymptote verticale est la droite d'équation $x = -q$.

SAVOIR FAIRE

Soit la fonction $f : x \mapsto \dfrac{2x+3}{x-1}$ et $\mathscr{C}$ sa courbe représentative.
a. Indiquer l'ensemble sur lequel f est définie.
b. Montrer que $f(x) = 2 + \dfrac{5}{x-1}$.
En déduire le tableau de variations de f.
c. Montrer que, dans le repère d'origine O′(1 ; 2), la courbe $\mathscr{C}$ a pour équation $Y = \dfrac{5}{X}$. La tracer.

SOLUTION

a. $\mathscr{D}_f = \mathbb{R} \setminus \{1\}$, car le dénominateur ne doit pas être nul.

b. $2 + \dfrac{5}{x-1} = \dfrac{2(x-1)}{x-1} + \dfrac{5}{x-1} = \dfrac{2x-2+5}{x-1} = \dfrac{2x+3}{x-1} = f(x)$.

Le tableau de variation est alors :

x	$-\infty$	1	$+\infty$
$2 + \dfrac{5}{x-1}$	↘	‖	↘

c. La courbe a pour équation $y - 2 = \dfrac{5}{x-1}$.

En posant $\begin{cases} x - 1 = X \\ y - 2 = Y \end{cases}$, soit $\begin{cases} x = X + 1 \\ y = Y + 2 \end{cases}$, on obtient $Y = \dfrac{5}{X}$.

L'hyperbole représentant la fonction a donc pour équation $Y = \dfrac{5}{X}$ dans le repère d'origine O′ (1 ; 2).

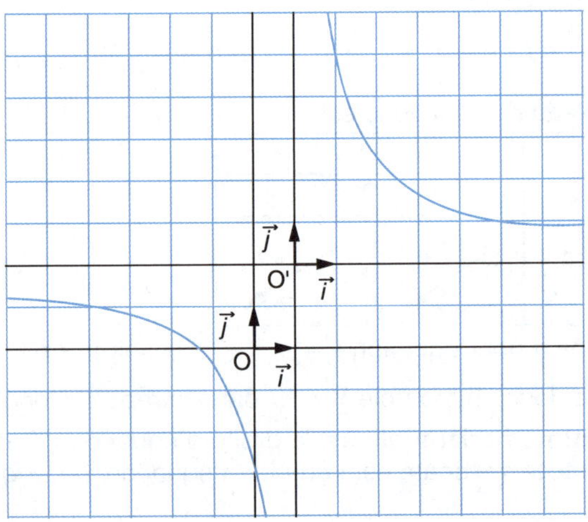

FAIRE

6 **a. Indiquer les ensembles sur lesquels sont définies les fonctions suivantes :**

- $f(x) = \dfrac{x}{x+1}$
- $g(x) = \dfrac{x+1}{x-2}$
- $h(x) = \dfrac{2x+1}{x+2}$

b. Montrer que :

$f(x) = 1 - \dfrac{1}{x+1}$; $g(x) = 1 + \dfrac{3}{x-2}$; $h(x) = 2 - \dfrac{3}{x+2}$

en déduire leurs tableaux de variations.

7 **a. Soit la fonction $f : x \mapsto \dfrac{2x+7}{x+3}$ et $\mathscr{C}$ sa courbe représentative.**
Indiquer sur quel ensemble f est définie.
Montrer que $f(x) = 2 + \dfrac{1}{x+3}$.
En déduire son tableau de variations.

b. Montrer que la courbe $\mathscr{C}$ a pour équation $Y = \dfrac{1}{X}$ dans le repère d'origine O′(– 3 ; 2). La tracer.

c. Préciser les asymptotes.

Indications p. 171 pour les exercices comportant ce symbole.

1 **a.** Dans un repère $(O\,;\vec{i},\vec{j})$, limité aux valeurs positives de x et y, tracer les courbes $y = x^2$ $(\mathscr{C}_1)$, $y = \sqrt{x}$ $(\mathscr{C}_2)$ et la droite $y = x$ $(\mathscr{D})$.
b. Montrer que :
• si $0 \leqslant x \leqslant 1$ alors $x^2 \leqslant x \leqslant \sqrt{x}$;
• si $1 \leqslant x$ alors $\sqrt{x} \leqslant x \leqslant x^2$.
Comment peut-on retrouver graphiquement ces deux résultats ?
c. Montrer que le point A (4 ; 2) appartient à la courbe $\mathscr{C}_2$.
Quelles sont les coordonnées du point B, symétrique du point A par rapport à la droite $\mathscr{D}$?
Montrer que le point B appartient à la courbe $\mathscr{C}_1$.
d. Plus généralement, soit $M(x\,;\sqrt{x})$ un point de la courbe $\mathscr{C}_2$.
Indiquer les coordonnées de N son symétrique par rapport à la droite $\mathscr{D}$.
Montrer que N appartient à $\mathscr{C}_1$.
(On vient de démontrer que $\mathscr{C}_2$ est aussi une demi-parabole, symétrique de la demi-parabole $\mathscr{C}_1$, par rapport à la droite $\mathscr{D}$).

2 La loi de Mariotte pour les gaz parfaits, difficilement liquéfiables, comme l'air ou l'hydrogène, indique :
« A température donnée, le produit de la pression P d'un gaz par le volume V est constant.»
Soit 0,5 m^3 d'air à une pression de 1 atmosphère.
1. a. Quelle est la pression correspondant à un volume de 0,4 m^3 ?
b. Quel est le volume correspondant à une pression de 2 atmosphères ?
2. a. Représenter graphiquement la variation du volume d'air V, en m^3, en fonction de P, la pression mesurée en atmosphères (prendre 1 cm par unité en abscisses et 10 cm par unité en ordonnées).
b. Indiquer comment retrouver graphiquement les résultats de la première question.

3 **a.** Soit la fonction $f : x \mapsto \dfrac{2x+1}{x+1}$.
Quel est son ensemble de définition ?
Montrer que $f(x) = 2 - \dfrac{1}{x+1}$.
En déduire son tableau de variation.
b. Montrer que, dans le repère d'origine $O'(-1\,;2)$, la courbe représentant la fonction a pour équation $Y = -\dfrac{1}{X}$.

c. Résoudre algébriquement et graphiquement :
- $f(x) = 0$;
- $f(x) \leqslant 5$.

4 **a.** Dans un repère orthonormal $(O ; \vec{i}, \vec{j})$, on place le point $B(-4 ; 0)$. Soit $A(0 ; y)$ un point de l'axe des ordonnées et $C(x ; 0)$ le point de l'axe des abscisses tel que l'angle $\widehat{BAC}$ soit droit.
Écrire AB^2, AC^2 et BC^2 en fonction de x et y. En déduire que $y^2 = 4x$.
b. Tracer la courbe d'équation $y = 2\sqrt{x}$. En déduire la représentation de $y^2 = 4x$.
c. Quelles sont les valeurs exactes de y pour $x = 3$?
d. Quelles sont les valeurs exactes de x et y telles que y soit le double de x ? Comment peut-on les retrouver graphiquement ?

5 **a.** Dans un repère orthonormal, en choisissant 1 cm par unité en abscisses et 0,5 cm par unité en ordonnées, représenter :
- $y = x^3$ $(\mathscr{C})$
- $y = \dfrac{1}{x-2}$ $(\mathscr{H})$

b. Déduire de la représentation graphique le nombre de solutions de l'équation $x^4 - 2x^3 - 1 = 0$ (On montrera que résoudre l'équation $x^3 = \dfrac{1}{x-2}$ équivaut à résoudre $x^4 - 2x^3 - 1 = 0$).
c. Utiliser la calculatrice pour encadrer au dixième près, a, la solution négative.

6 **1.** Soit M un point de la branche d'hyperbole d'équation
$$y = \frac{1}{x} \ (x > 0).$$
M se projette orthogonalement en A sur l'axe des abscisses et en B sur l'axe des ordonnées. On obtient un rectangle OAMB.

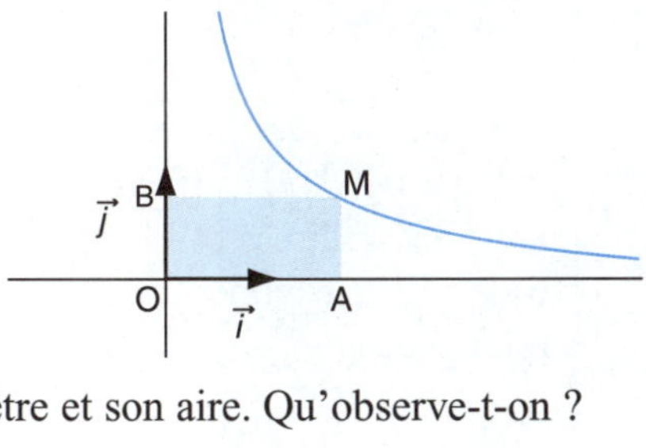

Écrire en fonction de x son périmètre et son aire. Qu'observe-t-on ?
2. Déterminer x pour que OB soit :
a. supérieur à 1000.
b. inférieur à $\dfrac{1}{1000}$.
3. a. Montrer que $x^2 - 2{,}5x + 1 = (x-2)(x-0{,}5)$.
b. En déduire pour quelles valeurs de x le périmètre est égal à 5.
c. Encadrer le périmètre sachant que $4 \leqslant x \leqslant 5$.

8

ÉQUATIONS DE DROITES. SYSTÈMES

POUR FAIRE LE POINT

Choisir la (ou les) bonne(s) réponse(s)

1. La droite $\mathcal{D}$ a pour équation $x - 2y + 4 = 0$. Parmi les équations suivantes, quelle est celle qui ne représente pas $\mathcal{D}$?

a. $-x + 2y - 4 = 0$ ☐

b. $y = \frac{1}{2}x + 2$ ☐

c. $2x - y + 2 = 0$ ☐

d. $\frac{3}{2}x - 3y + 6 = 0$ ☐

2. La droite passant par les points A$(-2 ; 5)$ et B$(1 ; -1)$ a pour équation :

a. $x + y - 3 = 0$ ☐

b. $3x - y - 4 = 0$ ☐

c. $-2x - y + 1 = 0$ ☐

3. La droite passant par le point A$\left(0 ; \frac{2}{3}\right)$ et de vecteur directeur $\vec{v}\left(\frac{1}{2} ; \frac{1}{3}\right)$ a pour équation :

a. $-2x + 3y - 5 = 0$ ☐

b. $\frac{x}{3} - \frac{y}{2} + \frac{1}{3} = 0$ ☐

c. $3x - 2y + 3 = 0$ ☐

4. La droite $\mathcal{D}$ a pour équation $y = -2x + 3$. La droite $\mathcal{D}'$ parallèle à $\mathcal{D}$ a pour équation :

a. $y = \frac{1}{2}x - 3$ ☐

b. $y = -2x - 1$ ☐

c. $y = -\frac{1}{2}x - \frac{1}{3}$ ☐

5. La droite $\mathcal{D}$ a pour équation $2x + y - 3 = 0$. La droite $\mathcal{D}'$ parallèle à $\mathcal{D}$ a pour équation :

a. $-2x - y + 5 = 0$ ☐

b. $2x - y - 3 = 0$ ☐

c. $x + \frac{1}{2}y + 1 = 0$ ☐

6. Le système $\begin{cases} 3x + 2y + 5 = 0 \\ 4x + 5y + 2 = 0 \end{cases}$ a pour solution le couple $(x ; y)$:

a. $(3 ; -3)$ ☐

b. $(-3 ; 2)$ ☐

c. $(1 ; 4)$ ☐

7. Lequel des systèmes suivants n'a aucune solution ?

a. $\begin{cases} x - y + 2 = 0 \\ -x + y - 2 = 0 \end{cases}$ ☐

b. $\begin{cases} x - y + 2 = 0 \\ x - y + 4 = 0 \end{cases}$ ☐

8. Le système d'inéquations $\begin{cases} x < 2 \\ y > -1 \\ x - y > 0 \end{cases}$ a pour solution la partie coloriée sur la figure :

a.

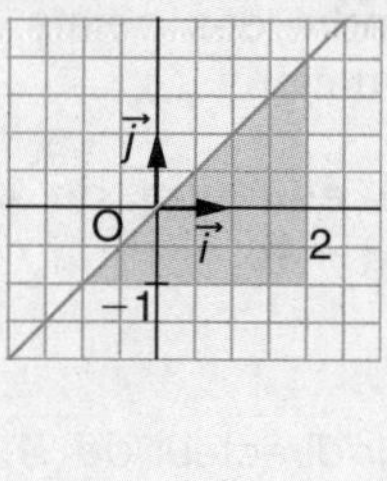

b.

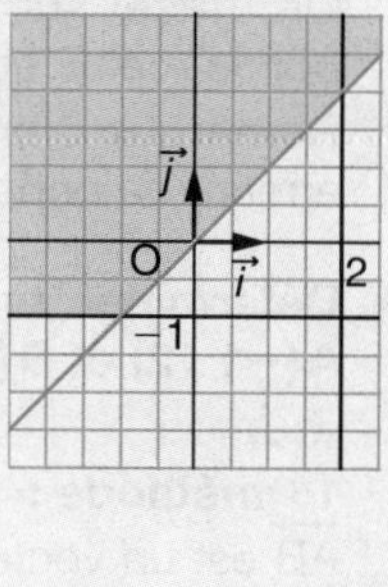

réponses p. 230

1 DÉTERMINER UNE ÉQUATION DE DROITE

SAVOIR

Dans un repère du plan, une droite $\mathcal{D}$ admet une équation de la forme $\boldsymbol{ax + by + c = 0}$ où a, b et c sont des réels tels que $a \neq 0$ ou $b \neq 0$.
Réciproquement, l'ensemble des points M de coordonnées $(x\ ;\ y)$ tels que $ax + by + c = 0$ est une droite.

Le vecteur $\vec{v}$ de **coordonnées $(-b\ ;\ a)$ est un vecteur directeur de** $\mathcal{D}$.

Si l'équation se réduit à $\boldsymbol{x = k}$, k réel, $\mathcal{D}$ est parallèle à l'axe (Oy).
Si l'équation se réduit à $\boldsymbol{y = k}$, k réel, $\mathcal{D}$ est parallèle à l'axe (Ox).

Si $\mathcal{D}$ n'est pas parallèle à l'axe (Oy), on peut donner son équation sous la forme réduite $\boldsymbol{y = mx + p}$, (m et p réels) où m est le coefficient directeur de $\mathcal{D}$.

SAVOIR FAIRE

Tracer dans un repère la droite $\mathcal{D}$ d'équation $x - 2y + 3 = 0$.

SOLUTION

On détermine deux points en choisissant deux valeurs de x (ou y).
Par exemple :

$x = 1$ d'où $1 - 2y + 3 = 0$
$4 - 2y = 0$
$y = 2.$

On obtient le point A$(1\ ;\ 2)$.

$y = 0$ d'où $x + 3 = 0$
$x = -3$

On obtient le point B$(-3\ ;\ 0)$.

On trace sur le graphique les points A et B et la droite $\mathcal{D} = $ (AB).

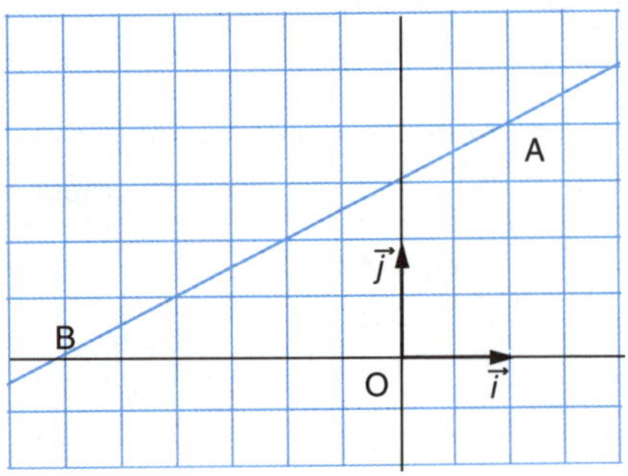

Remarque : prendre des points suffisamment éloignés pour éviter des erreurs de construction.

Déterminer une équation de la droite $\mathcal{D}$ passant par les points A$(-1\ ;\ 2)$ et B$(3\ ;\ -4)$.

SOLUTION

1re méthode :

$\overrightarrow{AB}$ est un vecteur directeur de $\mathcal{D}$.
On calcule ses coordonnées : $(3 - (-1)\ ;\ -4 - 2)$. Donc $\overrightarrow{AB}\ (4\ ;\ -6)$.

$M(x\,;\,y)$ est un point de $\mathfrak{D}$ si et seulement si $\overrightarrow{AM}$ est colinéaire à $\overrightarrow{AB}$ (voir chap. 4 p. 47).
$\overrightarrow{AM}\,(x+1\,;\,y-2)$

Si $\overrightarrow{AM}$ et $\overrightarrow{AB}$ sont colinéaires, leurs coordonnées vérifient (voir chap. 4 p. 48) :

$$\begin{aligned}(x+1)\times(-6)-(y-2)\times 4 &= 0.\\ -6x-6-4y+8 &= 0\\ -6x-4y+2 &= 0.\end{aligned}$$

On peut diviser cette équation par -2, d'où $3x+2y-1=0$ est une équation de $\mathfrak{D}$.

On s'assure que les coordonnées de A et de B vérifient l'équation :
$3(-1)+2(2)-1=0$ et $3(3)+2(-4)-1=0$.

2e méthode :
$\overrightarrow{AB}\,(4\,;\,-6)$ est un vecteur directeur de $\mathfrak{D}$ donc $\overrightarrow{AB}=\vec{v}$ avec $\vec{v}\,(-b\,;\,a)$.
Donc $-b=4$, soit $b=-4$ et $a=-6$.
L'équation de $\mathfrak{D}$ est donc de forme $-6x-4y+c=0$.

On détermine c en écrivant que A appartient à $\mathfrak{D}$, donc ses coordonnées vérifient l'équation de $\mathfrak{D}$:

$$\begin{aligned}(-6)\times(-1)-4\times 2+c &= 0\\ 6-8+c &= 0\\ c &= 2.\end{aligned}$$

Une équation de $\mathfrak{D}$ est donc $-6x-4y+2=0$ ou en divisant par -2 :
$3x+2y-1=0$.

3e méthode :
On remarque que $\mathfrak{D}$ passant par A et B n'est pas parallèle à (Oy). On peut donc déterminer son équation sous forme réduite $y=mx+p$.
Les points A et B appartiennent à $\mathfrak{D}$, leurs coordonnées doivent vérifier cette équation. On obtient donc un système de deux équations à deux inconnues :

en A : $2=m\times(-1)+p$
en B : $-4=m\times 3+p$
soit $\begin{cases}-m+p=2\\ 3m+p=-4\end{cases}$

On remplace la première équation par la différence des deux équations :

$$\begin{cases}-4m=6\\ 3m+p=-4\end{cases} \quad \text{ou} \quad \begin{cases}m=-\dfrac{6}{4}=-\dfrac{3}{2}\\ 3\times\left(-\dfrac{3}{2}\right)+p=-4\end{cases}$$

$$\begin{cases}m=-\dfrac{3}{2}\\ p=-4+\dfrac{9}{2}=+\dfrac{1}{2}\end{cases}$$

L'équation réduite de $\mathfrak{D}$ est donc $y=-\dfrac{3}{2}x+\dfrac{1}{2}$.

Remarque : cette équation réduite est unique. On peut la trouver à partir des équations obtenues avec les autres méthodes.

FAIRE

1 **Déterminer une équation de la droite $\mathcal{D}$ passant par le point A(−1 ; −3), de vecteur directeur $\vec{v}(3\ ;\ 2)$. La tracer.**

2 **Déterminer l'équation réduite de la droite $\mathcal{D}$ de coefficient directeur $-\dfrac{3}{2}$ passant par le point B (−3 ; 5). La tracer.**

2 DÉMONTRER QUE DEUX DROITES SONT PARALLÈLES

SAVOIR

Deux droites $\mathcal{D}$ et $\mathcal{D}'$ d'équations respectives $ax + by + c = 0$ et $a'x + b'y + c' = 0$ sont **parallèles** si et seulement si **leurs vecteurs directeurs** $\vec{v}(-b\ ;\ a)$ et $\vec{v}\,'(-b'\ ;\ a')$ sont **colinéaires** ce qui revient à (voir chap. 4 p. 48) :

$$-ba' - (-b')a = 0 \quad \text{soit} \quad ab' - ba' = 0.$$

Quand les équations de $\mathcal{D}$ et $\mathcal{D}'$ sont données sous la forme réduite

$$y = mx + p \quad \text{et} \quad y = m'x + p'.$$

$\mathcal{D}$ et $\mathcal{D}'$ sont **parallèles** si et seulement si **leurs coefficients directeurs** sont **égaux**, $m = m'$.

SAVOIR FAIRE

Parmi les droites suivantes, déterminer les droites parallèles :
$\mathcal{D}_1 : \mathbf{2x + 3y - 6 = 0}$ $\qquad \mathcal{D}_2 : \mathbf{3x + 2y - 5 = 0}$ $\qquad \mathcal{D}_3 : x + \dfrac{3}{2}y + \dfrac{1}{2} = 0$
Vérifier graphiquement ces résultats.

SOLUTION

1re méthode :

On détermine des vecteurs directeurs $\vec{v}(-b\ ;\ a)$ de ces droites.

$\vec{v_1}(-3\ ;\ 2) \qquad \vec{v_2}(-2\ ;\ 3) \qquad \vec{v_3}\left(-\dfrac{3}{2}\ ;\ 1\right)$

• $\vec{v_1}$ et $\vec{v_2}$ sont-ils colinéaires ? Ici $(-3) \times 3 - 2 \times (-2) = -9 + 4 \neq 0$.
Donc $\vec{v_1}$ et $\vec{v_2}$ ne sont pas colinéaires. $\mathcal{D}_1$ et $\mathcal{D}_2$ ne sont pas parallèles.

• $\vec{v_1}$ et $\vec{v_3}$ sont-ils colinéaires ?
$(-3) \times 1 - 2 \times (-\dfrac{3}{2}) = -3 + 3 = 0$.
$\vec{v_1}$ et $\vec{v_3}$ sont colinéaires. $\mathcal{D}_1$ et $\mathcal{D}_3$ sont parallèles.
Donc $\mathcal{D}_1$ et $\mathcal{D}_3$ sont parallèles, $\mathcal{D}_2$ est sécante à $\mathcal{D}_1$ et à $\mathcal{D}_3$.

2e méthode :
On détermine d'abord l'équation réduite de chacune des trois droites.

$\mathcal{D}_1 : y = -\frac{2}{3}x + 2$

$\mathcal{D}_2 : y = -\frac{3}{2}x + \frac{5}{2}$

$\mathcal{D}_3 : y = -\frac{2}{3}x - \frac{1}{3}$

Les coefficients directeurs de $\mathcal{D}_1$ et $\mathcal{D}_3$ sont égaux. Ces droites sont donc parallèles.
Par contre, $\mathcal{D}_2$ n'est parallèle ni à $\mathcal{D}_1$ ni à $\mathcal{D}_3$.

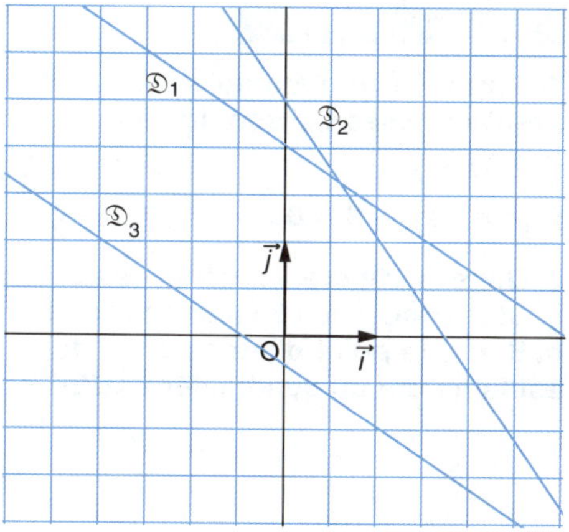

Déterminer une équation de la droite $\mathcal{D}$ passant par A (2 ; 1) et parallèle à la droite $\mathcal{D}'$ dont une équation est $2x - 3y + 6 = 0$. La tracer.

SOLUTION

Si, $\mathcal{D}$ est parallèle à $\mathcal{D}'$, un vecteur directeur de $\mathcal{D}'$ est aussi vecteur directeur de $\mathcal{D}$.
$\vec{v}\,(3 ; 2)$ est donc vecteur directeur de $\mathcal{D}$ et $\mathcal{D}'$.
On détermine ensuite une équation de $\mathcal{D}$.
M $(x ; y)$ appartient à $\mathcal{D}$ si et seulement si $\overrightarrow{AM}\,(x - 2 ; y - 1)$ est colinéaire à $\vec{v}$.

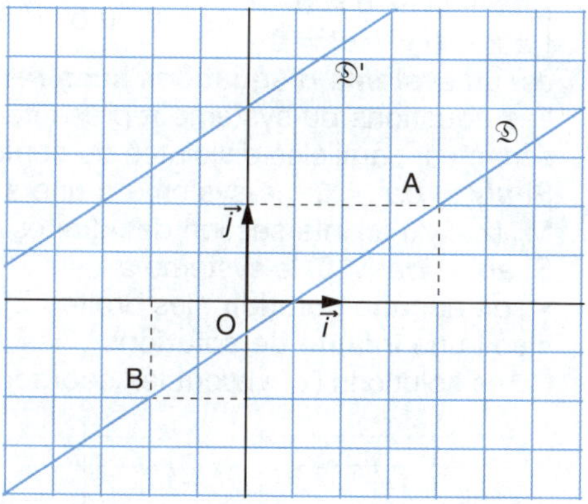

Donc $(x - 2) \times 2 - (y - 1) \times 3 = 0$

$2x - 4 - 3y + 3 = 0$

$2x - 3y - 1 = 0$ est une équation de $\mathcal{D}$.

$\mathcal{D}$ passe par A (2 ; 1).

On détermine un deuxième point B :
si $x = -1$ alors $-2 - 3y - 1 = 0$

$3y = -3$

$y = -1$ soit B $(-1 ; -1)$.

FAIRE

3 **Parmi les droites suivantes, déterminer celles qui sont parallèles. Préciser celles qui sont identiques (ou confondues).**

$\mathcal{D}_1 : 2x - y + 3 = 0$ $\qquad$ $\mathcal{D}_2 : x - \frac{1}{2}y + 1 = 0$

$\mathcal{D}_3 : x - 2y + 3 = 0$ $\qquad$ $\mathcal{D}_4 : -\frac{x}{2} + \frac{y}{4} - \frac{3}{4} = 0$

4 **Dans un repère, on donne les points A(−2 ; −1), B(2 ; 2) et C(−1 ; 3).**
a. Déterminer une équation de la droite $\mathcal{D}$ passant par C et parallèle à (AB).
b. Soit E le point d'intersection de $\mathcal{D}$ avec l'axe des abscisses. Quelle est la nature du quadrilatère ABCE ?

3 RÉSOUDRE UN SYSTÈME D'ÉQUATIONS

SAVOIR

$$\begin{cases} ax + by + c = 0 \\ a'x + b'y + c' = 0 \end{cases} \quad (a \neq 0 \text{ ou } b \neq 0) \text{ et } (a' \neq 0 \text{ ou } b' \neq 0)$$

est un **système d'équations linéaires** à deux inconnues x et y.
Les équations du système représentent deux droites $\mathcal{D}$ et $\mathcal{D}'$ qui sont sécantes, parallèles disjointes ou confondues.
Si $ab' - ba' \neq 0$, ce système a une **solution unique** $(x_0 ; y_0)$: le point $M_0(x_0 ; y_0)$ à l'intersection des droites $\mathcal{D}$ et $\mathcal{D}'$ sécantes.
Si $ab' - ba' = 0$, le système a :

- soit **aucune solution** : les droites $\mathcal{D}$ et $\mathcal{D}'$ sont parallèles disjointes.
- soit une **infinité de solutions** : les droites $\mathcal{D}$ et $\mathcal{D}'$ sont confondues. Les solutions $(x ; y)$ sont les coordonnées des points de $\mathcal{D}$.

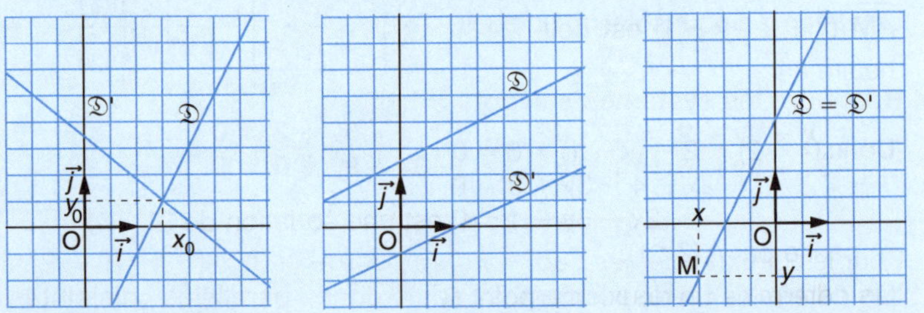

Une solution $M_0(x_0 ; y_0)$ $\qquad$ Aucune solution $\qquad$ Tout point de D : M$(x ; y)$ est solution

SAVOIR FAIRE

Résoudre le système $\begin{cases} x + 2y - 3 = 0 \\ 2x - y + 4 = 0 \end{cases}$

SOLUTION

$ab' - ba' = 1 \times (-1) - 2 \times 2 = -1 - 4 = -5 \neq 0.$

Le système a donc une solution unique. Pour déterminer cette solution, on peut procéder suivant deux méthodes.

1re méthode : par substitution

On isole y (ou x) dans une des deux équations du système, par exemple dans la deuxième équation : $y = 2x + 4$.

On reporte cette valeur de y dans la première équation :

$$x + 2(2x + 4) - 3 = 0$$
$$5x + 5 = 0$$
$$x = -1.$$

Donc $y = 2 \times (-1) + 4$

$y = 2.$

La solution du système est donc le couple $(-1 ; 2)$.

2e méthode : par combinaison linéaire

On multiplie chaque équation par un nombre choisi pour obtenir des coefficients de x (ou y) opposés.

$$\begin{cases} x + 2y - 3 = 0 & \times -2 \\ 2x - y + 4 = 0 & \times 1 \end{cases} \qquad \begin{cases} -2x - 4y + 6 = 0 \\ 2x - y + 4 = 0 \end{cases}$$

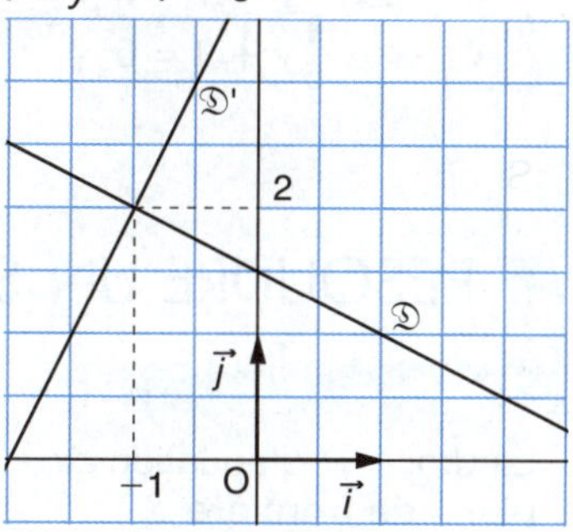

On additionne les deux équations du système obtenu :

$0x - 5y + 10 = 0$ soit $y = 2$.

On reporte la valeur de y dans l'une des deux équations du système donné, par exemple la première :

$$x + 2 \times 2 - 3 = 0$$
$$x + 1 = 0$$
$$x = -1.$$

Le système a pour solution unique $(-1 ; 2)$.

Résoudre les systèmes suivants :

a. $\begin{cases} x - 3y + 2 = 0 \\ -3x + 9y - 6 = 0 \end{cases}$ **b.** $\begin{cases} x - 3y + 2 = 0 \\ -3x + 9y + 6 = 0 \end{cases}$

SOLUTION

Pour les deux systèmes : $ab' - ba' = 1 \times 9 - (-3) \times (-3) = 9 - 9 = 0$.

Les droites correspondantes sont donc parallèles disjointes ou confondues. Les coefficients de x et de y sont proportionnels. On peut donc multiplier une des deux équations par un réel pour obtenir les mêmes coefficients de x et de y dans l'autre.

a. On multiplie la 1re équation par -3.

On obtient : $\begin{cases} -3x + 9y - 6 = 0, \\ -3x + 9y - 6 = 0 \end{cases}$

Les deux équations sont identiques : les droites sont confondues.

L'ensemble des solutions du système est l'ensemble des couples $(x\,;\,y)$ de points de cette droite.

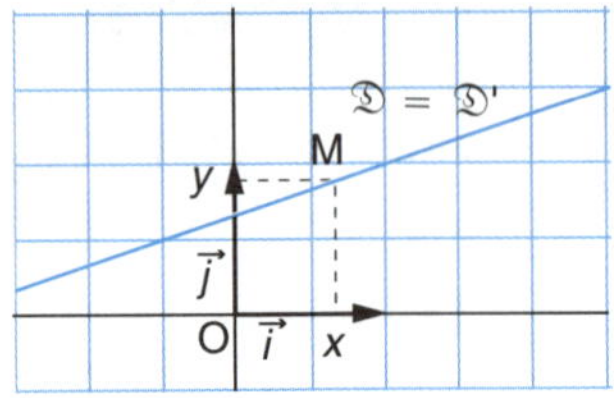

b. On multiplie aussi la première équation par -3. On obtient :

$\begin{cases} -3x + 9y - 6 = 0, \\ -3x + 9y + 6 = 0 \end{cases}$

Les deux équations ne sont pas identiques. Les droites 𝔇 et 𝔇' sont parallèles disjointes.

Le système n'a aucune solution.

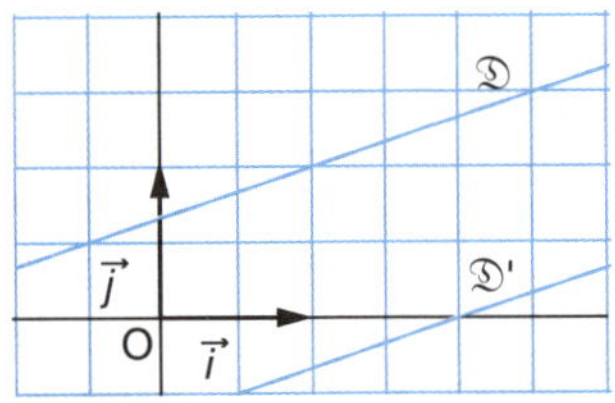

FAIRE

5 Résoudre les systèmes suivants :

a. $\begin{cases} -7x + 2y - 14 = 0 \\ \dfrac{x}{2} - \dfrac{y}{7} + 1 = 0 \end{cases}$ **b.** $\begin{cases} 3x + 10y - 1 = 0 \\ 6x + 5y + 1 = 0 \end{cases}$

c. $\begin{cases} 5x - y + 1 = 0 \\ -x + \dfrac{1}{5}y + 3 = 0 \end{cases}$

4 RÉSOUDRE UN SYSTÈME D'INÉQUATIONS

SAVOIR

La droite 𝔇 d'équation $ax + by + c = 0$ partage le plan en **deux demi-plans de frontière 𝔇**.

L'un dont les points $M(x\,;\,y)$ vérifient $ax + by + c > 0$, l'autre dont les points $M(x\,;\,y)$ vérifient $ax + by + c < 0$.

• Pour résoudre graphiquement une **inéquation** de la forme $ax + by + c > 0$ (ou < 0, ou $\geqslant 0$, ou $\leqslant 0$), il faut tracer la droite frontière 𝔇, puis déterminer le demi-plan qui convient avec ou sans la frontière 𝔇 suivant que l'inégalité est large ou stricte.

• Pour résoudre graphiquement un **système d'inéquations**, on répète ce raisonnement pour chaque inéquation et la solution est l'intersection des demi-plans solutions.

SAVOIR FAIRE

Résoudre graphiquement le système d'inéquations suivant :

$$\begin{cases} y \geqslant -1 \\ x - y + 1 > 0 \\ x + y - 3 \leqslant 0 \end{cases}$$

SOLUTION

• 1re inéquation : $y \geqslant -1$.
On trace la droite $\mathcal{D}_1$ d'équation : $y = -1$.
L'inéquation a pour solution le demi-plan situé au-dessus de la droite $\mathcal{D}_1$, la droite $\mathcal{D}_1$ comprise (inégalité large). On hachure le demi-plan qui ne convient pas.

• 2e inéquation : $x - y + 1 > 0$.
On trace la droite $\mathcal{D}_2$ d'équation : $x - y + 1 = 0$ avec les points de coordonnées $(-2\,;-1)$ et $(1\,;2)$. En $O(0\,;0)$, $x - y + 1 > 0$, le demi-plan de frontière $\mathcal{D}_2$ contenant O est solution, la droite $\mathcal{D}_2$ non comprise. On hachure l'autre demi-plan.

• 3e inéquation : $x + y - 3 \leqslant 0$.
On trace la droite $\mathcal{D}_3$ d'équation : $x + y - 3 = 0$ avec les points de coordonnées $(0\,;3)$ et $(1\,;2)$. En $O(0\,;0)$, $x + y - 3 \leqslant 0$, le demi-plan de frontière $\mathcal{D}_3$ contenant O est solution, la droite $\mathcal{D}_3$ comprise. On hachure l'autre demi-plan.

• La solution du système est la partie du plan non hachurée. On la colorie ainsi que les segments des droites $\mathcal{D}_1$ et $\mathcal{D}_3$ qui sont solutions.

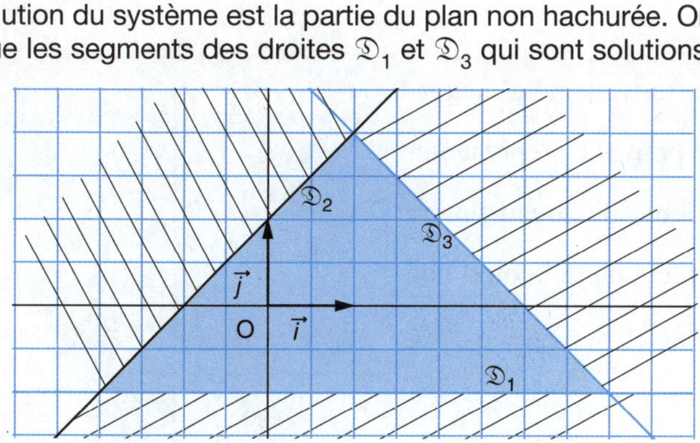

FAIRE

6 **Résoudre graphiquement l'inéquation $3x + y - 2 \leqslant 0$.**

7 **Résoudre graphiquement le système d'inéquations suivant :**

$$\begin{cases} x \geqslant 2 \\ -\frac{3}{2}x + 2y - 6 < 0 \\ x + \frac{5}{2}y - 5 \geqslant 0 \end{cases}$$

S'ENTRAÎNER

Indications pp. 171 et 172 pour les exercices comportant ce symbole.

1 Déterminer le coefficient a pour que la droite $\mathcal{D}$ d'équation $ax - 2y + 5 = 0$ passe par le point A$(-1\ ;\ 1)$.
Déterminer ensuite les coordonnées des points B et C, intersections de $\mathcal{D}$ avec les axes des abscisses et des ordonnées. Tracer $\mathcal{D}$.

2 Résoudre les systèmes suivants :

a. $\begin{cases} 2x - y + 2 = 0 \\ 2x + 3y + 6 = 0 \\ 4x + 3y + 9 = 0 \end{cases}$ **b.** $\begin{cases} 2x - y + 2 = 0 \\ 2x + 3y + 6 = 0 \\ -4x + 5y + 10 = 0 \end{cases}$

Que peut-on dire des trois droites représentées par ces équations ?
Le vérifier graphiquement.

3 Résoudre le système suivant : $\begin{cases} \dfrac{1}{x} - \dfrac{1}{y} = 2 \\ \dfrac{3}{x} - \dfrac{1}{y} = 4 \end{cases}$

4 Donner un système d'inéquations pouvant représenter l'intérieur du quadrilatère ABCD ci-contre (côtés non compris).

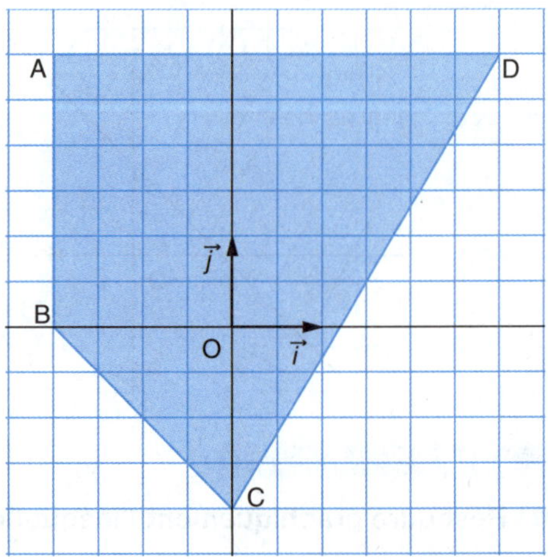

5 On donne dans un repère trois points A$(6\ ;\ 3)$, B$(-2\ ;\ 5)$ et C$(-2\ ;\ -4)$. Déterminer les coordonnées du point G centre de gravité du triangle ABC en considérant qu'il est à l'intersection des trois médianes du triangle.

6 Mme M. veut rapporter du sud de la France où elle est en vacances des pots de miel et des bouteilles d'huile d'olive. Un pot de miel coûte 25 F et une bouteille d'huile d'olive 30 F. Elle dispose d'une somme de 340 F pour ses achats et veut acheter deux fois plus de bouteilles d'huile d'olive que de pots de miel.
Combien ramènera-t-elle de chaque produit ?

7 M. X. doit organiser un voyage pour les employés d'une entreprise. Il dispose à cet effet d'une certaine somme fixée par le comité.
Il fait ses prévisions quant au nombre de personnes et au prix à payer par personne puis contacte une agence de voyages.
– Le voyagiste : « si vous ajoutez 200 F par personne, vous pourrez loger en hôtel catégorie luxe. »
– M. X. : « oui, mais alors je vais emmener 10 personnes en moins. »
– Le voyagiste : « par contre si vous choisissez l'hébergement en gîte, cela coûtera 100 F de moins par personne. »
– M. X : « alors je pourrai emmener 20 personnes en plus. »
Quelle somme lui a été allouée par le comité ?

8 Programmation linéaire :
Un artisan fabrique deux sortes d'objets en cuir : des ceintures et des sacs. Pour un sac, le coût de la matière première est de 8 F et il faut 2 h. de travail. Pour une ceinture, le coût de la matière première est de 6 F et il faut 4 h. de travail.
L'artisan ne désire pas investir plus de 240 F par semaine dans l'achat de la matière première. D'autre part, lui et ses employés peuvent consacrer à ce travail un maximum de 100 h. de travail par semaine.

a. Déterminer le nombre de sacs et de ceintures qu'ils peuvent fabriquer en une semaine pour satisfaire ces contraintes. Les objets étant expédiés par colis de 10, on donnera toutes les réponses correpondant à des dizaines d'objets.

b. Sachant qu'il peut vendre un sac 60 F et une ceinture 100 F, combien faut-il qu'il fabrique de dizaines de sacs et de ceintures pour avoir le meilleur gain ? Quel sera alors ce gain ?

9

TRIGONOMÉTRIE

POUR FAIRE LE POINT

Choisir la (ou les) bonne(s) réponse(s)

1. La mesure d'un angle en degrés est 60°. Sa mesure en radians est :

a. π ☐

b. $\frac{\pi}{6}$ ☐

c. $\frac{\pi}{3}$ ☐

2. Un angle a pour mesure $\frac{5\pi}{2}$ rad. Sa mesure principale en radians est :

a. 5π ☐

b. $\frac{\pi}{2}$ ☐

c. $-\frac{\pi}{2}$ ☐

3. Un angle a pour mesure $-150°$. Sa mesure principale est :

a. $-150°$ ☐

b. $30°$ ☐

c. $150°$ ☐

4. La mesure principale en radians de l'angle de vecteurs $(\vec{u}, \vec{v})$ est :

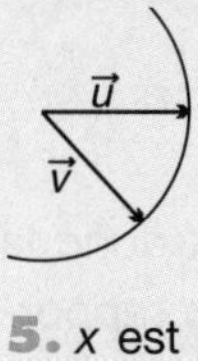

a. $\frac{7\pi}{4}$ ☐

b. $\frac{\pi}{4}$ ☐

c. $-\frac{\pi}{4}$ ☐

5. x est un angle tel que $\sin x = \frac{1}{3}$, $\cos x$ est alors égal à :

a. $\frac{2}{3}$ ☐

b. $\frac{2\sqrt{2}}{3}$ ☐

c. $-\frac{1}{3}$ ☐

d. $-\frac{2\sqrt{2}}{3}$ ☐

6. $\cos x = \frac{3}{5}$ et $x \in [-\frac{\pi}{2} ; 0]$, alors $\sin x$ est égal à :

a. $\frac{2}{5}$ ☐

b. $\frac{4}{5}$ ☐

c. $-\frac{4}{5}$ ☐

7. $\sin \frac{7\pi}{4}$ est égal à :

a. 1 ☐

b. $\frac{\sqrt{2}}{2}$ ☐

c. $-\frac{\sqrt{2}}{2}$ ☐

8. $\sin x = -\frac{1}{2}$ et $x \in [-\pi ; -\frac{\pi}{2}]$; x a pour mesure en radians :

a. $\frac{\pi}{6}$ ☐

b. $\frac{2\pi}{3}$ ☐

c. $-\frac{5\pi}{6}$ ☐

9. La fonction f telle que $f(x) = \sin 2x$ a pour période :

a. 2π ☐

b. π ☐

c. $\frac{\pi}{2}$ ☐

10. $\cos x = \frac{1}{2}$ a pour solution sur $[-\pi ; +\pi]$:

a. $\frac{\pi}{3}$ ☐

b. $\frac{\pi}{6}$ ☐

c. $\frac{2\pi}{3}$ ☐

d. $-\frac{\pi}{3}$ ☐

réponses p. 237

1 DÉTERMINER LA MESURE PRINCIPALE D'UN ANGLE ORIENTÉ

SAVOIR

Sur un cercle de centre O, de rayon R, un arc $\widehat{AB}$ de longueur ℓ a pour mesure $\frac{\ell}{R} = \alpha$ en **radians** (rad).

C'est aussi la mesure de l'angle $\widehat{AOB}$.

L'angle plat a pour mesure π rad.

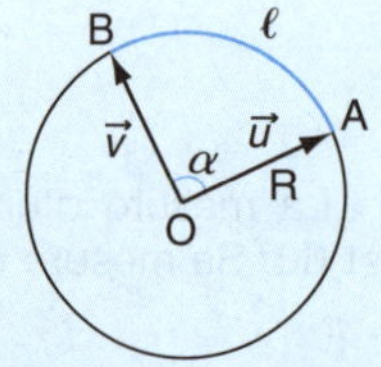

Un angle mesurant x **degrés** (°) a pour mesure α radians avec $\frac{\alpha}{\pi} = \frac{\boldsymbol{x}}{\mathbf{180}}$.

On oriente le plan en choisissant un sens de parcours sur tous les cercles du plan. Le sens direct est le sens opposé à celui des aiguilles d'une montre. Si α est une mesure en radians de l'arc **orienté** $\overset{\frown}{AB}$ (ou de l'angle **orienté** $\widehat{(\vec{u}, \vec{v})}$), tout réel $\alpha + 2k\pi$ (où $k \in \mathbb{Z}$) est une autre mesure de cet arc (ou de cet angle).

La **mesure principale** de $\overset{\frown}{AB}$ (ou de $(\vec{u}, \vec{v})$) est l'unique mesure appartenant à l'intervalle $]-\pi ; +\pi]$.

Les angles orientés $\widehat{(\vec{u}, \vec{v})}$ et $\widehat{(\vec{v}, \vec{u})}$ ont des mesures principales opposées.

SAVOIR FAIRE

Placer sur un cercle orienté les points A, B, C tels qu'une mesure de $\overset{\frown}{AB}$ soit $\frac{\pi}{6}$ rad et une mesure de $\overset{\frown}{BC}$, $\frac{-4\pi}{3}$ rad.

Quelle est la mesure principale de $\overset{\frown}{CA}$?

SOLUTION

On choisit un point A sur un cercle orienté. $\frac{\pi}{6} \in]-\pi; +\pi]$. C'est donc la mesure principale de $\overset{\frown}{AB}$. On détermine la position de B avec un rapporteur ($\frac{\pi}{6}$rad = 30°).

$\frac{-4\pi}{3} \notin]-\pi; +\pi]$. Il faut déterminer sa mesure principale :

$$\begin{aligned}\frac{-4\pi}{3} &= -\frac{6\pi}{3} + \frac{2\pi}{3} \\ &= -2\pi + \frac{2\pi}{3} \\ &= \frac{2\pi}{3} + (-1) \times 2\pi.\end{aligned}$$

Cette expression est bien de la forme $\alpha + 2\,k\,\pi$ avec $-1 \in \mathbb{Z}$ et $\frac{2\,\pi}{3} \in]-\pi;\ +\pi]$.

$\frac{2\,\pi}{3}$ est donc la mesure principale de $\overset{\frown}{BC}$ en radians.

On peut ainsi placer C sur le cercle ($\frac{2\,\pi}{3}$ rad = 120°).

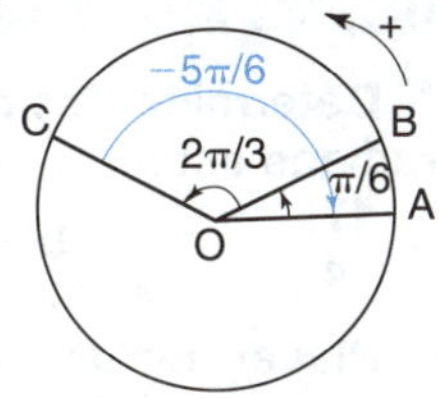

$\overset{\frown}{AC}$ a pour mesure $\frac{\pi}{6} + \frac{2\,\pi}{3} = \frac{5\,\pi}{6}$ rad. $\overset{\frown}{CA}$ a donc pour mesure $-\frac{5\,\pi}{6}$ rad.

$-\frac{5\,\pi}{6} \in]-\pi;\ +\pi]$; c'est la mesure principale de $\overset{\frown}{CA}$.

Remarque : pour vérifier qu'une mesure est bien une mesure principale, il suffit de vérifier que sa valeur absolue est inférieure à π rad.
La mesure principale de −π rad est +π rad.

(O; $\vec{i}, \vec{j}$) est un repère orthonormal du plan direct tel que $\widehat{(\vec{i}, \vec{j})} = +\frac{\pi}{2}$ rad.

Tracer des vecteurs unitaires $\vec{u}$ et $\vec{v}$ tels que $\widehat{(\vec{i}, \vec{u})}$ ait pour mesure $\frac{7\pi}{2}$ rad et $\widehat{(\vec{u}, \vec{v})}$ – 330°.

Quelle est la mesure principale en radians de $\widehat{(\vec{i}, \vec{v})}$?

SOLUTION

$\frac{7\,\pi}{2}$ rad n'est pas la mesure principale de $\widehat{(\vec{i}, \vec{u})}$.

$$\frac{7\,\pi}{2} = \frac{8\pi}{2} - \frac{\pi}{2} = 4\pi - \frac{\pi}{2} = -\frac{\pi}{2} + 2 \times 2\pi.$$

Cette expression est bien de la forme $\alpha + 2\,k\,\pi$ avec $k \in \mathbb{Z}$ et $-\frac{\pi}{2} \in]-\pi;\ +\pi]$.

On trace $\vec{u}$ tel que $\widehat{(\vec{i}, \vec{u})}$ soit un angle droit, de sens négatif donc $\vec{u} = -\vec{j}$.

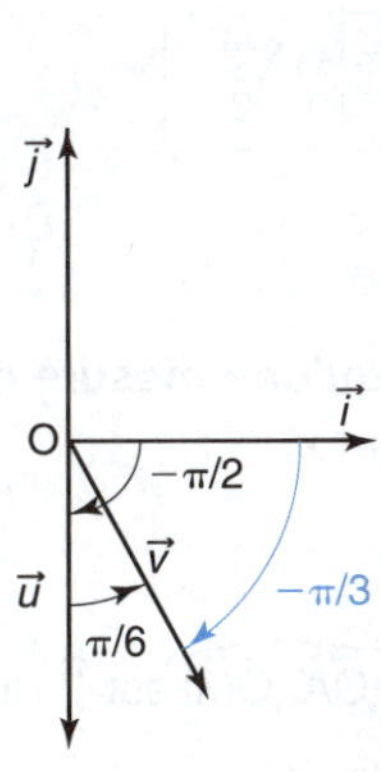

De même pour $\widehat{(\vec{u}, \vec{v})}$:
330° n'est pas une mesure principale (330° > 180°).

$-330° = -360° + 30° = -2\pi$ rad $+ \frac{\pi}{6}$ rad.

$\frac{\pi}{6}$ rad est la mesure principale de $\widehat{(\vec{u}, \vec{v})}$.

On peut donc tracer $\vec{v}$:
La mesure de $\widehat{(\vec{v}, \vec{i})}$ est égale à la mesure de $\widehat{(\vec{u}, \vec{i})}$ moins la mesure de $\widehat{(\vec{u}, \vec{v})}$. Elle est donc est égale à :

$$\frac{\pi}{2} - \frac{\pi}{6} = \frac{3\,\pi}{6} - \frac{\pi}{6} = \frac{2\,\pi}{6} = \frac{\pi}{3}.$$

La mesure principale de $\widehat{(\vec{i}, \vec{v})}$ est donc $-\frac{\pi}{3}$ rad (ou −60°).

FAIRE

1 Déterminer les mesures principales des angles dont une mesure en radians est :

a. $\frac{17\pi}{4}$ b. $\frac{-13\pi}{12}$ c. 735° d. $\frac{58\pi}{3}$

2 Placer sur un cercle les points A, B, C tels que $\overset{\frown}{AB}$ ait pour mesure $\frac{5\pi}{6}$ rad et $\overset{\frown}{BC}$ $\frac{\pi}{3}$ rad. Quelle est la mesure principale en radians de $\overset{\frown}{AC}$?

2 LIRE UN COSINUS ET UN SINUS SUR LE CERCLE TRIGONOMÉTRIQUE

SAVOIR

On appelle cercle trigonométrique le **cercle orienté de rayon 1**.

A tout réel x, correspond sur le cercle trigonométrique un point M tel que x soit la mesure de l'arc $\overset{\frown}{AM}$ (ainsi que de l'angle $(\overrightarrow{OA}, \overrightarrow{OM})$).

Dans le repère orthonormal direct $(O\,;\vec{i},\vec{j})$ où $\vec{i} = \overrightarrow{OA}$, les coordonnées de M sont : $(\cos x, \sin x)$.

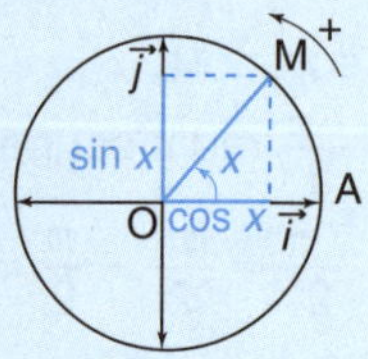

Pour tout $x \in \mathbb{R}$, $\mathbf{-1 \leqslant \cos x \leqslant 1}$

$\mathbf{-1 \leqslant \sin x \leqslant 1}$

$\mathbf{\cos^2 x + \sin^2 x = 1.}$

Valeurs remarquables :

x	0	$\frac{\pi}{6}$	$\frac{\pi}{4}$	$\frac{\pi}{3}$	$\frac{\pi}{2}$
cos x	1	$\frac{\sqrt{3}}{2}$	$\frac{\sqrt{2}}{2}$	$\frac{1}{2}$	0
sin x	0	$\frac{1}{2}$	$\frac{\sqrt{2}}{2}$	$\frac{\sqrt{3}}{2}$	1

SAVOIR FAIRE

Placer sur le cercle trigonométrique le point M tel qu'une mesure de l'angle $(\overrightarrow{OA}, \overrightarrow{OM})$ soit $\frac{-5\pi}{3}$ et déterminer cos x et sin x.

SOLUTION

$\frac{-5\pi}{3}$ rad n'est pas une mesure principale.

$\frac{-5\pi}{3} = \frac{-6\pi}{3} + \frac{\pi}{3} = -2\pi + \frac{\pi}{3}$. La mesure principale de $(\overrightarrow{OA}, \overrightarrow{OM})$ est $\frac{\pi}{3}$ rad, ce qui permet de placer M sur le cercle trigonométrique.

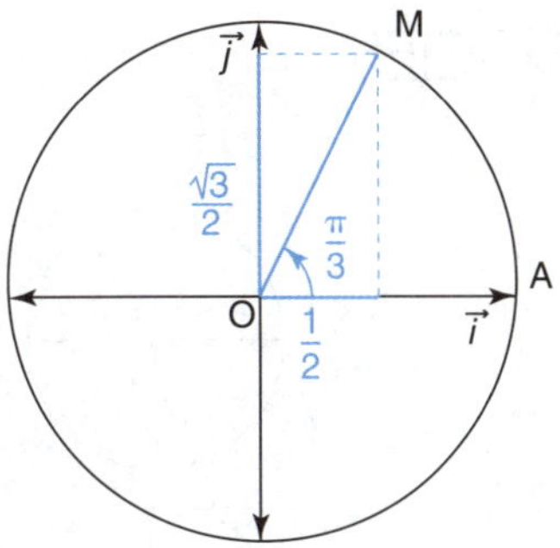

Pour déterminer cos x et sin x, il suffit d'utiliser le tableau des valeurs remarquables.

$\cos x = \cos \frac{\pi}{3} = \frac{1}{2}$.

$\sin x = \sin \frac{\pi}{3} = \frac{\sqrt{3}}{2}$.

Sachant que $\sin x = \frac{1}{3}$ et que $x \in \left]0\,;\frac{\pi}{2}\right[$, déterminer une valeur exacte de cos x et une valeur approchée de x en radians à 10^{-2} près.

SOLUTION

On sait que pour tout x réel, $\cos^2 x + \sin^2 x = 1$ ou $\cos^2 x = 1 - \sin^2 x$.

Ici $\cos^2 x = 1 - \frac{1}{9} = \frac{8}{9}$.

Puisque $x \in \left]0\,;\frac{\pi}{2}\right[$, $\cos x > 0$ donc $\cos x = \sqrt{\frac{8}{9}} = 2\,\frac{\sqrt{2}}{3}$.

Pour déterminer une valeur approchée de x, on utilise la calculatrice (mise auparavant en mode Radian) ; les touches Inverse et Sinus donnent $\sin^{-1}\left(\frac{1}{3}\right) \approx 0{,}34$ rad.

Donc, à 10^{-2} près, $x \approx 0{,}34$ rad. On obtient le même résultat avec $\cos^{-1}\left(2\,\frac{\sqrt{2}}{3}\right)$.

Attention : la touche $\sin^{-1} x$ donne des valeurs de x appartenant à l'intervalle $\left[-\frac{\pi}{2}; +\frac{\pi}{2}\right]$; la touche $\cos^{-1} x$ donne des valeurs de x appartenant à l'intervalle $[0; \pi]$. Pour obtenir d'autres valeurs, il faut utiliser les résultats sur les angles associés (voir partie suivante p. 106).

FAIRE

3 Placer sur le cercle trigonométrique les points M tels que $(\overrightarrow{OA}, \overrightarrow{OM})$ ait pour mesure x et déterminer sin x et cos x si :

a. $x = \frac{-5\pi}{2}$ **b.** $x = 3\pi$ **c.** $x = \frac{13\pi}{6}$

4 Sachant que $\cos x = \frac{4}{5}$ et que $x \in \left]0\,;\frac{\pi}{2}\right[$, déterminer une valeur exacte de sin x et une valeur approchée de x en radians à 10^{-2} près.

3 UTILISER LES ANGLES ASSOCIÉS

SAVOIR

Pour tout x réel, on a :

$\cos(x + 2k\pi) = \cos x$
$\sin(x + 2k\pi) = \sin x$

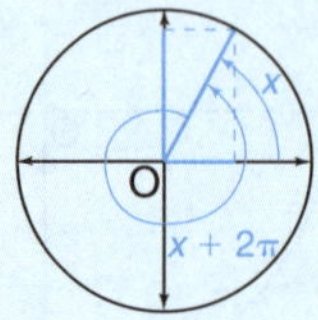

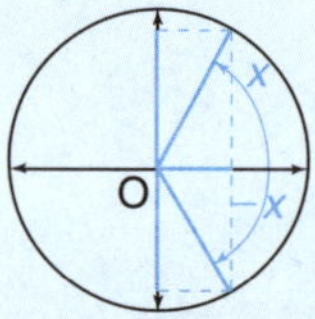

$\cos(-x) = \cos x$
$\sin(-x) = -\sin x$

$\cos(\pi - x) = -\cos x$
$\sin(\pi - x) = \sin x$

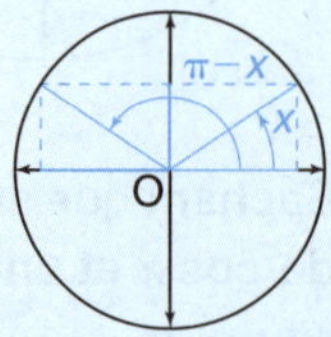

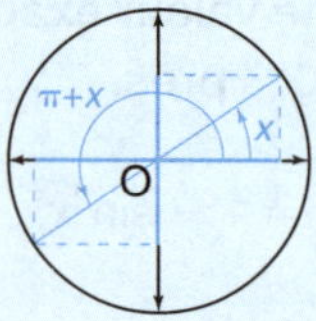

$\cos(\pi + x) = -\cos x$
$\sin(\pi + x) = -\sin x$

$\cos(\frac{\pi}{2} - x) = \sin x$
$\sin(\frac{\pi}{2} - x) = \cos x$

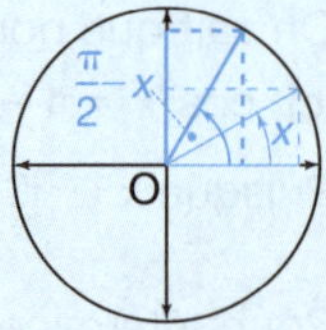

SAVOIR FAIRE

Déterminer les valeurs des fonctions trigonométriques (sinus et cosinus) de x si : a. $x = \frac{-\pi}{3}$ b. $x = \frac{-4\pi}{3}$ c. $x = \frac{-2\pi}{3}$

SOLUTION

On détermine ces valeurs en recourant aux formules des angles associés et à la table des valeurs remarquables :

a. $\cos\left(\frac{-\pi}{3}\right) = \cos\frac{\pi}{3} = \frac{1}{2}$

et $\sin\left(\frac{-\pi}{3}\right) = -\sin\frac{\pi}{3} = \frac{-\sqrt{3}}{2}$.

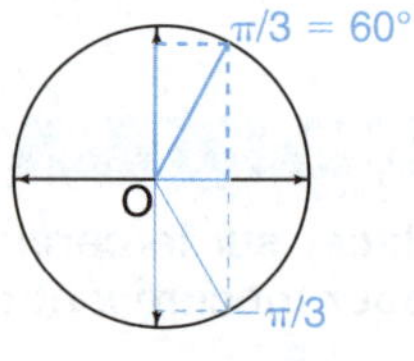

b. $\frac{-4\pi}{3}$ n'est pas une mesure principale.

$$\frac{-4\pi}{3} = \frac{-3\pi}{3} - \frac{\pi}{3} = -\pi - \frac{\pi}{3}$$
$$= -2\pi + \pi - \frac{\pi}{3}$$
$$= -2\pi + \frac{2\pi}{3}.$$

$\frac{2\pi}{3}$ est la mesure principale de x et $\frac{2\pi}{3} = \pi - \frac{\pi}{3}$ donc, en utilisant les formules des angles associés et les valeurs remarquables :

$\cos\left(\frac{-4\pi}{3}\right) = \cos\frac{2\pi}{3} = \cos\left(\pi - \frac{\pi}{3}\right) = -\cos\frac{\pi}{3} = -\frac{1}{2}$

et $\sin\left(\frac{-4\pi}{3}\right) = \sin\frac{2\pi}{3} = \sin\left(\pi - \frac{\pi}{3}\right) = \sin\frac{\pi}{3} = \frac{\sqrt{3}}{2}$

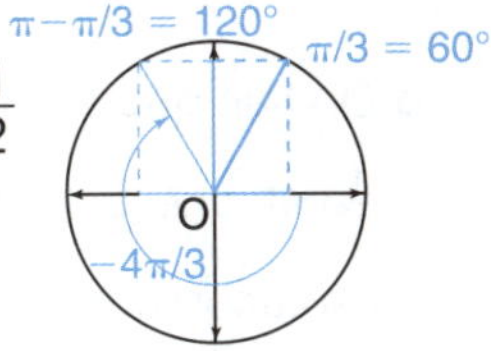

c. $\frac{-2\pi}{3} = \frac{\pi}{3} - \frac{3\pi}{3} = \frac{\pi}{3} - \pi = \frac{\pi}{3} + \pi - 2\pi$

donc $\cos\left(\frac{-2\pi}{3}\right) = \cos\left(\frac{\pi}{3} + \pi\right) = -\cos\frac{\pi}{3} = -\frac{1}{2}$

$\sin\left(\frac{-2\pi}{3}\right) = \sin\left(\frac{\pi}{3} + \pi\right) = -\sin\frac{\pi}{3} = -\frac{\sqrt{3}}{2}$

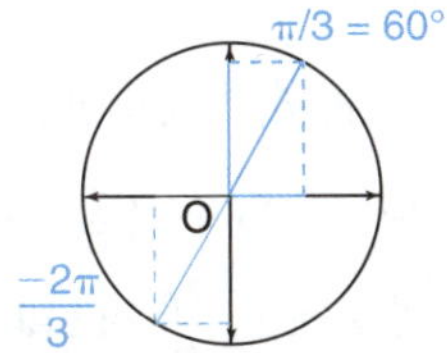

Remarque : il faut chercher à exprimer l'angle donné en fonction des angles remarquables et surtout utiliser les symétries sur le cercle.

Sachant que $\sin x = \frac{1}{3}$ et $x \in [\frac{\pi}{2}; \pi]$, déterminer une valeur exacte de $\cos x$ et une valeur approchée de x en radians à 10^{-2} près.

SOLUTION

On a (voir p. 104) $\cos^2 x = 1 - \sin^2 x$ d'où $\cos^2 x = 1 - \frac{1}{9} = \frac{8}{9}$.

Si $x \in [\frac{\pi}{2}; \pi]$, $\cos x < 0$ donc $\cos x = -\sqrt{\frac{8}{9}} = -\frac{2\sqrt{2}}{3}$.

La calculatrice indique $\sin^{-1}\left(\frac{1}{3}\right) \approx 0{,}34$ rad.

Cette valeur est inférieure à $\frac{\pi}{2} \approx 1{,}57$

donc $x = \pi - 0{,}34 \approx 2{,}8$ rad.

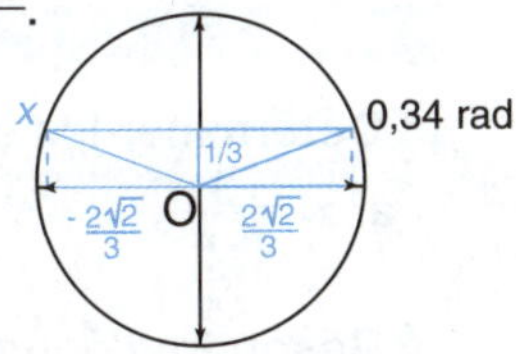

Résoudre les équations suivantes :

a. $\cos x = \frac{\sqrt{2}}{2}$ **;** $x \in]-\pi; +\pi]$.

b. $\sin x = -\frac{1}{2}$ **;** $x \in [0; 2\pi[$.

SOLUTION

a. D'après le tableau des valeurs remarquables : $\cos\frac{\pi}{4} = \frac{\sqrt{2}}{2}$ et comme $\frac{\pi}{4} \in]-\pi; +\pi]$ alors $x = \frac{\pi}{4}$ est une solution de l'équation.

Mais on a aussi $\cos\left(-\frac{\pi}{4}\right) = \cos\frac{\pi}{4} = \frac{\sqrt{2}}{2}$;

$x = -\frac{\pi}{4}$ est donc une autre solution de l'équation.

D'après le graphique, ce sont les seules solutions appartenant à $]-\pi; +\pi]$.

L'ensemble des solutions est $S = \left\{-\frac{\pi}{4}; +\frac{\pi}{4}\right\}$

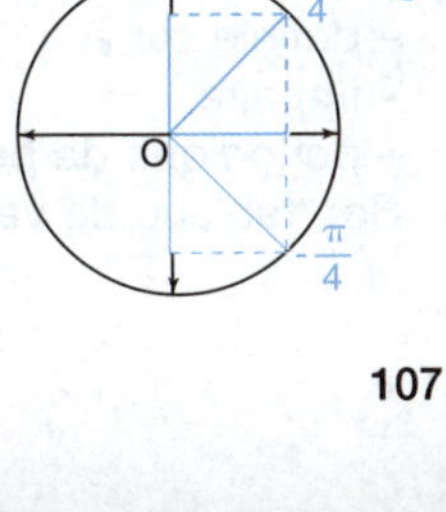

b On sait que $\sin \frac{\pi}{6} = \frac{1}{2}$ et $\sin(-x) = -\sin x$ donc $\sin\left(-\frac{\pi}{6}\right) = -\frac{1}{2}$.

$-\frac{\pi}{6}$ est une solution mais elle n'appartient pas à l'intervalle $[0; 2\pi[$.

La solution correspondante dans cet intervalle est :

$$-\frac{\pi}{6} + 2\pi = \frac{11\pi}{6}.$$

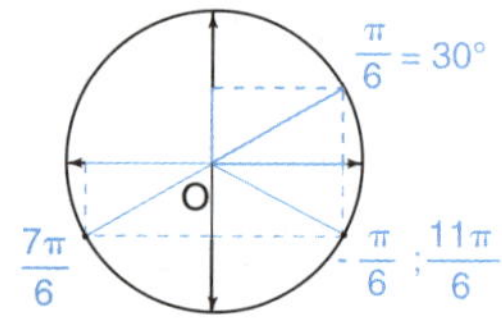

D'après le graphique, il y a une autre solution.

En effet, $\sin\left(\frac{\pi}{6} + \pi\right) = -\sin\frac{\pi}{6} = -\frac{1}{2}$

$\frac{\pi}{6} + \pi = \frac{7\pi}{6}$ est aussi solution de l'équation

et $\frac{7\pi}{6} \in [0; 2\pi[$.

L'ensemble des solutions est $S = \left\{\frac{7\pi}{6}; \frac{11\pi}{6}\right\}$

Remarque : ici encore, il faut utiliser le tableau des valeurs remarquables mais aussi le graphique.

FAIRE

5 Déterminer les sinus et cosinus de x si :

a. $x = \frac{3\pi}{4}$. **b.** $x = \frac{7\pi}{6}$. **c.** $x = -\frac{7\pi}{6}$.

6 Résoudre l'équation $\cos x = -0{,}25$ avec $x \in [0; 2\pi]$. On donnera des valeurs approchées en radians à 10^{-2} près.

4 ÉTUDIER UNE FONCTION SINUS OU COSINUS

SAVOIR

• La **fonction $f : x \mapsto f(x) = \sin x$** est :
- définie sur $\mathbb{R}$,
- impaire,
- périodique de période 2π.

Son tableau de variations sur $[0; \pi]$ est :

x	0	$\frac{\pi}{2}$	π
$f(x)$	0 ↗	1	↘ 0

Sa courbe représentative $\mathscr{C}$ est une sinusoïde :

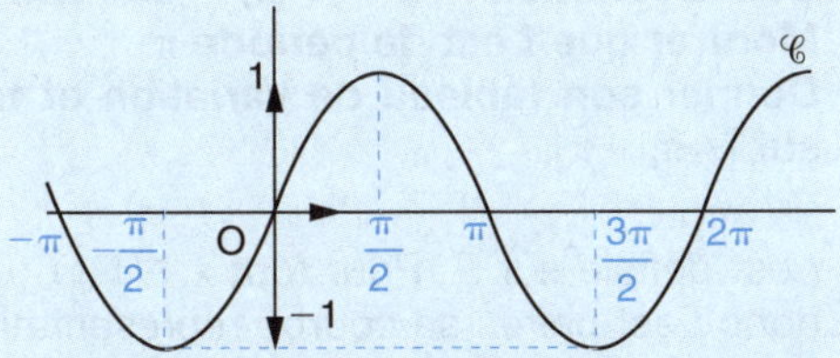

• La **fonction $g : x \mapsto g(x) = \cos x$** est :
- définie sur $\mathbb{R}$,
- paire,
- périodique de période 2π.

Son tableau de variations sur $[0; \pi]$ est :

x	0	$\frac{\pi}{2}$	π
$g(x)$	1 ↘	0 ↘	-1

Sa courbe représentative $\mathscr{T}$ se déduit de la courbe $\mathscr{C}$ par une translation de vecteur $-\frac{\pi}{2}\vec{i}$.

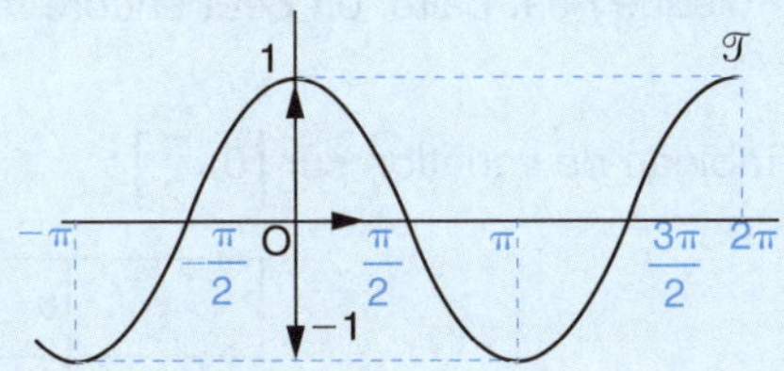

SAVOIR FAIRE

En utilisant la courbe représentative de la fonction $f : x \mapsto f(x) = \sin x$, résoudre sur l'intervalle $[0 ; \pi]$:
a. l'équation : $\sin x = \frac{1}{2}$. **b. l'inéquation $\sin x \geqslant \frac{1}{2}$.**

SOLUTION

On commence par tracer soigneusement la courbe sur l'intervalle donné en utilisant les valeurs remarquables :

x	0	$\frac{\pi}{6}$	$\frac{\pi}{4}$	$\frac{\pi}{3}$	$\frac{\pi}{2}$	$\frac{2\pi}{3}$	$\frac{3\pi}{4}$	$\frac{5\pi}{6}$	π
$f(x) = \sin x$	0	$\frac{1}{2}$	$\frac{\sqrt{2}}{2}$	$\frac{\sqrt{3}}{2}$	1	$\frac{\sqrt{3}}{2}$	$\frac{\sqrt{2}}{2}$	$\frac{1}{2}$	0

D'après ce graphique :

a. $f(x) = \frac{1}{2}$ si $x = \frac{\pi}{6}$ ou $x = \frac{5\pi}{6}$.

b. $f(x) \geq \frac{1}{2}$ si $x \in \left[\frac{\pi}{6} ; \frac{5\pi}{6}\right]$ (partie de la courbe en bleu sur la figure).

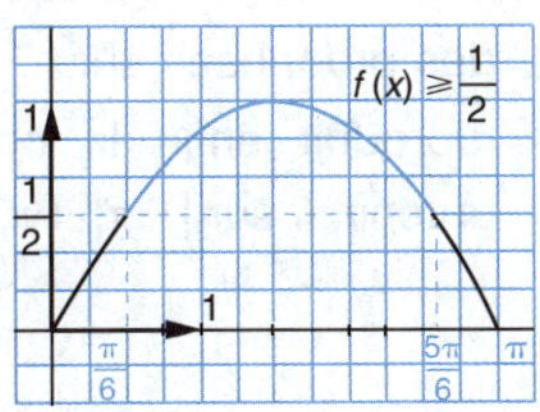

Remarque : on peut retrouver ces résultats sur le cercle trigonométrique.

Soit la fonction $f : x \mapsto f(x) = \cos 2x$.
Montrer que f est de période π.
Donner son tableau de variation et tracer sa courbe représentative sur $[-\pi; +\pi]$.

SOLUTION

f est définie sur $\mathbb{R}$. Pour tout $x \in \mathbb{R}$, $f(-x) = \cos(-2x) = \cos 2x = f(x)$ donc f est paire : sa courbe représentative $\mathscr{C}$ sera symétrique par rapport à l'axe des ordonnées.
On a $\cos(2x + 2\pi) = \cos 2x$
soit $\cos 2(x + \pi) = \cos 2x$
donc $f(x + \pi) = f(x)$ ce qui signifie que f est de période π.

Il suffit donc de l'étudier sur un intervalle de longueur π, par exemple $\left[-\frac{\pi}{2}; +\frac{\pi}{2}\right]$.
Puisque f est paire, on peut encore réduire cet intervalle à $\left[0; \frac{\pi}{2}\right]$.

Tableau de variation sur $\left[0; \frac{\pi}{2}\right]$:

x	0	$\frac{\pi}{4}$	$\frac{\pi}{2}$
$\cos 2x$	1 ↘	0 ↘	-1

Tableau de valeurs sur $\left[0; \frac{\pi}{2}\right]$:

x	0	$\frac{\pi}{6}$	$\frac{\pi}{4}$	$\frac{\pi}{3}$	$\frac{\pi}{2}$
$\cos 2x$	1	$\frac{1}{2}$	0	$-\frac{1}{2}$	-1

Représentation graphique :

On construit donc la courbe $\mathscr{C}$ sur $\left[0; \frac{\pi}{2}\right]$ puis la symétrique de la partie obtenue par rapport à l'axe des ordonnées sur $\left[-\frac{\pi}{2}; 0\right]$; on reproduit enfin la courbe pour obtenir $\mathscr{C}$ sur $[-\pi; +\pi]$.

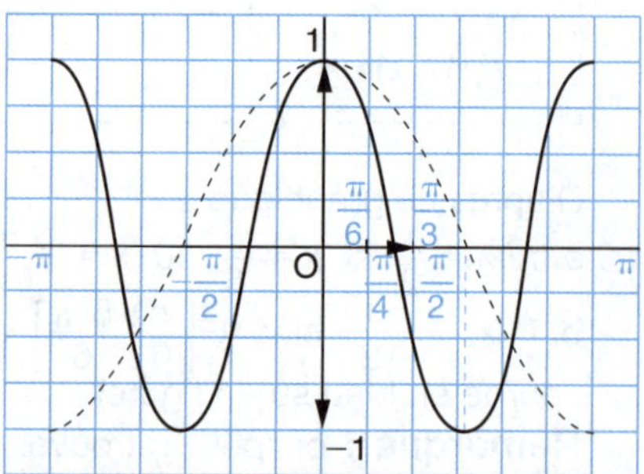

(en pointillés, représentation de $\cos x$)

FAIRE

7 A l'aide de la représentation graphique de $f(x) = \cos x$ sur $[0; 2\pi]$, résoudre :

a. l'équation : $\cos x = -\frac{1}{2}$ sur $[0; 2\pi]$.

b. l'inéquation : $\cos x \leqslant -\frac{1}{2}$ sur $[0; 2\pi]$.

8 Soit la fonction $g : x \mapsto g(x) = \sin \frac{x}{2}$.

Montrer que g est de période 4π.

Donner son tableau de variation et tracer une courbe représentative sur $[-2\pi; 2\pi]$.

Indications p. 172 pour les exercices comportant ce symbole.

1 Un cercle orienté est divisé en 8 arcs égaux :
Déterminer les mesures principales en radians des angles :

$(\widehat{\overrightarrow{OA}, \overrightarrow{OB}})$; $(\widehat{\overrightarrow{OA}, \overrightarrow{OG}})$; $(\widehat{\overrightarrow{OB}, \overrightarrow{OD}})$; $(\widehat{\overrightarrow{OH}, \overrightarrow{OE}})$.

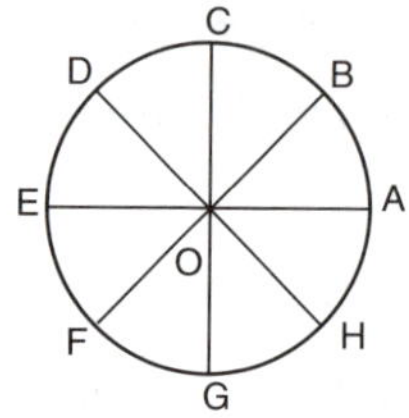

2 Simplifier l'expression :

$A(x) = \sin(x + 2\pi) + \sin(x + 3\pi) + \sin(x - \pi) + \cos\left(x + \frac{\pi}{2}\right)$.

Résoudre l'équation $A(x) = 0$ sur $]-\pi; +\pi]$.

3 A partir des représentations graphiques sur $[-\pi; 2\pi]$ de $f(x) = \sin x$ et $g(x) = \cos x$, construire les représentations graphiques des fonctions h, k et l définies par :

a. $h(x) = |\sin x|$
b. $k(x) = \cos x - 1$
c. $l(x) = 2 - \sin x$

4 Construire sur $[-3; +3]$, la fonction f telle que :
- pour $x \in [0; 1], f(x) = x$;
- f est paire ;
- f est périodique de période 2.

5 Sur le cercle trigonométrique de centre O, de diamètre [AA′], construire le point M tel qu'une mesure de $\overset{\frown}{AM}$ soit $\frac{\pi}{6}$ et soit C la projection orthogonale de M sur [AA′].

1. Quelle est la mesure de l'angle $(\widehat{\overrightarrow{OA}, \overrightarrow{OM}})$?
En déduire la mesure de l'angle $(\widehat{\overrightarrow{A'A}, \overrightarrow{A'M}})$

2. a. Quelle est la nature du triangle A′MA ?
En déduire que $\cos\frac{\pi}{12} = \frac{A'M}{2}$.

b. En considérant maintenant le triangle A′MC montrer que $\cos \frac{\pi}{12} = \frac{1 + \frac{\sqrt{3}}{2}}{A'M}$.

c. Déduire des deux questions précédentes la valeur de A'M puis celle de $\cos \frac{\pi}{12}$.

3. Calculer $\sin \frac{\pi}{12}$.

6 Étude de la fonction tangente : $\tan x = \frac{\sin x}{\cos x}$

a. Pour quelles valeurs de x cette fonction est-elle définie ?

b. Montrer qu'elle est impaire.

c. Montrer qu'elle est périodique de période π.

d. Soit $x \in [0; \frac{\pi}{2}[$. Sur le cercle trigonométrique de centre O, représenter le point M tel qu'une mesure de $\overset{\frown}{AM}$ soit x.

Construire le point T, intersection de la tangente en A au cercle et de la droite (OM). Montrer que AT = $\tan x$ et en déduire les variations de $\tan x$ sur $[0; \frac{\pi}{2}[$.

e. Compléter le tableau de valeurs suivant :

x	0	$\frac{\pi}{6}$	$\frac{\pi}{4}$	$\frac{\pi}{3}$
tan x				

Construire les points correspondants de la courbe $\mathscr{C}$ représentant $f(x) = \tan x$.

f. En utilisant le **b.** puis le **c.**, construire $\mathscr{C}$ sur $]-\frac{\pi}{2}; +\frac{\pi}{2}[$ puis sur $]\frac{\pi}{2}; \frac{3\pi}{2}[$.

10

ORTHOGONALITÉ DANS LE PLAN

POUR FAIRE LE POINT

Choisir la (ou les) bonne(s) réponse(s)

1. Le triangle ABC est rectangle en B. AB = 4 cm, BC = 3 cm et AC a pour mesure :

a. 7 cm ☐

b. 5 cm ☐

c. 6 cm ☐

2. Le triangle ABC est rectangle en B. AB = 3 cm et $\widehat{ACB} = 30°$.

AC a pour mesure :

a. 5 cm ☐

b. 7 cm ☐

c. 6 cm ☐

3. ABC est un triangle quelconque. A' est le milieu de [BC], B' le milieu de [AC]. Les perpendiculaires à (BC) en A' et à (AC) en B' se coupent en O. Le point O est le centre :

a. du cercle inscrit dans le triangle ABC. ☐

b. du cercle passant par les points A, B et C. ☐

c. du parallélogramme ABCD. ☐

4. On se place dans un repère orthonormal, la norme d'un vecteur $\vec{v}$ est $\|\vec{v}\| = \sqrt{5}$.

$\vec{v}$ est le vecteur de coordonnées :

a. (1 ; 2) ☐

b. (– 1 ; 6) ☐

c. (– 2 ; 1) ☐

5. Le point A a pour coordonnées (2 ; 4), le point B a pour coordonnées (6 ; 2).

La distance AB est égale à :

a. 6 ☐

b. 2 ☐

c. $\sqrt{20}$ ☐

6. $\vec{u}$ est le vecteur de coordonnées (– 3 ; 5). Un vecteur $\vec{v}$ orthogonal à $\vec{u}$ a pour coordonnées :

a. (5 ; – 3) ☐

b. (5 ; 3) ☐

c. $\left(\frac{1}{3} ; \frac{1}{5}\right)$ ☐

7. $\mathscr{D}$ est la droite d'équation $y = \frac{1}{3}x + 5$. Une droite $\mathscr{D}'$ perpendiculaire à $\mathscr{D}$ a pour équation :

a. $y = -\frac{1}{3}x + \frac{1}{5}$ ☐

b. $y = -3x + 2$ ☐

c. $y = 3x - 5$ ☐

8. $\mathscr{D}$ est la droite d'équation $5x - 2y + 3 = 0$. Une droite $\mathscr{D}'$ perpendiculaire à $\mathscr{D}$ a pour équation :

a. $-2x - 5y + \sqrt{2} = 0$ ☐

b. $-5x + 2y - 5 = 0$ ☐

réponses p. 246

1 CALCULER DANS LE TRIANGLE

SAVOIR

Dans un triangle ABC rectangle en B, on a $AB^2 + BC^2 = AC^2$ (théorème de Pythagore) et réciproquement, tout triangle vérifiant cette propriété est rectangle en B.

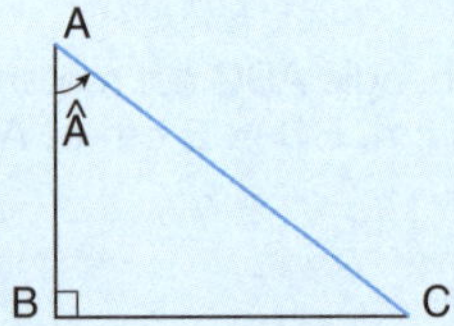

$$\cos \hat{A} = \frac{AB}{AC} \qquad \sin \hat{A} = \frac{BC}{AC} \qquad \tan \hat{A} = \frac{BC}{AB} = \frac{\sin \hat{A}}{\cos \hat{A}}$$

($\hat{A}$ désigne l'angle $\widehat{BAC}$ du triangle ABC)

$\sin^2 \hat{A} + \cos^2 \hat{A} = 1$ $\qquad$ $\hat{A} + \hat{C} = 90°$

Dans un triangle ABC quelconque : $\hat{A} + \hat{B} + \hat{C} = 180°$.

Droites remarquables

Droites	**Médianes**	**Hauteurs**	**Médiatrices**	**Bissectrices**
Définition	Droites qui joignent un sommet au milieu du côté opposé	Droites perpendiculaires à un côté passant par le sommet opposé	Droites perpendiculaires à un côté au milieu de ce côté	Droites qui partagent chaque angle du triangle en deux angles égaux
Point de concours	G centre de gravité	H orthocentre	O centre du cercle circonscrit	I centre du cercle inscrit

SAVOIR FAIRE

ABC est un triangle équilatéral de côté *a*. Calculer sa hauteur AH en fontion de *a* puis les valeurs des sinus, cosinus et tangente des angles de mesure 60° et 30°.

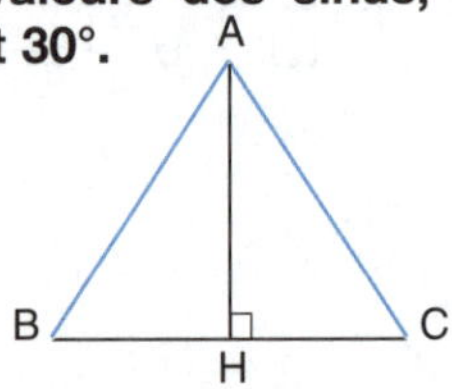

SOLUTION

On applique le théorème de Pythagore au triangle ABH rectangle en H :

$AB^2 = BH^2 + AH^2$

avec $AB = a$ et $BH = \frac{BC}{2} = \frac{a}{2}$.

Donc $AH^2 = AB^2 - BH^2$.

$AH^2 = a^2 - \left(\frac{a}{2}\right)^2 = a^2 - \frac{a^2}{4} = \frac{3a^2}{4}$.

D'où $AH = \frac{a\sqrt{3}}{2}$.

L'angle $\hat{B}$ du triangle ABC mesure 60°,

$$\text{donc } \cos 60° = \frac{BH}{AB} = \frac{\frac{a}{2}}{a} = \frac{1}{2}$$

$$\sin 60° = \frac{AH}{AB} = \frac{\frac{a\sqrt{3}}{2}}{a} = \frac{\sqrt{3}}{2}$$

$$\tan 60° = \frac{\sin 60°}{\cos 60°} = \frac{\frac{\sqrt{3}}{2}}{\frac{1}{2}} = \sqrt{3}$$ (on peut aussi calculer $\frac{AH}{BH}$).

L'angle $\widehat{BAH}$ du triangle ABH mesure 60° : 2 = 30° car la hauteur (AH) est aussi la bissectrice de l'angle $\hat{A}$ du triangle équilatéral ABC.

$$\text{Donc } \cos 30° = \frac{AH}{AB} = \frac{\frac{a\sqrt{3}}{2}}{a} = \frac{\sqrt{3}}{2}$$

$$\sin 30° = \frac{BH}{AB} = \frac{\frac{a}{2}}{a} = \frac{1}{2}$$

$$\tan 30° = \frac{\sin 30°}{\cos 30°} = \frac{\frac{1}{2}}{\frac{\sqrt{3}}{2}} = \frac{1}{\sqrt{3}} = \frac{\sqrt{3}}{3}$$

Remarque : on a $\cos 30° = \sin 60°$ et $\sin 30° = \cos 60°$.

On peut retrouver ces résultats en utilisant les touches sin, cos et tan de la calculatrice (mise en mode degrés), mais on obtiendra pour $\sqrt{3}$ et $\frac{\sqrt{3}}{2}$ des valeurs approchées.

FAIRE

1 ABC est un triangle rectangle isocèle en A tel que AB = AC = *a*. Calculer BC et les valeurs exactes de cos 45°, sin 45°.

2 Dans un triangle ABC rectangle en B, on sait que $\cos \hat{A} = 0{,}8$.

a. Déterminer $\sin \hat{A}$ et $\tan \hat{A}$.

b. Si AB = 4 cm, déterminer AC et BC.

2 DÉTERMINER LA NORME D'UN VECTEUR, UNE DISTANCE

SAVOIR

On se place dans un repère orthonormal $(O ; \vec{i}, \vec{j})$ ($\vec{i}$ et $\vec{j}$ sont unitaires et orthogonaux).

La **norme** ou «longueur» **d'un vecteur** $\vec{v}$ de coordonnées $(a ; b)$ est le réel positif :

$$\|\vec{v}\| = \sqrt{a^2 + b^2}.$$

Si $\vec{u} = k\vec{v}$, k réel, alors $\|\vec{u}\| = |k| \, \|\vec{v}\|$.

La **distance** de deux points A et B de coordonnées $(x_A ; y_A)$ et $(x_B ; y_B)$ est la norme du vecteur $\overrightarrow{AB}$:

$$AB = \|\overrightarrow{AB}\| = \sqrt{(x_B - x_A)^2 + (y_B - y_A)^2}.$$

SAVOIR FAIRE

Dans un repère orthonormal, on donne trois points A (−1 ; 2), B (−4 ; −3) et C (4 ; −1).
Calculer les longueurs AB, AC et BC.
Quelle est la nature du triangle ABC ?

SOLUTION

On calcule les coordonnées des vecteurs $\overrightarrow{AB}$, $\overrightarrow{AC}$ et $\overrightarrow{BC}$, puis les normes :

$\overrightarrow{AB}(-4 - (-1) ; -3 - 2)$ soit $\overrightarrow{AB}(-3 ; -5)$

$AB = \|\overrightarrow{AB}\| = \sqrt{(-3)^2 + (-5)^2} = \sqrt{34} \approx 5,8.$

$\overrightarrow{AC}(4 - (-1) ; -1 - 2)$ soit $\overrightarrow{AC}(5 ; -3)$

$AC = \|\overrightarrow{AC}\| = \sqrt{5^2 + (-3)^2} = \sqrt{34} \approx 5,8.$

$\overrightarrow{BC}(4 - (-4) ; -1 - (-3))$ soit $\overrightarrow{BC}(8 ; 2)$

$BC = \|\overrightarrow{BC}\| = \sqrt{8^2 + 2^2} = \sqrt{68} \approx 8,2.$

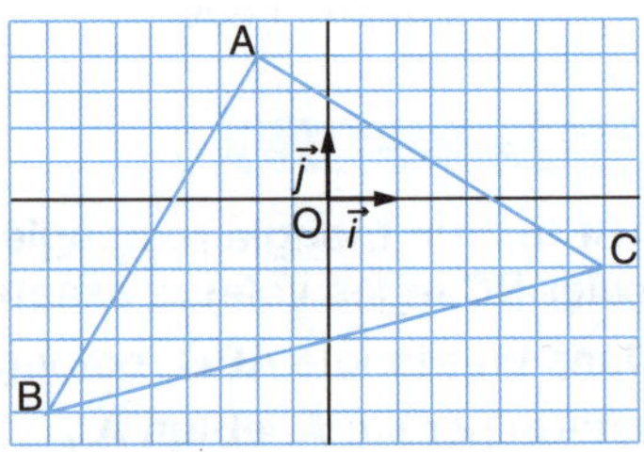

On trouve AB = AC, le triangle ABC est donc isocèle en A.
Par ailleurs $BC^2 = 68$
et $AB^2 + AC^2 = 34 + 34 = 68$
donc $BC^2 = AB^2 + AC^2$.
D'après la réciproque du théorème de Pythagore, ABC est un triangle rectangle en A.
ABC est donc un triangle rectangle isocèle en A.

FAIRE

3 Calculer les normes des vecteurs suivants, donnés dans un repère orthonormal :
$\vec{u}_1(4\,;-3)$; $\vec{u}_2(\sqrt{3}\,;-\sqrt{6})$; $\vec{u}_3(\cos 70°\,;\sin 70°)$;
$\vec{u}_4 = -3\vec{u}_3$; $\vec{u}_5(0\,;5)$.

4 Quelle est la particularité du triangle ABC où :
$A(4\,;-5)$; $B(-4\,;3)$; $C(4\sqrt{3}\,;4\sqrt{3}-1)$?

3 DÉMONTRER L'ORTHOGONALITÉ

SAVOIR

Dans un repère orthonormal, deux vecteurs $\vec{u}(a\,;b)$ et $\vec{v}(a'\,;b')$ sont **orthogonaux** si et seulement si : $\boldsymbol{aa' + bb' = 0}$.

Les droites $\mathcal{D}$ et $\mathcal{D}'$ d'équations $\mathcal{D}$: $ax + by + c = 0$ et $\mathcal{D}'$: $a'x + b'y + c' = 0$ sont **perpendiculaires** si et seulement si leurs **vecteurs directeurs $\vec{u}(-b\,;a)$ et $\vec{v}(-b'\,;a')$ sont orthogonaux**, c'est-à-dire si et seulement si :

$$\boldsymbol{aa' + bb' = 0.}$$

Si $\mathcal{D}$ et $\mathcal{D}'$ sont données par leurs **équations réduites : $y = mx + p$** et **$y = m'x + p'$**, alors les droites $\mathcal{D}$ et $\mathcal{D}'$ sont perpendiculaires équivaut à **$mm' = -1$**.

SAVOIR FAIRE

Parmi les droites suivantes, déterminer les droites perpendiculaires :
$\mathcal{D}_1 : 2x - 5y + 1 = 0$ $\quad$ $\mathcal{D}_2 : \frac{5}{2}x + y - 3 = 0$ $\quad$ $\mathcal{D}_3 : x - \frac{5}{2}y + 4 = 0$

SOLUTION

1re méthode :

On détermine les vecteurs directeurs de chaque droite :

$\vec{v}_1(5\,;2)$ $\quad$ $\vec{v}_2\left(-1\,;\frac{5}{2}\right)$ $\quad$ $\vec{v}_3\left(\frac{5}{2}\,;1\right)$

Puis on calcule $aa' + bb'$ avec les coordonnées de $\vec{v}_1$ et $\vec{v}_2$

$aa' + bb' = 5 \times (-1) + 2 \times \frac{5}{2}$
$aa' + bb' = -5 + 5 = 0.$

Donc $\vec{v}_1$ et $\vec{v}_2$ sont orthogonaux. $\mathcal{D}_1$ et $\mathcal{D}_2$ sont perpendiculaires.

Pour $\vec{v_1}$ et $\vec{v_3}$, $aa' + bb' = 5 \times \frac{5}{2} + 2 \times 1$ donc $aa' + bb' \neq 0$.
$\vec{v_1}$ et $\vec{v_3}$ ne sont pas orthogonaux. $\mathcal{D}_1$ et $\mathcal{D}_3$ ne sont pas perpendiculaires.
Pour $\vec{v_2}$ et $\vec{v_3}$, $aa' + bb' = (-1) \times \frac{5}{2} + \frac{5}{2} \times 1 = 0$.

$\vec{v_2}$ et $\vec{v_3}$ sont orthogonaux. $\mathcal{D}_2$ et $\mathcal{D}_3$ sont perpendiculaires.
Donc $\mathcal{D}_2$ est perpendiculaire à $\mathcal{D}_1$ et à $\mathcal{D}_3$ (qui sont alors parallèles).
Remarque : on aurait pu aussi démontrer que :

$\mathcal{D}_1$ est perpendiculaire à $\mathcal{D}_2$

$\mathcal{D}_1$ et $\mathcal{D}_3$ sont parallèles car leurs vecteurs directeurs sont colinéaires ($\vec{v_1} = 2\,\vec{v_3}$).
On aurait conclu que $\mathcal{D}_2$ est perpendiculaire à $\mathcal{D}_3$.

2e méthode :
On détermine les équations réduites des trois droites :

$\mathcal{D}_1 : y = \frac{2}{5}x + \frac{1}{5}$

$\mathcal{D}_2 : y = -\frac{5}{2}x + 3$

$\mathcal{D}_3 : y = \frac{2}{5}x + \frac{8}{5}$

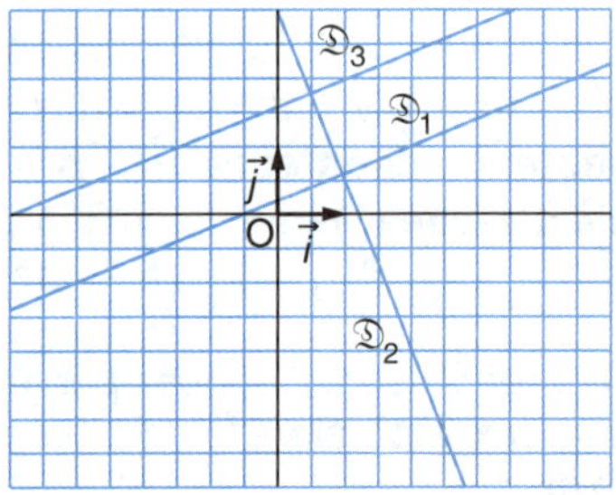

Pour $\mathcal{D}_1$ et $\mathcal{D}_2$, $\frac{2}{5} \times \left(-\frac{5}{2}\right) = -1$ donc le produit de leurs coefficients directeurs mm' est égal à -1 et $\mathcal{D}_1$ et $\mathcal{D}_2$ sont perpendiculaires.

$\mathcal{D}_1$ et $\mathcal{D}_3$ ont mêmes coefficients directeurs donc elles sont parallèles.

Soit la droite $\mathcal{D}$ d'équation : $4x - 5y - 20 = 0$.
Construire la droite $\mathcal{D}'$ perpendiculaire à $\mathcal{D}$ et passant par A(2 ; 1).

SOLUTION

On détermine un vecteur directeur de $\mathcal{D}$, $\vec{v}(5 ; 4)$.

Pour tout point M(x ; y) appartenant à $\mathcal{D}'$, $\overrightarrow{AM}$ est orthogonal à $\vec{v}$.

$\overrightarrow{AM}(x - 2 ; y - 1)$

donc $5(x - 2) + 4(y - 1) = 0$

$5x + 4y - 14 = 0$ est une équation de $\mathcal{D}'$.

On la construit à l'aide des points $\left(0 ; \frac{7}{2}\right)$ et (2 ; 1).

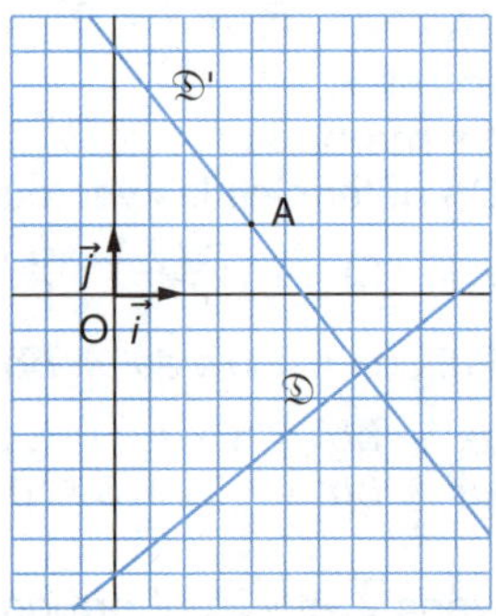

FAIRE

5 **Parmi les droites suivantes déterminer les droites perpendiculaires :**

$\mathfrak{D}_1 : 5x + 4y - 15 = 0$ $\mathfrak{D}_2 : 3x - 7y + 2 = 0$

$\mathfrak{D}_3 : 7x + 3y = -11$ $\mathfrak{D}_4 : y = \frac{4}{5}x - 5$

6 **Soient les points A, B et C tels que :**

A(– 5 ; 2) B(0,5 ; 1,5) C(0 ; – 4)

Déterminer l'équation de la hauteur issue de B du triangle ABC.

Indications p. 172 pour les exercices comportant ce symbole.

1 Un triangle ABC a pour mesures des côtés AB = AC = 5 cm et BC = 6 cm. Trouver le rayon du cercle circonscrit à ce triangle.

2 ABCD est un carré, I est le milieu de [AB], J est le milieu de [BC]. Montrer que les droites (AJ) et (DI) sont perpendiculaires.

3 On donne les points A(2 ; 3) ; B(−2 ; 5) et C(−3 ; y_c). Déterminer les coordonnées des points C et D pour que ABCD soit un rectangle.

4 On donne deux rectangles identiques de côtés *a* et *b* réels positifs ayant un sommet A commun.

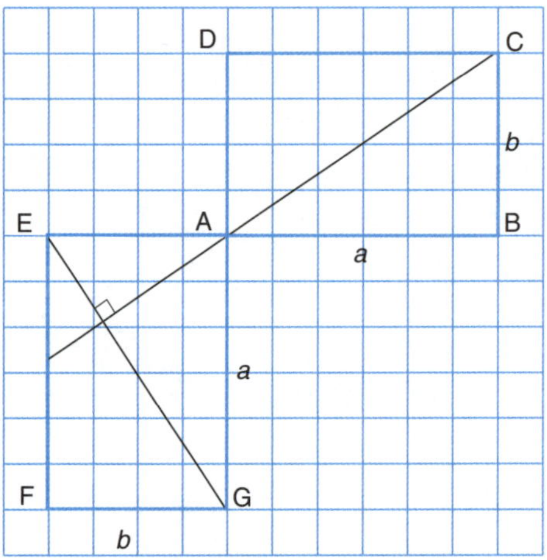

Montrer que les diagonales (AC) et (EG) sont perpendiculaires.

5 On donne dans un repère les points suivants : A(6 ; 3), B(− 2 ; 5) et C(− 2 ; − 4).
a. Déterminer les coordonnées de Ω, centre du cercle circonscrit au triangle ABC et H, orthocentre de ABC.

b. Vérifier que G$\left(\frac{2}{3} ; \frac{4}{3}\right)$ est le centre de gravité de ABC.

Montrer que Ω, G et H sont alignés (cette droite s'appelle la droite d'Euler).

6 Équation d'un cercle

Soient I(– 2 ; 0), A(0 ; 2) et B(– 4 ; 2).

a. Calculer IA et IB.

b. Pour tout M $(x\ ;\ y)$ appartenant au cercle $\mathscr{C}$ de centre I et de rayon IA, calculer IM^2.

En déduire qu'une équation de $\mathscr{C}$ est $x^2 + y^2 + 4x - 4 = 0$.

c. Quel est l'ensemble des points M$(x\ ;\ y)$ tels que $x^2 + y^2 - 2y = 0$? Le tracer.

7 Distance d'un point à une droite

Soient la droite $\mathfrak{D}$ d'équation $3x + 2y - 8 = 0$ et le point A(5 ; 3). La distance du point A à la droite $\mathfrak{D}$ est d = AH où H est le projeté orthogonal de A sur $\mathfrak{D}$.

Déterminer une équation de la droite $\mathfrak{D}$' passant par A et perpendiculaire à $\mathfrak{D}$. En déduire les coordonnées de H et enfin d.

11

ISOMÉTRIES

POUR FAIRE LE POINT

Choisir la (ou les) bonne(s) réponse(s)

1. Soient $\mathcal{D}$ et Δ deux droites perpendiculaires.

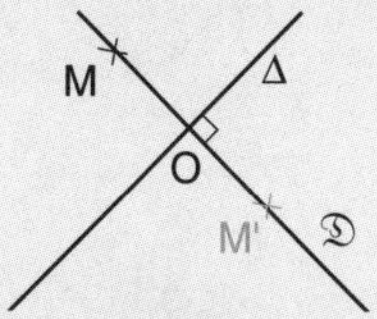

Le point M′ est l'image du point M par :

a. une symétrie de centre O ☐

b. une réflexion d'axe Δ ☐

c. une réflexion d'axe $\mathcal{D}$ ☐

d. une rotation de centre O et d'angle $\frac{\pi}{2}$ ☐

2.

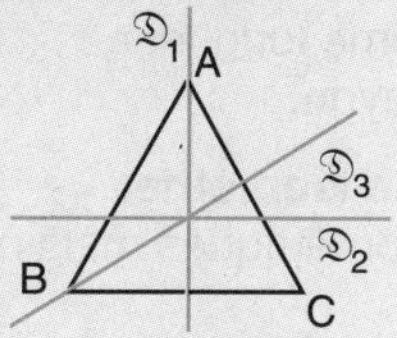

Le triangle équilatéral ABC admet pour axe de symétrie :

a. $\mathcal{D}_1$ ☐

b. $\mathcal{D}_2$ ☐

c. $\mathcal{D}_3$ ☐

3. Soit ABCD un parallèlogramme.

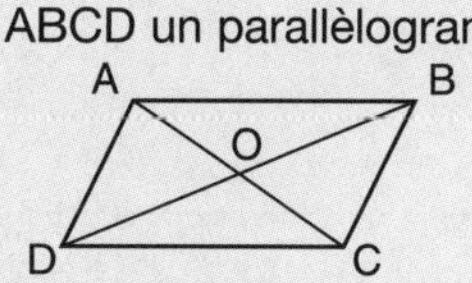

Par la symétrie de centre O, le triangle OBC a pour image le triangle :

a. OAB ☐

b. OAD ☐

c. ODC ☐

4. La figure suivante admet O pour centre de symétrie :

a.

b.

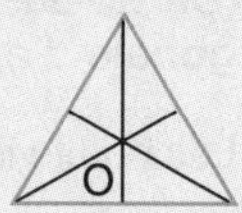

c.

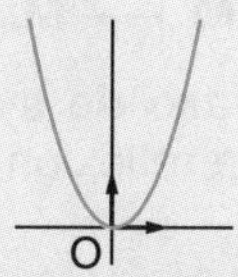

d.

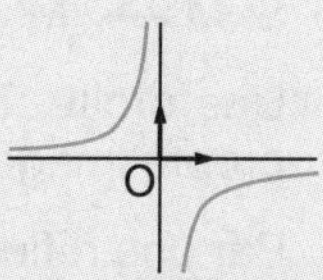

5. Par une translation, le point A a pour image le point B et le point C a pour image le point D, alors :

a. AB = BD ☐

b. AC = BD ☐

c. AB = CD ☐

d. AD = BC ☐

6.

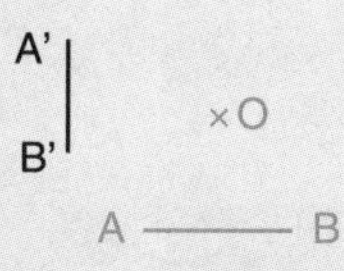

Si la rotation de centre O et d'angle θ transforme le segment [AB] en le segment [A′B′], alors θ vaut :

a. π ☐

b. $\frac{\pi}{4}$ ☐

c. $\frac{\pi}{2}$ ☐

réponses p. 250

RÉVISER

1 UTILISER LA RÉFLEXION

SAVOIR

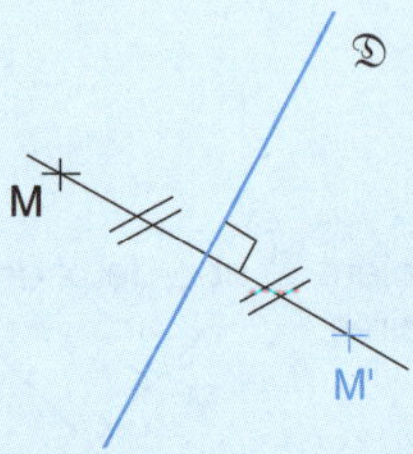

Un point M′ est l'image d'un point M par la **réflexion** d'axe 𝔇 si 𝔇 est la médiatrice du segment [MM′].

$$\mathbf{M} \overset{S_{\mathfrak{D}}}{\longmapsto} \mathbf{M'} \quad \text{ou} \quad \mathbf{S_{\mathfrak{D}}\ (M) = M'}$$

(On dit aussi que $S_{\mathfrak{D}}$ est une **symétrie orthogonale** d'axe 𝔇).

Les points **invariants** de $S_{\mathfrak{D}}$ sont les points de 𝔇.

Si $\mathbf{M} \overset{S_{\mathfrak{D}}}{\longmapsto} \mathbf{M'}$ alors $\mathbf{M'} \overset{S_{\mathfrak{D}}}{\longmapsto} \mathbf{M}$.

Une droite 𝔇 est **axe de symétrie** d'une figure si cette figure est sa propre image par la réflexion d'axe 𝔇.

Par une réflexion :
- l'image d'une **droite** est une droite.
- l'image d'un **segment** est un segment de même longueur.
- l'image d'un **cercle** est un cercle de même rayon.

Une réflexion conserve les distances : c'est une **isométrie.**
Elle conserve aussi les mesures des angles géométriques mais non leur orientation.

SAVOIR FAIRE

Construire avec seulement une règle le point B′ image du point B par la réflexion d'axe 𝔇.

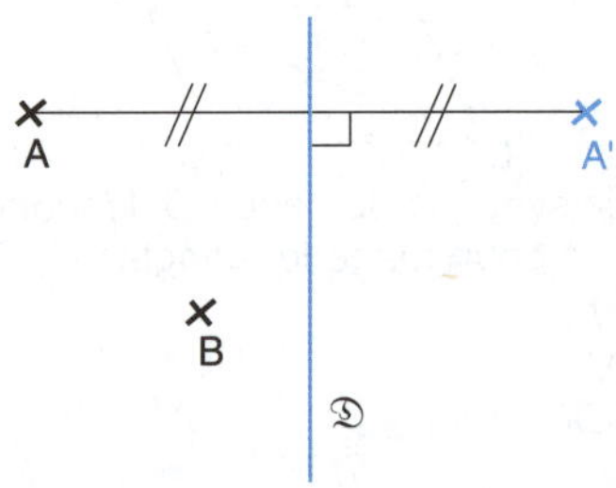

Remarque : avec seulement la règle, on ne peut que tracer des droites passant par deux points donnés.

SOLUTION

On appelle $\mathcal{D}_1$ la droite (AB). Elle coupe $\mathcal{D}$ en I.

On sait que : $A \overset{S_{\mathcal{D}}}{\longmapsto} A'$

$I \overset{S_{\mathcal{D}}}{\longmapsto} I$

Donc l'image de $\mathcal{D}_1$ est la droite $\mathcal{D}'_1$ passant par A′ et I. On la trace.
On appelle $\mathcal{D}_2$ la droite (A′B). Elle coupe $\mathcal{D}$ en J.

On sait que : $A' \overset{S_{\mathcal{D}}}{\longmapsto} A$

$J \overset{S_{\mathcal{D}}}{\longmapsto} J$

Donc $\mathcal{D}_2$ a pour image $\mathcal{D}'_2$ passant par A et J. On la trace.

$\mathcal{D}_1$ et $\mathcal{D}_2$ se coupent en B.

L'image de B appartient donc aux images de $\mathcal{D}_1$ et $\mathcal{D}_2$: B′ est donc le point d'intersection de $\mathcal{D}'_1$ et $\mathcal{D}'_2$.

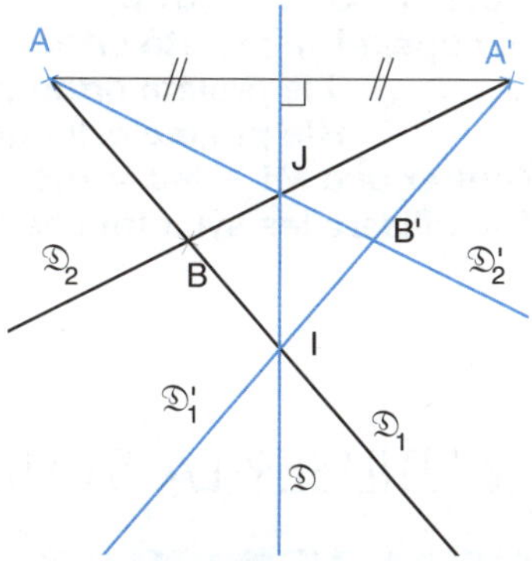

Soit $\mathcal{D}$ une droite et A et B deux points n'appartenant pas à $\mathcal{D}$.
Déterminer le point M de $\mathcal{D}$ pour lequel le trajet AM + MB est minimal.

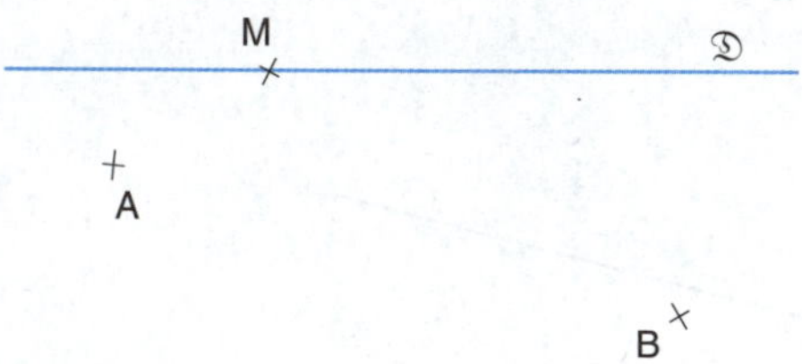

SOLUTION

Soit B′ le symétrique de B par rapport à $\mathcal{D}$.

$\mathcal{D}$ est donc la médiatrice de [BB′] et pour tout point M de $\mathcal{D}$, MB = MB′.

Donc AM + MB = AM + MB′.

Or AM + MB′ est minimal si les trois points A, M, B′, sont alignés.

Donc le trajet AM + MB est également minimal pour ce point M.

Remarque : c'est une «trajectoire de billard» où les angles d'incidence $\hat{u}$ et de réflexion $\hat{r}$ sont égaux.

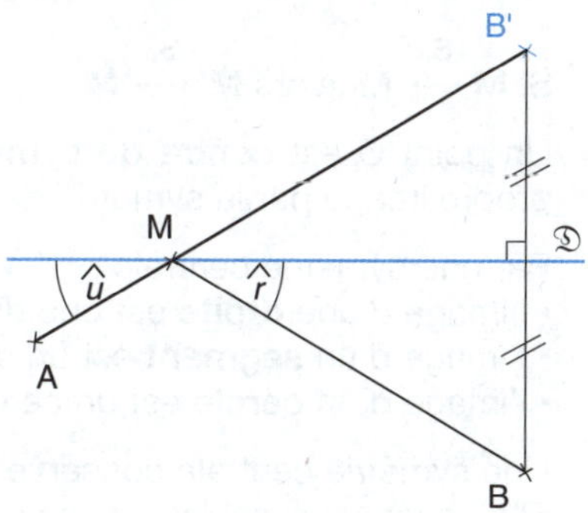

FAIRE

1 **ABC est un triangle isocèle, tel que AB = AC, de hauteur AH.**
On construit extérieurement au triangle le carré ABDE.
a. Construire l'image ACFG du carré ABDE par la réflexion d'axe (AH).
b. Que peut-on dire des droites (DF) et (EG) ? des droites (EF) et (DG) ?

2 **Soit un triangle isocèle ABC où AB = AC ;**
M est un point de [BC].
On appelle I le projeté orthogonal de M sur (AC).
J le projeté orthogonal de M sur (AB).
H le projeté orthogonal de B sur (AC).
Montrer que MI + MJ = BH.
(On utilisera les symétriques A′ et J′ de A et J par rapport à (BC)).

2 UTILISER LA SYMÉTRIE CENTRALE

SAVOIR

Un point M′ est l'image d'un point M par la **symétrie de centre O** si O est le milieu de [MM′].

$$\mathbf{M} \overset{S_O}{\longmapsto} \mathbf{M'} \text{ ou } \mathbf{M' = S_O(M)}$$

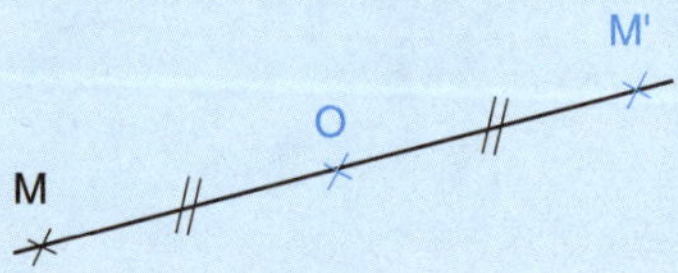

Le seul **point invariant** par S_O est le point O.

Si $\mathbf{M} \overset{S_O}{\longmapsto} \mathbf{M'}$ alors $\mathbf{M'} \overset{S_O}{\longmapsto} \mathbf{M}$.

Un point O est **centre de symétrie** d'une figure si cette figure est sa propre image par la symétrie de centre O.

Par une symétrie centrale :
- l'image d'une **droite** est une droite parallèle ;
- l'image d'un **segment** est un segment de même longueur ;
- l'image d'un **cercle** est un cercle de même rayon.

Une symétrie centrale conserve les distances : c'est une **isométrie**. Elle conserve aussi les angles orientés.

SAVOIR FAIRE

ABCD est un parallélogramme de centre O, M est un point de [AB]. La droite (OM) coupe [DC] en N. Que peut-on dire du quadrilatère MBND?

SOLUTION

O est le milieu de [AC] et [BD], alors par la symétrie de centre O :

A $\longmapsto$ C

B $\longmapsto$ D

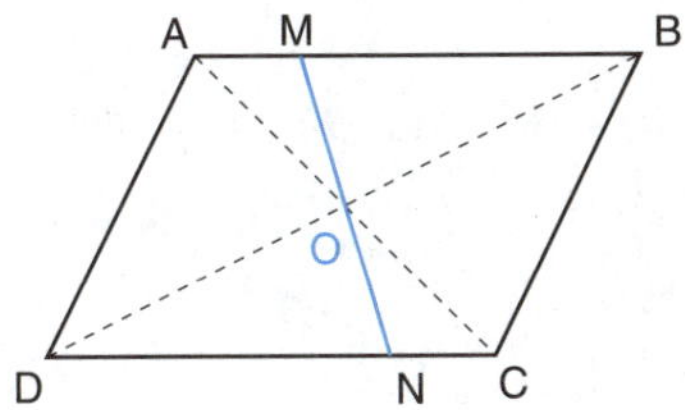

Donc le segment [AB] a pour image le segment [CD] et le point M de [AB] a pour image un point de [CD] qui doit être aligné avec O et M : c'est donc le point N.

O est alors le milieu de [MN] et comme O est aussi le milieu de [BD], MBND est un parallélogramme de centre O.

$\mathscr{C}$ est un cercle, M est un point de $\mathscr{C}$, A et B sont deux points du plan n'appartenant pas à $\mathscr{C}$.
Construire le point P tel que AMBP soit un parallélogramme et déterminer l'ensemble des points P quand M décrit le cercle $\mathscr{C}$.

SOLUTION

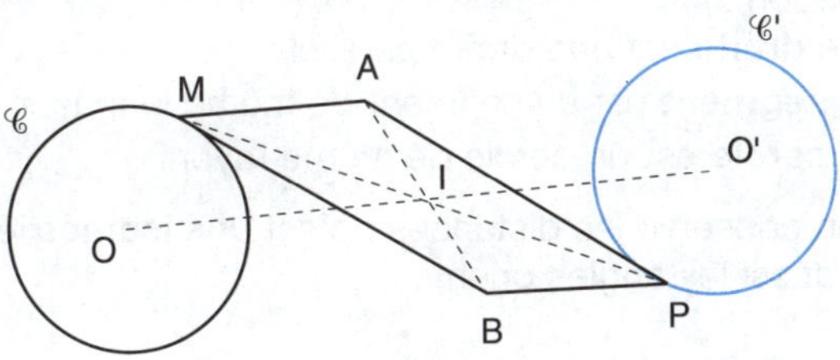

Analyse de la figure : si AMBP est un parallélogramme, P est l'image de M dans la symétrie de centre I, I milieu de [AB].

Quand M décrit $\mathscr{C}$, P décrit donc le cercle $\mathscr{C}'$ symétrique de $\mathscr{C}$ par rapport à I.

FAIRE

3 **$\mathscr{C}$ et $\mathscr{C}'$ sont deux cercles de centre O et O′ tangents en I, milieu de [OO′]. Deux droites $\mathscr{D}$ et Δ, sécantes en I, coupent $\mathscr{C}$ en A et B d'une part et coupent $\mathscr{C}'$ en A′ et B′ d'autre part.**
a. Montrer que ABA′B′ est un parallélogramme.
b. A quelles conditions sur $\mathscr{D}$ et Δ a-t-on un rectangle ? un losange ? un carré ?

4 **Montrer qu'un parallélogramme inscrit dans un cercle est un rectangle.**

3 UTILISER LA TRANSLATION

SAVOIR

Le point M′ est l'image du point M par la **translation** de vecteur $\vec{u}$ si $\overrightarrow{MM'} = \vec{u}$.

$$\mathbf{M} \overset{t_{\vec{u}}}{\longmapsto} \mathbf{M'} \quad \text{ou} \quad \mathbf{M'} = t_{\vec{u}}\,(\mathbf{M})$$

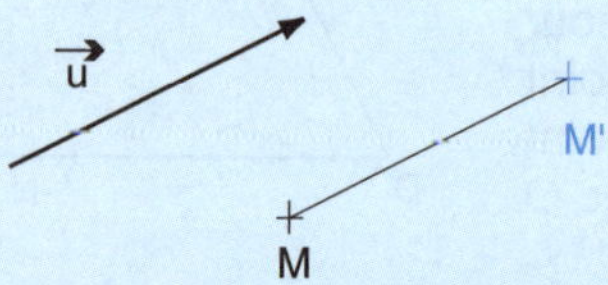

Si $\vec{u} \neq \vec{0}$, la translation $t_{\vec{u}}$ n'a pas de point invariant.
Si $\vec{u} = \vec{0}$, tous les points du plan sont invariants : $t_{\vec{0}}$ est l'identité du plan.

$$\text{Si } \mathbf{M} \overset{t_{\vec{u}}}{\longmapsto} \mathbf{M'} \text{ alors } \mathbf{M'} \overset{t_{-\vec{u}}}{\longmapsto} \mathbf{M}.$$

Par une translation :
- l'image d'une **droite** est une droite parallèle ;
- l'image d'un **segment** est un segment de même longueur ;
- l'image d'un **cercle** est un cercle de même rayon.

Une translation conserve les distances : c'est une **isométrie**.
Elle conserve aussi les angles orientés.

SAVOIR FAIRE

ABC est un triangle quelconque, O le centre du cercle circonscrit à ABC et H le pied de la hauteur issue de A.
Par la translation *t* de vecteur $\overrightarrow{AH}$, B a pour image D, C a pour image E et O a pour image I.
Montrer que I est le centre du cercle circonsrit au triangle HDE.

SOLUTION

1re méthode

Par la translation *t* de vecteur $\overrightarrow{AH}$, le cercle $\mathscr{C}$ circonscrit au triangle ABC a pour image un cercle $\mathscr{C}'$.
Le centre de $\mathscr{C}'$ est l'image de O par *t* c'est-à-dire I.
Donc les points H, D, E, images de A, B, C par *t* appartiennent à $\mathscr{C}'$ et I est alors le centre du cercle passant par H, D, E.

2e méthode

t est une isométrie, c'est-à-dire une transformation qui conserve les distances :
on a OA = OB = OC
et t(A) = H, t(B) = D, t(C) = E, t(O) = I
donc IH = ID = IE.
Les points H, D, E sont alors à égale distance du point I.
H, D, E appartiennent bien à un même cercle de centre I.

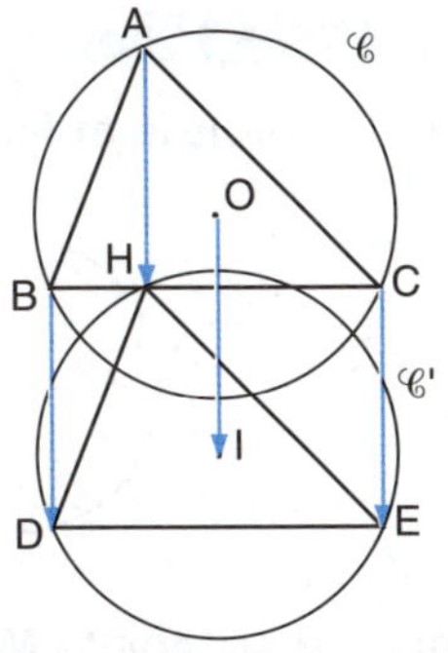

Soient un cercle 𝒞, une droite 𝒟 ne coupant pas 𝒞 et deux points A et B n'appartenant ni à 𝒞, ni à 𝒟.

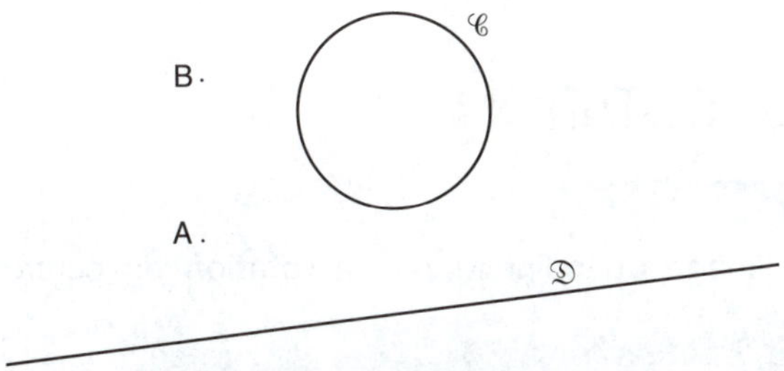

Déterminer un point M sur 𝒟 et un point P sur 𝒞 tels que le quadrilatère ABPM soit un parallélogramme.

SOLUTION

Si ABPM est un parallélogramme $\overrightarrow{AB} = \overrightarrow{MP}$.
P est donc l'image de M par la translation t de vecteur $\overrightarrow{AB}$.
On construit la droite 𝒟′ image de 𝒟 par t.
𝒟′ coupe 𝒞 en deux points P et P'. Ces points sont les images de deux points de 𝒟 : M et M'.
ABPM et ABP′M′ sont les deux parallélogrammes répondant à la question.

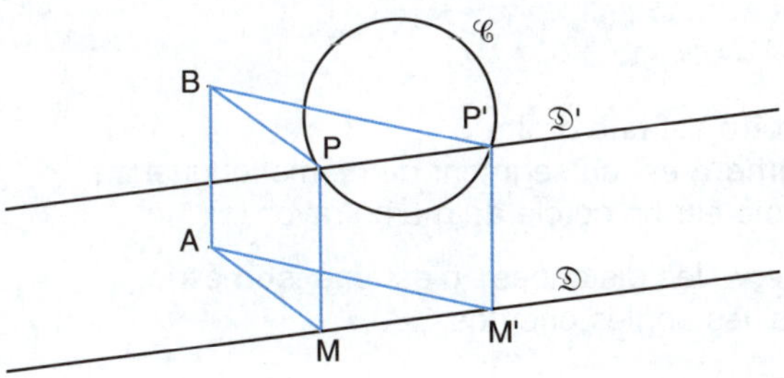

FAIRE

5 Soient le cercle $\mathscr{C}$ et les deux points A et B indiqués sur la figure ci-contre.

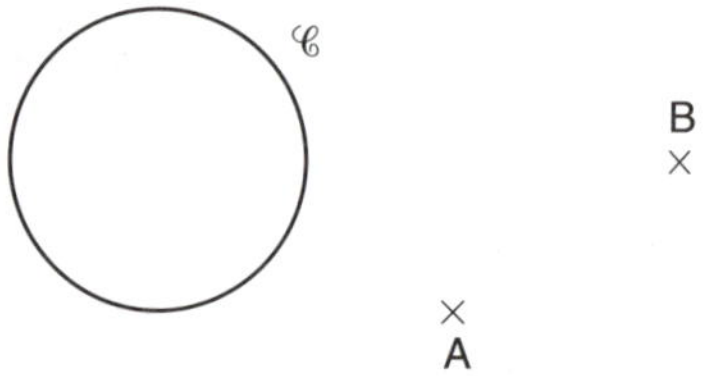

Déterminer deux points M et P du cercle $\mathscr{C}$ tels que $\overrightarrow{MP} = \overrightarrow{AB}$.

6 Soit la figure de l'exercice 5.
Si M est un point du cercle $\mathscr{C}$, construire le point P tel que AMPB soit un parallélogramme.
Quel est l'ensemble des points P quand M décrit le cercle $\mathscr{C}$?

4 UTILISER LA ROTATION

SAVOIR

Le point M′ est l'image du point M par la **rotation** de centre I et d'angle θ si

$IM = IM'$ et $(\overrightarrow{IM}\,;\,\overrightarrow{IM'}) = \theta$ pour M non confondu avec I.

L'image de I est I.

$$\mathbf{M \overset{r(I,\,\theta)}{\longmapsto} M'} \quad \text{ou} \quad \mathbf{M' = r(M)}$$

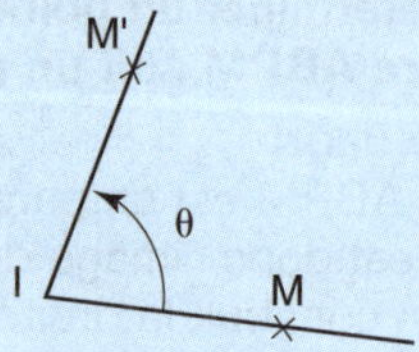

Si $\theta \neq 0$, le point I est le seul point invariant.
Si $\theta = 0$, tout point est invariant : r est l'identité du plan.

Si $\mathbf{M \overset{r}{\longmapsto} M'}$ alors $\mathbf{M' \overset{r^{-1}}{\longmapsto} M}$ où r^{-1} est la rotation de centre I et d'angle $(-\theta)$.

Par une rotation :
- l'image d'une **droite** est une droite ;
- l'image d'un **segment** est un segment de même longueur ;
- l'image d'un **cercle** est un cercle de même rayon.

Une rotation conserve les distances : c'est une **isométrie**.
Elle conserve aussi les angles orientés.

SAVOIR FAIRE

Soit ABCD un carré de centre O tel que $(\widehat{\overrightarrow{AB}\,;\overrightarrow{AD}}) = \frac{\pi}{2}$.
Déterminer l'image de B par la rotation *r* de centre O, d'angle $\frac{\pi}{2}$.
Quelle est l'image du carré ABCD par *r* ?

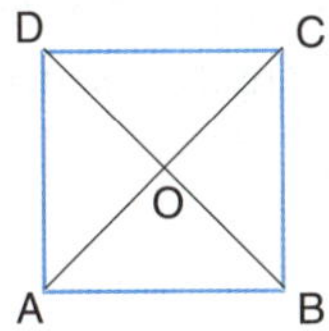

SOLUTION

O étant le centre du carré ABCD,

on a OB = OC et $(\widehat{\overrightarrow{OB}\,;\overrightarrow{OC}}) = \frac{\pi}{2}$.
Donc l'image de B par *r* est C.
De même A a pour image B, C a pour image D et D a pour image A.
Le carré ABCD a donc pour image lui-même. On dit qu'il est globalement invariant par *r*.

On donne quatre points A, B, A′, B′. La droite (AB) n'est pas parallèle à la droite (A′B′) et AB = A′B′. Déterminer le centre de la rotation *r* telle que *r*(A) = A′ et *r*(B) = B′.

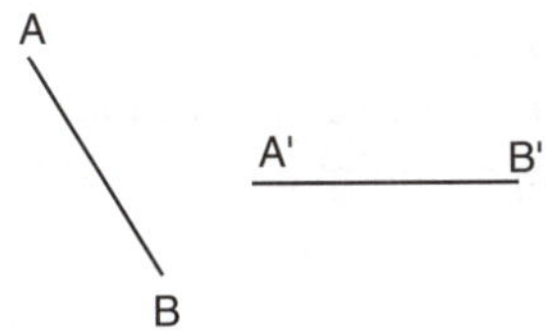

SOLUTION

Si I est le centre de cette rotation, on doit avoir IA = IA′ et IB = IB′.
I se trouve donc sur la médiatrice de [AA′] et sur la médiatrice de [BB′]. Ces deux droites ne sont pas parallèles. I est leur point d'intersection.

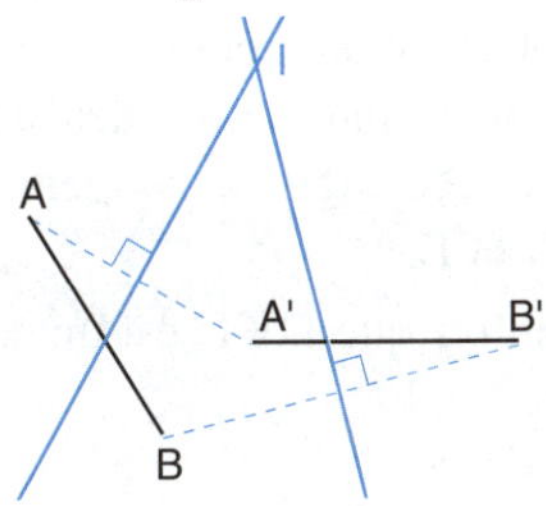

FAIRE

7 [AB] est un segment de milieu O.
a. Construire le point C, image du point B par la rotation *r* de centre O, d'angle $\frac{\pi}{2}$.
b. Déterminer l'image de C par *r*.
c. Quelle est la nature du triangle ABC ?

8 Soient $\mathscr{C}$ un cercle, $\mathfrak{D}$ une droite extérieure à $\mathscr{C}$ et A un point n'appartenant ni à $\mathscr{C}$ ni à $\mathfrak{D}$.
Construire un triangle équilatéral ABC tel que le point B soit sur la droite $\mathfrak{D}$ et le point C sur le cercle $\mathscr{C}$.

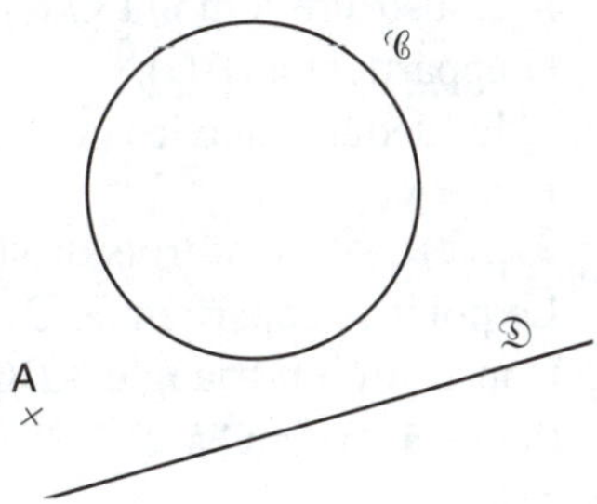

S'ENTRAÎNER

Indications pp. 172 et 173 pour les exercices comportant ce symbole.

1 Déterminer les axes de symétrie de cette figure formée par deux droites $\mathcal{D}_1$ et $\mathcal{D}_2$ sécantes en I.

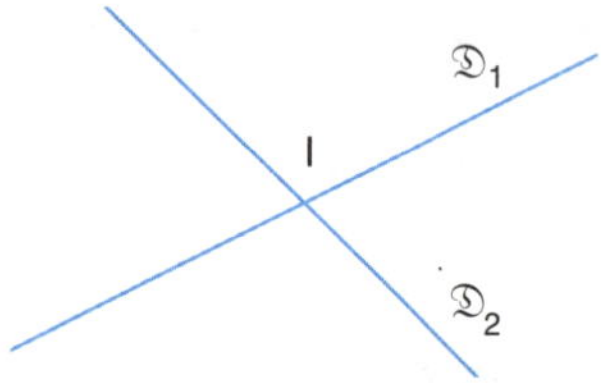

2 On veut se rendre de A à B en traversant la rivière sur un pont MP perpendiculaire à la direction de la rivière.
Où placer ce pont pour avoir un trajet minimal de A à B ?

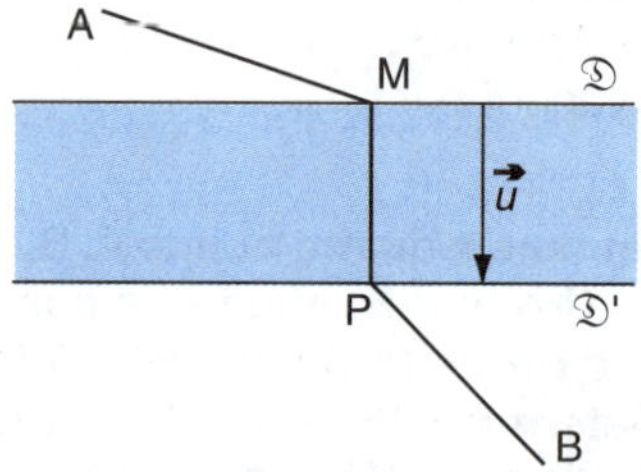

3 ABCD est un rectangle. Les bissectrices intérieures des angles de ce rectangle se coupent en I, J, K et L.

Montrer que IJKL est un carré.

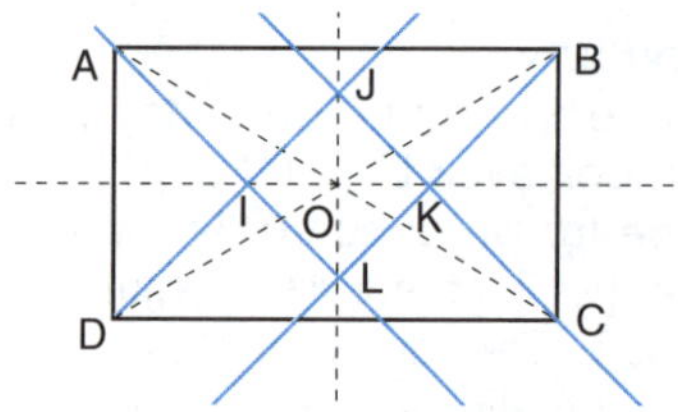

4 ABCD est un carré. AEB et ADF sont des triangles équilatéraux.

a. Déterminer les images par la rotation r, de centre A et d'angle 60°, des points B et D.

b. Construire le point G tel que G ait pour image C par r. Montrer que G appartient à (BD).

c. En déduire que les points C, E et F sont alignés.

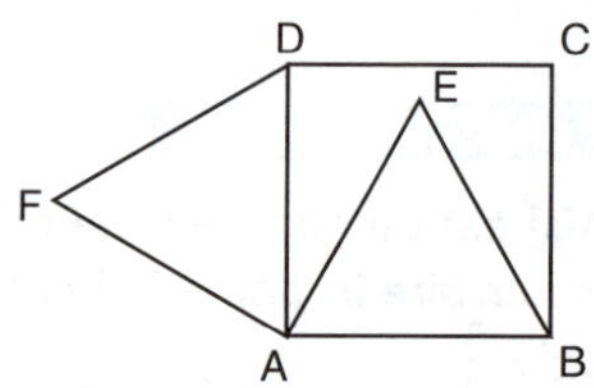

5 $\mathcal{D}_1$, $\mathcal{D}_2$, $\mathcal{D}_3$ sont trois droites parallèles.
Le point A appartient à $\mathcal{D}_1$.
Construire un triangle ABC isocèle et rectangle en A tel que B appartienne à $\mathcal{D}_2$ et C à $\mathcal{D}_3$.

6 Soient ABC un triangle quelconque, $\mathscr{C}$ le cercle circonscrit à ABC de centre O, H l'orthocentre du triangle ABC et A′ le milieu de [BC].

a. Montrer que le point A″ diamétralement opposé à A sur le cercle $\mathscr{C}$ est le symétrique de H par rapport à A′.

b. K est le symétrique de H par rapport à (BC). Montrer que K appartient à $\mathscr{C}$.

7 **Expression analytique des transformations**

Dans un repère orthonormal $(O ; \vec{i}, \vec{j})$, le point M a pour coordonnées $(x ; y)$, son image M′ par une transformation f a pour coordonnées $(x' ; y')$.

Déterminer x' et y' en fonction de x et y si :

a. f est la réflexion d'axe (Ox).

b. f est la réflexion d'axe (Oy).

c. f est la réflexion d'axe Δ d'équation $y = x$ (1re bissectrice).

d. f est la symétrie par rapport à O.

e. f est la symétrie par rapport à A(1 ; 2).

f. f est la translation de vecteur $\vec{u} = \overrightarrow{AB}$ avec A(1; 2) et B(3 ; −1)

g. f est la rotation de centre O et d'angle $\dfrac{\pi}{2}$.

12

HOMOTHÉTIES

POUR FAIRE LE POINT

Choisir la (ou les) bonne(s) réponse(s)

1. Soient trois points A, B, et I tels que $\overrightarrow{AB} = -3\,\overrightarrow{IA}$

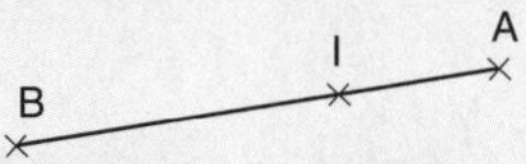

B est l'image de A par une homothétie de centre I et de rapport :

a. $+2$ ☐
b. $+\frac{1}{2}$ ☐
c. -2 ☐

2. Soient cinq points A, B, C, D, et I tels que $\overrightarrow{CI} = \overrightarrow{ID} = \overrightarrow{DA} = \overrightarrow{AB}$

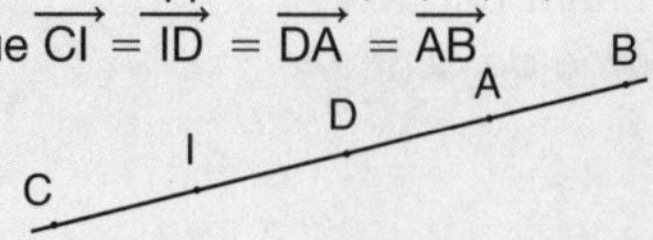

Par l'homothétie de centre I et de rapport $+\frac{1}{2}$, A a pour image :

a. B ☐
b. C ☐
c. D ☐

3. Soit le point B, milieu du segment [AC], et le point D n'appartenant pas à la droite (AC).

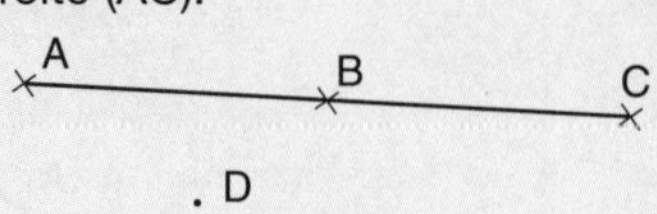

Il existe une homothétie *h* :

a. de centre B où A est l'image du point D ☐
b. de centre A où B est l'image du point C ☐
c. de centre B où C est l'image du point A ☐

4. Les transformations suivantes sont des homothéties :

a. la translation ☐
b. l'identité du plan ☐
c. la symétrie centrale ☐
d. la rotation d'angle $\frac{\pi}{2}$ ☐

5. Une homothétie *h* double les aires des figures du plan. Son rapport est égal à :

a. 2 ☐
b. $\sqrt{2}$ ☐
c. $-\frac{1}{2}$ ☐
d. $-\sqrt{2}$

6. Soit le trapèze ABCD.

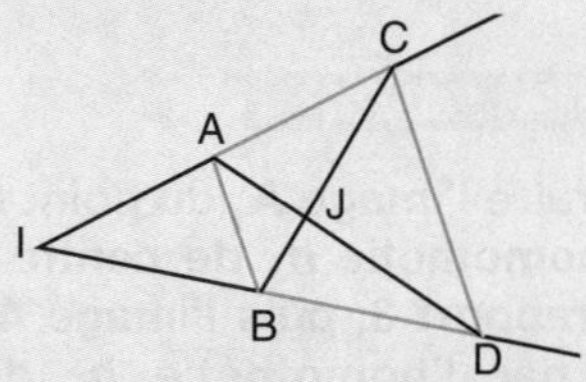

L'homothétie *h* de centre J qui transforme A en D transforme B en :

a. A ☐
b. C ☐
c. I ☐

7. (Même dessin que ci-dessus.)
[CD] est l'image de [AB] par une homothétie de centre :

a. A ☐
b. I ☐
c. B ☐
d. J ☐

réponses p. 257

RÉVISER

1 CONSTRUIRE ET RECONNAÎTRE L'IMAGE D'UN POINT PAR UNE HOMOTHÉTIE

SAVOIR

Soit I un point du plan et k un nombre réel non nul.

Le point M a pour image le point M′ par **l'homothétie** h de centre I et de rapport k si $\overrightarrow{IM'} = k\overrightarrow{IM}$.

$h_{(I,\,k)} : M \mapsto M'$ ou $h(M) = M'$.

Le point I, le point M et son image M′ sont **alignés**.

Si $k = 1$, $M' = M$, h est l'identité du plan.
Si $k \neq 1$, le point I est le seul point invariant par h.
Si $k = -1$, $\overrightarrow{IM'} = -\overrightarrow{IM}$, h est la symétrie de centre I.

SAVOIR FAIRE

Construire l'image A_1 du point A par l'homothétie h_1 de centre I et de rapport 3, puis l'image A_2 de A par l'homothétie h_2 de centre I et de rapport $-\frac{1}{2}$.

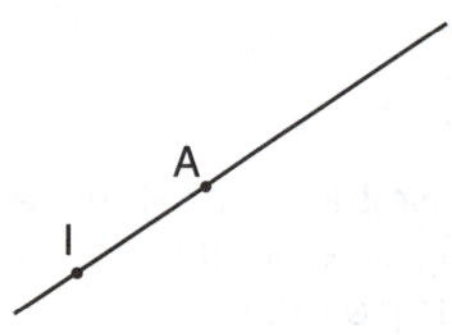

SOLUTION

• $A_1 = h_1(A)$ signifie $\overrightarrow{IA_1} = 3\overrightarrow{IA}$.
Les points I, A, A_1 sont alignés, A et A_1 sont du même côté que I et $IA_1 = 3\,IA$.

• $A_2 = h_2(A)$ signifie $\overrightarrow{IA_2} = -\frac{1}{2}\overrightarrow{IA}$.
Les points I, A, A_2 sont alignés, A et A_2 de part et d'autre de I et $IA_2 = \frac{1}{2}IA$.

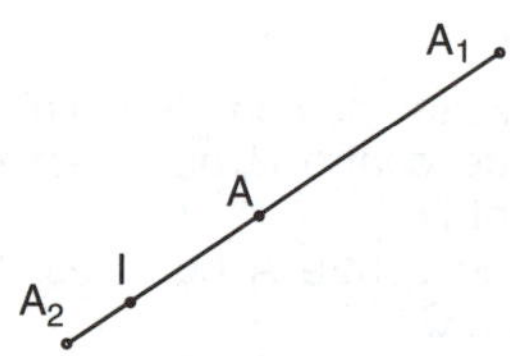

FAIRE

1 Dans chaque cas, déterminer le rapport de l'homothétie de centre A, qui transforme B en C.

a. $\overrightarrow{AB} = -\frac{3}{4}\overrightarrow{AC}$. **b.** $2\overrightarrow{AC} = 3\overrightarrow{BA}$. **c.** $3\overrightarrow{BC} = 2\overrightarrow{CA}$.

2 Construire l'image du triangle ABC :
a. par l'homothétie *h* de centre A de rapport 2.
b. par l'homothétie *h'* de centre B de rapport $-\frac{1}{2}$.

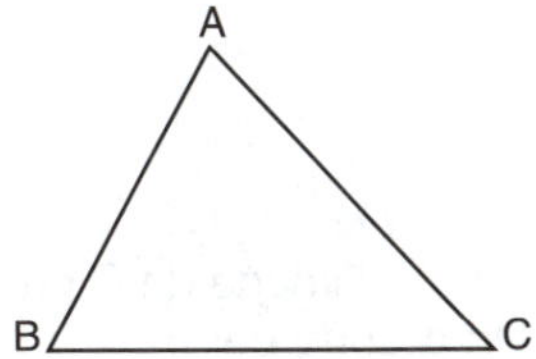

2 UTILISER LES PROPRIÉTÉS DE L'HOMOTHÉTIE

SAVOIR

Si par l'homothétie *h* de rapport *k* :

M ↦ M'
N ↦ N'

alors $\overrightarrow{M'N'} = k\overrightarrow{MN}$.

En particulier, les droites (MN) et (M'N') sont parallèles.

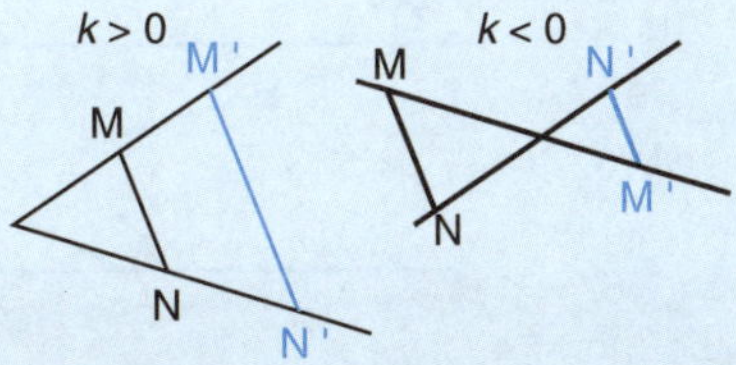

Par une homothétie *h* de centre I et de rapport *k* :

- l'image d'une droite $\mathcal{D}$ est une droite $\mathcal{D}'$ parallèle à $\mathcal{D}$;
- l'image d'un segment [AB] est un segment [A'B'] de longueur $A'B' = |k|AB$;
- l'image d'un cercle de rayon *R* est un cercle de rayon $R' = |k|R$;
- une figure (triangle, parallélogramme, cercle…) a pour image une figure de même nature dont l'aire est multipliée par k^2.

Remarque : l'homothétie n'est pas en général une isométrie. Les distances sont multipliées par $|k|$.

Par une homothétie :

- les images de deux droites parallèles sont deux droites parallèles ;
- les images de deux droites perpendiculaires sont deux droites perpendiculaires ;
- l'image du milieu d'un segment [AB] est le milieu du segment image [A'B'] ;
- l'image du centre de gravité G d'un triangle ABC est le centre de gravité G' du triangle image A'B'C'.

SAVOIR FAIRE

Construire à la règle seule l'image du point C par l'homothétie de centre I qui transforme le point A en B.

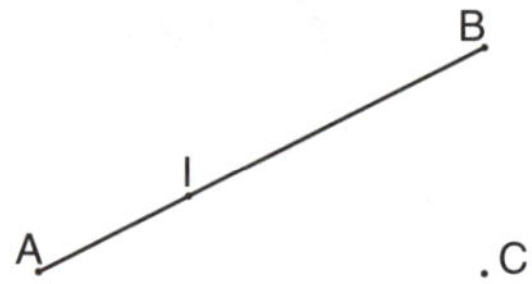

SOLUTION

Soit C′ l'image de C par l'homothétie *h* de centre I qui transforme A en B.
On a donc par *h* :

A ↦ B
C ↦ C′ donc $\overrightarrow{BC'} = k\overrightarrow{AC}$ (propriété fondamentale)

On en déduit que la droite (BC′) est parallèle à la droite (AC).
On la trace.
Par ailleurs, I, C et C′sont alignés.
Le point C′ est donc l'intersection de (IC) et de la parallèle à (AC) passant par B.

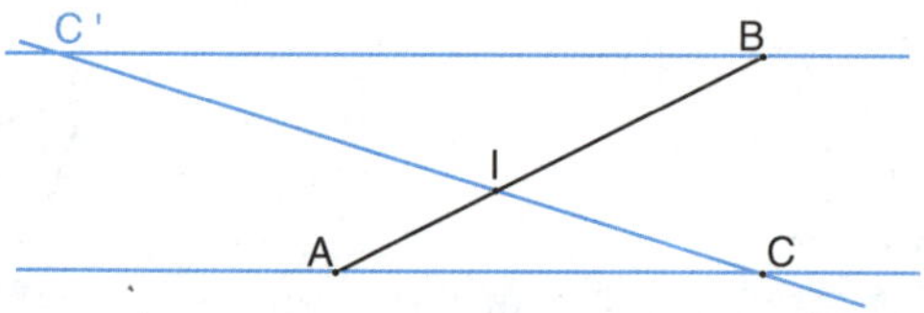

ABCD est un trapèze dont les diagonales (AC) et (BD) se coupent en O. I est un point de [AB]. On suppose que AB = 3 cm, CD = 5 cm et AI = 2 cm.
La droite (IO) coupe [CD] en J.
En utilisant une homothétie de centre O, calculer CJ.

SOLUTION

Soit *h* l'homothétie de centre O qui transforme A en C.
Par cette homothétie B a pour image un point B′ appartenant à (OB) et tel que (CB′) soit parallèle à (AB) d'après la propriété fondamentale. Donc B′ = D.
De même, par *h*, I a pour image un point I′ appartenant à (IO) et tel que (I′C) soit parallèle à (IA). Donc I′ = J.
Utilisons de nouveau la propriété fondamentale pour déterminer le rapport *k* de *h*.

Si A ↦ C, B ↦ D alors $\overrightarrow{CD} = k\overrightarrow{AB}$.

D'après les données du problème, on a donc $k < 0$ et $|k| = \dfrac{CD}{AB} = \dfrac{5}{3}$ donc $k = -\dfrac{5}{3}$.

Puisque $\begin{array}{l} A \mapsto C \\ I \mapsto J \end{array}$ on a $\begin{array}{l} \overrightarrow{CJ} = k\overrightarrow{AI} \\ \overrightarrow{CJ} = -\dfrac{5}{3}\overrightarrow{AI} \end{array}$ alors $CJ = \dfrac{5}{3} \times 2$ cm

donc $CJ \approx 3{,}3$ cm.

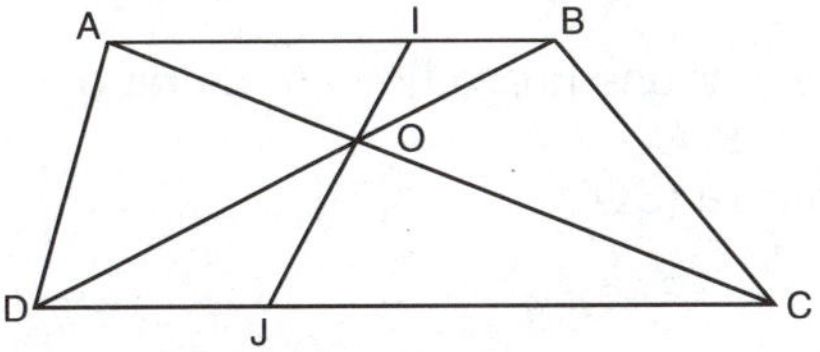

Remarque : l'homothétie permet d'exprimer, sous forme vectorielle, le théorème de Thalès ou sa réciproque.

Dans le plan, deux points I et O sont donnés tels que IO = 3 cm.
a. Construire le cercle $\mathscr{C}$ de centre O de rayon $R = 1$ cm et son image $\mathscr{C}'$ par l'homothétie *h* de centre I et de rapport $\dfrac{5}{2}$.
Déterminer l'aire de $\mathscr{C}'$.
b. Montrer que les cercles $\mathscr{C}$ et $\mathscr{C}'$ se correspondent aussi par une homothétie *h'* de rapport *k'* négatif et de centre J, que l'on précisera.

SOLUTION

a. Par l'homothétie *h*, O a pour image le point O′ tel que $\overrightarrow{IO'} = \dfrac{5}{2}\overrightarrow{IO}$.

L'image par *h* du cercle $\mathscr{C}$ est donc le cercle $\mathscr{C}'$ de centre O′ et de rayon $R' = \dfrac{5}{2}R = 2{,}5$ cm.

L'aire de $\mathscr{C}'$ vaut $\pi R'^2 = (2{,}5)^2\ \pi\ \text{cm}^2 \approx 19{,}6\ \text{cm}^2$.
(égal à $(2{,}5)^2 \times \pi \times 1^2 = k^2 \times$ aire de $\mathscr{C}$.)

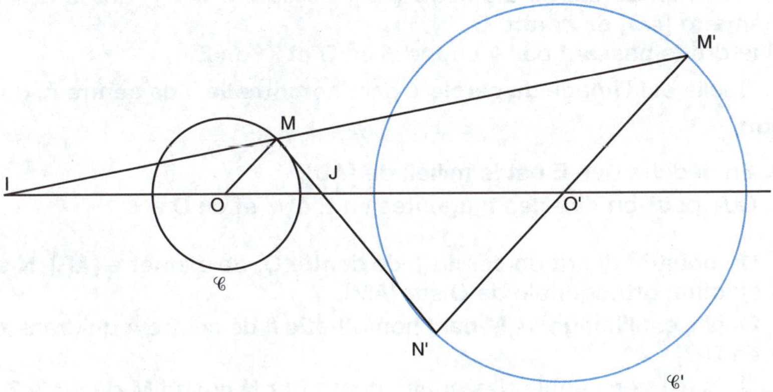

b. Par l'homothétie h, tout point M du cercle $\mathscr{C}$ a pour image un point M′ de $\mathscr{C}'$. Comme $\overrightarrow{O'M'} = \frac{5}{2}\overrightarrow{OM}$ (propriété fondamentale) alors (O′M′) est parallèle à (OM).

Le point N′, diamétralement opposé à M′ sur $\mathscr{C}'$, vérifie :

$\overrightarrow{O'N'} = -\overrightarrow{O'M'} = -\frac{5}{2}\overrightarrow{OM}$.

Donc N′ est l'image de M par une homothétie h' de rapport $k' = -\frac{5}{2}$ et par laquelle O′ est l'image de O.

Le centre J de h' appartient à (OO′).

$$\begin{aligned}
\text{on a} \quad \overrightarrow{JO'} &= -\frac{5}{2}\overrightarrow{JO},\\
\overrightarrow{JO} + \overrightarrow{OO'} &= -\frac{5}{2}\overrightarrow{JO}\\
\overrightarrow{JO} + \frac{5}{2}\overrightarrow{JO} &= -\overrightarrow{OO'}\\
\frac{7}{2}\overrightarrow{JO} &= -\overrightarrow{OO'}\\
\text{donc} \quad \overrightarrow{OJ} &= \frac{2}{7}\overrightarrow{OO'}.
\end{aligned}$$

On peut aussi remarquer que J est aligné avec O et O′ et avec M et N′. C'est donc l'intersection de (OO′) et (MN′).

FAIRE

3 ABCD est un parallélogramme de centre O.
Soit Δ une droite parallèle à (BD) qui coupe (AB) en M, (AD) en N, (BC) en P, (CD) en Q et (AC) en I.
En utilisant une homothétie *h* de centre A et une homothétie *h′* de centre C, montrer que I est le milieu de [MN] et de [PQ].

4 $\mathscr{C}$ est un cercle de diamètre [AB], de centre O ; $\mathscr{C}'$ est le cercle de diamètre [AO] de centre O′.
Une droite passant par A coupe $\mathscr{C}$ en D et $\mathscr{C}'$ en E.

a. Quelle est l'image du cercle $\mathscr{C}$ par l'homothétie *h* de centre A, de rapport $\frac{1}{2}$?

b. En déduire que E est le milieu de [AD].

c. Que peut-on dire des tangentes en E à $\mathscr{C}'$ et en D à $\mathscr{C}$?

5 Un point M décrit un cercle $\mathscr{C}$ de centre O, de diamètre [AB]. N est la projection orthogonale de O sur (AM).

a. Quelle est l'image de M par l'homothétie *h* de centre A qui transforme B en O ?

b. Quel est l'ensemble des points décrit par N quand M décrit $\mathscr{C}$?

3 DÉTERMINER LE CENTRE OU LE RAPPORT D'UNE HOMOTHÉTIE

SAVOIR

- Si quatre points A, B, C, D sont tels que la droite (AB) soit parallèle à la droite (CD), alors le segment [AB] a pour image le segment [CD] par deux homothéties : l'une de **rapport** $\boldsymbol{k} = \frac{\text{CD}}{\text{AB}}$, l'autre de **rapport** $\boldsymbol{-k}$.
- Le **centre d'une homothétie** est aligné avec chaque point et son image.

SAVOIR FAIRE

Déterminer les centres et les rapports de deux homothéties telles que le segment [AB] ait pour image le segment [CD].

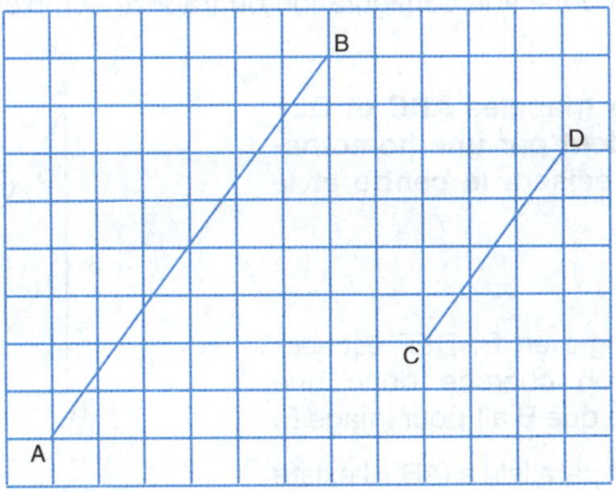

SOLUTION

D'après le graphique donné, $\overrightarrow{AB} = 2\,\overrightarrow{CD}$ ou $\overrightarrow{CD} = \frac{1}{2}\overrightarrow{AB}$.

Il existe donc une homothétie h telle que :

$$A \mapsto C$$
$$B \mapsto D$$

Son rapport est $k = \frac{1}{2}$.

Son centre est aligné avec A et C ainsi qu'avec B et D, c'est l'intersection de (AC) et (BD), c'est-à-dire le point I.

Mais on peut aussi écrire $\overrightarrow{CD} = -\frac{1}{2}\overrightarrow{BA}$.

Il existe donc une homothétie h' telle que : $B \mapsto C$
$A \mapsto D$

Son rapport est $k' = -\frac{1}{2}$.

Son centre est l'intersection de (BC) et (AD), c'est-à-dire le point J.

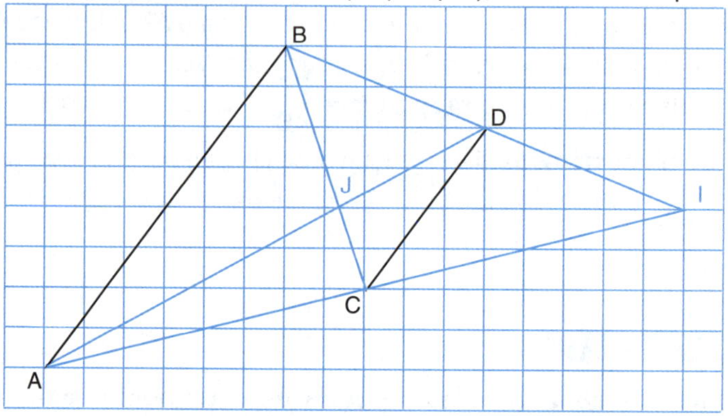

Remarque : on obtient la configuration du trapèze complet.

Établir que les triangles ABC et DEF se correspondent par une homothétie dont on précisera le centre et le rapport.

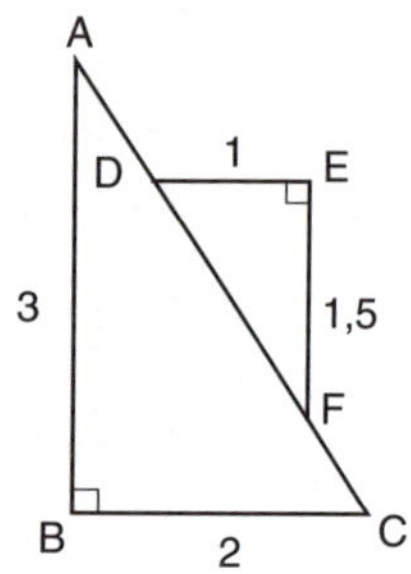

SOLUTION

ABC est rectangle en B, DEF est rectangle en E, on cherche donc une homothétie telle que B ait pour image E.

Comme (EF) est parallèle à (AB), il existe une homothétie h telle que : $B \mapsto E$
$A \mapsto F$

D'après le graphique, $\overrightarrow{EF} = -\frac{1}{2}\overrightarrow{BA}$
donc le rapport de h est $k = -\frac{1}{2}$.

On a aussi $\overrightarrow{ED} = -\frac{1}{2}\overrightarrow{BC}$, donc par h,

C a pour image D : l'image du triangle ABC par h est bien le triangle DEF.

Le centre I de h est l'intersection de (BE) et (DC) (ou (AF)), c'est-à-dire (AC).

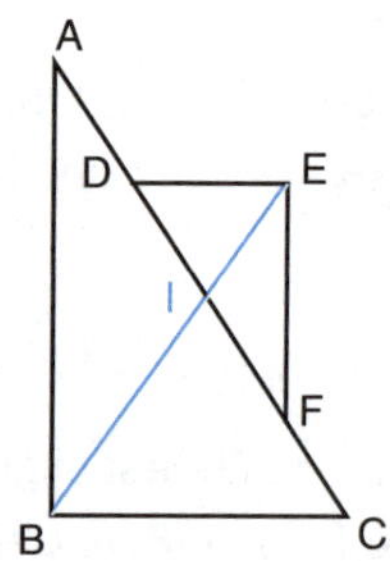

FAIRE

6 **ABC est un triangle quelconque, G est son centre de gravité, A′, B′, C′ sont les milieux respectifs de [BC], [CA] et [AB].**
Montrer que les triangles ABC et A′B′C′ se correspondent par une homothétie dont on déterminera le centre et le rapport.

7 **a. Prouver que les carrés ABCD et BEFG se correspondent par une homothétie *h*.**
b. En déduire que les droites (AB), (DG) et (CF) sont concourantes.

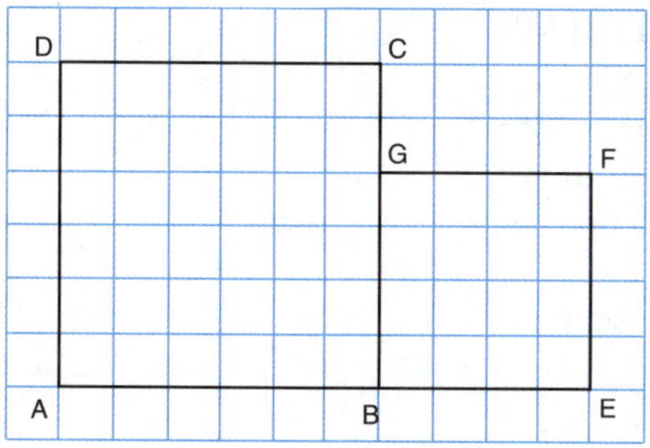

Indications p. 173 pour les exercices comportant ce symbole.

1 ABCD est un parallélogramme. Une droite $\mathcal{D}$ passant par A coupe (BD) en I, (BC) en J, (DC) en K.

a. Soit h l'homothétie de centre I qui transforme B en D. Quelles sont les images par h de J et de A ?

b. En déduire que $IA^2 = IK \times IJ$.

2 Dans un trapèze ABCD ((AB) parallèle à (DC)), on appelle :
I le milieu de [AB] ; J le milieu de [CD] ; K l'intersection des droites (AD) et (BC) ; L l'intersection des droites (AC) et (BD).
Montrer que I, J, K et L sont alignés.

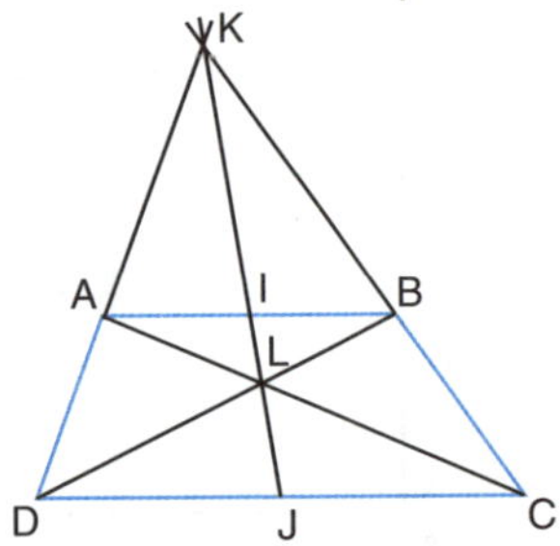

3 ABC est un triangle, G son centre de gravité et B′ le milieu de [AC].

a. Construire les points D et E tels que ABCD et CAEB soient des parallélogrammes.

b. Montrer que les points G, B et D sont alignés.

c. Soit h l'homothétie qui transforme B en D et C en E.
Déterminer son centre et son rapport ainsi que l'image par h de B'.

4 Dans un rectangle ABCD de centre O, on construit le quadrilatère IJKL où I, J, K et L sont les milieux respectifs de [AB], [BC], [CD] et [AD]. On appelle ensuite A′, B′, C′ et D′ les milieux respectifs de [LI], [IJ], [JK] et [KL].

a. Faire la figure et montrer que $\overrightarrow{OA'} = \frac{1}{2}\overrightarrow{OA}$.

b. En déduire que A′B′C′D′ est un rectangle dont on déterminera l'aire en fonction de celle de ABCD.

5 On veut inscrire un carré IJKL dans un triangle ABC.

a. Construire extérieurement au triangle le carré BCDE.

b. Montrer qu'il existe une homothétie h de centre A telle que E et D aient pour image des points L et K de [BC]. Les placer.

c. Montrer que l'image par h du carré BCDE est le carré IJKL cherché. Le construire.

6 Dans un repère orthonormal $(O ; \vec{i}, \vec{j})$, on donne les points $I(1 ; 2)$ et $A(-1 ; 1)$.

a. Quelles sont les coordonnées du point A' image de A par l'homothétie h de centre I, de rapport 2 ?

b. Montrer que l'image M' par h du point $M(x ; y)$ a pour coordonnées : $x' = 2x - 1$; $y' = 2y - 2$.

13 STATISTIQUES

POUR FAIRE LE POINT

Choisir la (ou les) bonne(s) réponse(s)

Dans un immeuble, on a recensé le nombre d'enfants par famille.

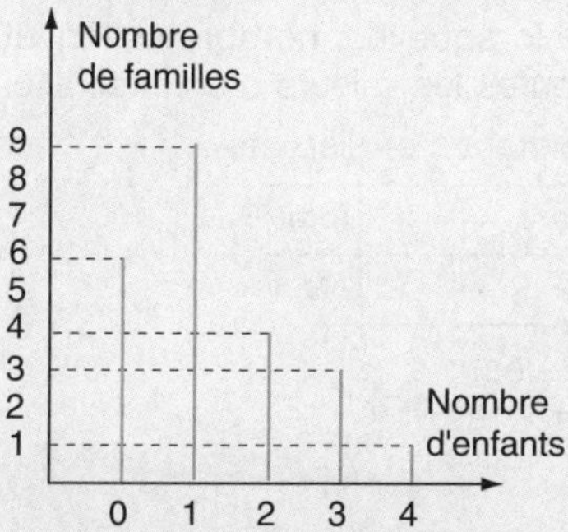

1. Dans l'immeuble, il y a :

a. 30 enfants ☐
b. 24 familles ☐
c. 4 familles ayant un enfant ☐

2. La fréquence des familles ayant un enfant est :

a. égale à 25 % ☐
b. supérieure à 25 % ☐
c. inférieure à 25 % ☐

3. Par famille, il y a en moyenne :

a. moins de 1 enfant ☐
b. entre 1 et 2 enfants ☐
c. entre 2 et 3 enfants ☐

4. Le nombre médian d'enfants par famille est :

a. inférieur à 1 ☐
b. égal à 1 ☐
c. supérieur à 1 ☐

L'histogramme représente une partie de la répartition des 30 élèves d'une classe de Seconde, en fonction des notes obtenues à un contrôle.

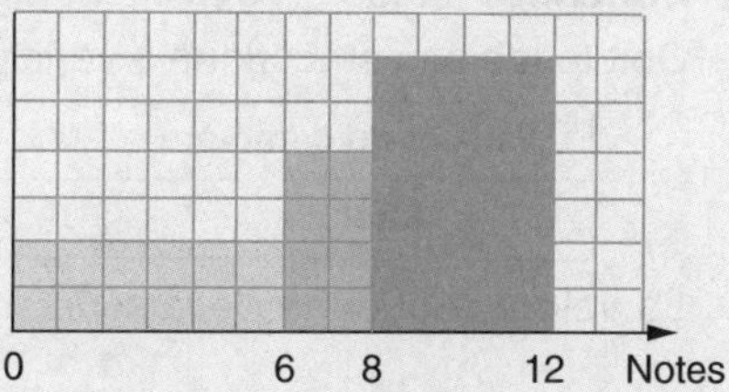

5. Sachant que six élèves ont moins de 6, on peut en déduire que huit notes appartiennent à l'intervalle :

a. [6 ; 8[☐
b. [8 ; 12[☐
c. [12 ; 20] ☐

6. Entre 12 et 20, on complète l'histogramme par le schéma :

a.  ☐

b. 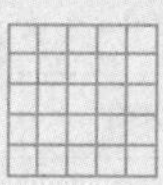 ☐

c. 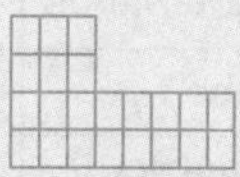 ☐

7. Le pourcentage des élèves ayant la moyenne est :

a. égal à 50 % ☐
b. inférieur à 50 % ☐
c. supérieur à 50 % ☐

réponses p. 264

1 CALCULER UNE MOYENNE OU UNE FRÉQUENCE

SAVOIR

Les statistiques étudient la répartition d'une **population** en fonction des valeurs d'un caractère (ou **modalités**).

Les valeurs du caractère sont **quantitatives** lorsqu'elles s'expriment par un nombre et **qualitatives** dans le cas contraire.

Les valeurs **quantitatives** sont **discrètes** lorsque leur nombre est fini et **continues** lorsqu'elles peuvent prendre toutes les valeurs d'un intervalle.

Soit le tableau statistique à variable quantitative et discrète :

Valeurs du caractère	x_1 .... x_i	Total
Effectifs	n_1 .... n_i	N

La **valeur moyenne** de la série statistique est :

$$\bar{x} = \frac{n_1 x_1 + \ldots + n_i x_i + \ldots}{N}$$

La **fréquence** de la valeur x_i du caractère est $f_i = \frac{n_i}{N}$.

La **fréquence en pourcentage** de x_i est $f_i \times 100$.

SAVOIR FAIRE

a. Dans un immeuble, on a relevé la répartition des appartements en fonction du nombre de pièces. Compléter le tableau statistique correspondant :

Nombre de pièces	1	2	3	4	5	Total
Nombre d'appartements	2	6	9	5	3	
Fréquence						
Fréquence (en %)						

b. Quelle est la population étudiée ? Quel est le caractère étudié ? Pourquoi ce caractère est quantitatif ? Est-il discret ou continu ?
c. Quel est le nombre moyen de pièces par appartement ?
d. Est-il vrai que les trois quarts des appartements ont trois pièces ou plus ?

SOLUTION

a.

Nombre de pièces	1	2	3	4	5	Total
Nombre d'appartements	2	6	9	5	3	**25**
Fréquence	$\frac{2}{25} = 0{,}08$	0,24	0,36	0,2	0,12	**1**
Fréquence (en %)	8	24	36	20	12	**100**

b. La population étudiée est un ensemble d'appartements. Le caractère retenu est le nombre de pièces. C'est une variable numérique qui ne prend que 5 valeurs. C'est donc un caractère quantitatif discret.

c. $\frac{1 \times 2 + 2 \times 6 + 3 \times 9 + 4 \times 5 + 5 \times 3}{25} \approx 3$ pièces par appartement.

d. $0{,}36 + 0{,}2 + 0{,}12 = 0{,}68 = \frac{68}{100}$. Or $\frac{3}{4} = 0{,}75 = \frac{75}{100}$.

Il y a moins de trois quarts des appartements qui ont trois pièces ou plus. L'affirmation est donc fausse.

FAIRE

1 a. Voici les notes obtenues par une classe de Seconde lors d'un contrôle de mathématiques :

6 10 8 12 8 10 10 11 12 10 8 6 10 12 11 10 11 11 6 8

Reporter les résultats sur un tableau en indiquant les effectifs, la fréquence de chaque note.

b. Est-il vrai que plus des deux tiers des élèves ont la moyenne ?

2 Suite à une course cycliste entre deux équipes A et B, on a observé une arrivée en cinq pelotons :

Durée du parcours (en minutes)	50	51	52	53	54
Nombre de coureurs de l'équipe A arrivés dans ce temps	2	3	5	1	0
Nombre de coureurs de l'équipe B arrivés dans ce temps	3	1	4	0	1

Quelle est l'équipe gagnante ?

3 En 1993, voici la répartition (d'après le Quid) des bateaux de plaisance à moteur, en fonction de leur puissance en chevaux :

[0 ; 10[: 28,4 % **[10 ; 50[: 26,6 %**
[50 ; 100[: 19,8 % **[100 ; 150[: 9,6 %**
150 et plus : 15,5 %

Quel est le type du caractère étudié? Calculer la puissance moyenne, en supposant qu'au-delà de 150 ch le centre de classe est de 180 ch.

2 DÉTERMINER UNE MÉDIANE

SAVOIR

La valeur **médiane** d'une série statistique est la valeur du caractère qui partage la série en deux séries de même effectif.

Attention
La valeur médiane ne correspond pas toujours à une valeur prise par le caractère.

SAVOIR FAIRE

a. Compléter le tableau suivant, indiquant la répartition des élèves d'une classe de Seconde en fonction des notes obtenues à un contrôle de mathématiques.

Notes	**[0 ; 4[**	**[4 ; 8[**	**[8 ; 12[**	**[12 ; 16[**	**[16 ; 20]**
Effectif	**2**	**4**	**12**	**8**	**4**
ECC					
ECD					

ECC : effectifs cumulés croissants.
ECD : effectifs cumulés décroissants.

b. Quelle est la note médiane *m* ?

MÉTHODE
Lorsque les valeurs prises par le caractère sont nombreuses et dans le cas d'une série à valeur continue, on indiquera, sur un tableau statistique, les effectifs cumulés croissants et décroissants.

SOLUTION

a. On obtient le tableau statistique :

Notes	[0 ; 4[	[4 ; 8[	[8 ; 12[	[12 ; 16[	[16 ; 20]
Effectif	2	4	12	8	4
ECC	2	$2 + 4 = 6$	$6 + 12 = 18$	$18 + 8 = 26$	$26 + 4 = 30$
ECD	30	$30 - 2 = 28$	$28 - 4 = 24$	$24 - 12 = 12$	$12 - 8 = 4$

b. Comme l'effectif total est de 30 élèves, la note médiane m est telle que 15 notes lui sont supérieures et 15 notes lui sont inférieures. Elle appartient à l'intervalle [8 ; 12].

On procède alors par interpolation linéaire, c'est-à-dire que l'on suppose les notes régulièrement espacées sur l'intervalle.
Résumons la situation par un schéma :

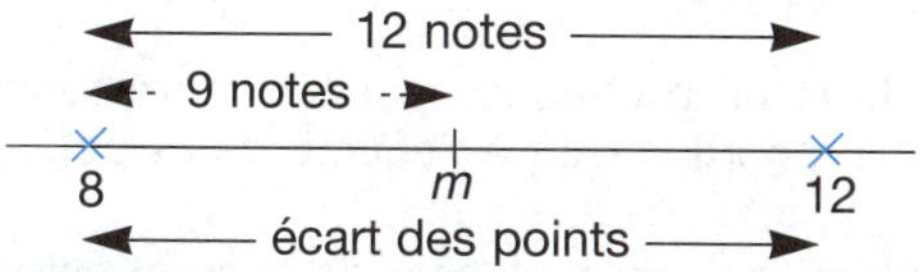

Comme 6 notes sont inférieures à 8, seulement 9 des 15 notes sont supérieures à 8 et inférieures à la note médiane.
12 notes sont comprises dans l'intervalle [8;12[.

$$m = 8 + \frac{9 \times 4}{12} = 11$$

La note médiane m est donc égale à 11.

FAIRE

4 Suite à un contrôle commun, un professeur compare les notes de mathématiques de deux classes de Seconde.

En 2e A : 5 élèves ont 8
7 élèves ont 10
6 élèves ont 12
2 élèves ont 14

En 2e B : 4 élèves ont 4
7 élèves ont 6
5 élèves ont 16
4 élèves ont 18

Calculer la note moyenne et la note médiane de chaque classe. Conclure.

5 a. Compléter le tableau indiquant la répartition des accidents de la route en fonction de l'heure de la journée :

Tranche horaire (en h)	Fréquence (en %)	FCC	FCD
[0 ; 6[	11,3		
[6 ; 12[	21,5		
[12 ; 18[	35,9		
[18 ; 24[	31,3		

FCC : fréquences cumulées croissantes.
FCD : fréquences cumulées décroissantes.

A quelle heure enregistre-t-on 50 % des accidents de la journée? (on arrondira le résultat à la demi-heure la plus proche).

b. Représenter graphiquement les effectifs cumulés croissants et les effectifs cumulés décroissants. Comment peut-on retrouver graphiquement l'heure médiane précédente ?

3 LIRE OU RÉALISER UN HISTOGRAMME

SAVOIR

Dans un **diagramme en bâtons**, à chaque caractère correspond un bâton dont la hauteur est proportionnelle à l'effectif de la population présentant ce caractère.

Dans un **histogramme**, c'est l'aire du rectangle de chaque classe de caractères qui est proportionnelle à l'effectif de la population présentant un caractère de cette classe. Donc pour des classes de même amplitude, la hauteur des rectangles est proportionnelle aux effectifs. Pour des classes d'amplitudes inégales, on décompose chaque classe en intervalles unitaires de même amplitude (bandes de même largeur) afin d'obtenir des hauteurs proportionnelles aux effectifs.

Dans un tableau, on indique pour chaque classe le nombre d'intervalles unitaires et l'effectif d'un tel intervalle.

SAVOIR FAIRE

L'histogramme ci-dessous, indique, pour 1993, une partie de la répartition des salaires des titulaires d'un BTS à l'issue de leurs études.

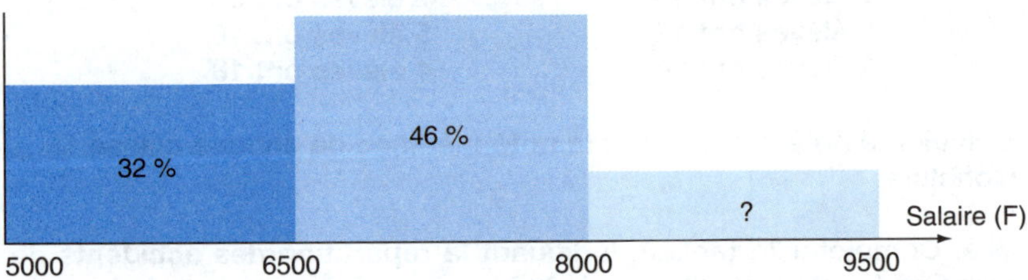

a. Quel est le pourcentage des salaires compris entre 8 000 F et 9 500 F ?

b. Quelles doivent être les dimensions du rectangle représentant les 8 % des salaires compris entre 9 500 F et 12 500 F ?

SOLUTION

a. Les intervalles [6 500 ; 8 000 [et [8 000 ; 9 500 [ont une même amplitude de 1 500. Les hauteurs des rectangles sont alors proportionnelles aux pourcentages.

2,3 cm représentant 46 % alors 0,7 cm représente $\frac{0{,}7 \times 46}{2{,}3} = 14\,\%$.

b. L'intervalle [9 500 ; 12 500[a une amplitude de 2 × 1 500. Il peut donc se décomposer en deux intervalles d'amplitude 1 500 représentant chacun un pourcentage de 4 %.

Le rectangle demandé aura donc une longueur de 2 × 3 = 6 cm et une hauteur de $\frac{4 \times 2{,}3}{46} = 0{,}2$ cm (car 2,3 cm représentent 46%).

FAIRE

6 **a. En 1994, voici la répartition de la population française en fonction de l'âge. Compléter le tableau en prenant 5 ans pour amplitude unitaire.**

Âge (en années)	[0 ; 20[	[20 ; 65[	[65 ; 100]
Effectif (en millions)	16	33	7
Nombre d'intervalles unitaires			
Effectif d'un intervalle unitaire (en millions)			

b. Réaliser l'histogramme correspondant.

7 **L'histogramme ci-dessous représente la répartition des employés d'une entreprise en fonction de leur ancienneté.**

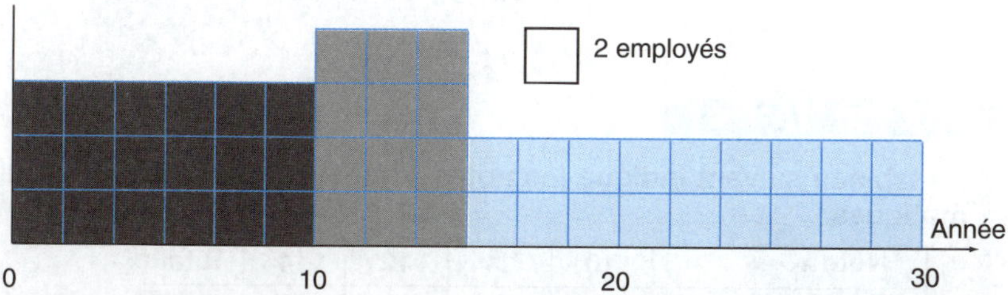

La direction désire attribuer une prime de 1 000 F entre 0 et 10 ans d'ancienneté (10 ans non compris), de 1 500 F entre 10 et 15 ans (15 ans non compris) et de 2 000 F entre 15 et 30 ans.
Quelle somme devra-t-elle répartir ?

8 **a. En 1993, voici la répartition des résidences principales en fonction de leur date d'achèvement. Compléter le tableau en choisissant 5 ans pour amplitude unitaire.**

Date d'achèvement	[1900 ; 1950[	[1950 ; 1965[	[1965 ; 1990[
Effectif (en milliers)	7 970	10 856	2 710
Nombre d'intervalles unitaires			
Effectif d'un intervalle unitaire (en milliers)			

b. Réaliser l'histogramme correspondant.

4 CALCULER LA VARIANCE ET L'ÉCART TYPE

SAVOIR

La **variance** et l'**écart type** permettent d'évaluer la **dispersion** d'une série statistique.
La **variance** est la moyenne des carrés des écarts des valeurs avec la valeur moyenne.

$$V = \frac{n_1(x_1 - \bar{x})^2 + ... + n_i(x_i - \bar{x})^2 + ...}{N}$$

L'écart type est la racine carrée de la variance V :

$$\sigma = \sqrt{V}$$

(σ est la lettre sigma minuscule).
On démontre que la variance est la différence entre la moyenne des carrés des valeurs et le carré de la moyenne de ces valeurs.

$$V = \frac{n_1 \times x_1^2 + ... + n_i x_i^2 + ...}{N} - (\bar{x})^2$$

SAVOIR FAIRE

Le tableau suivant indique les notes trimestrielles d'Alain en mathématiques.

Note x_i	9	10	11	12	14	Total
Effectif n_i	1	3	3	2	1	
$n_i x_i$						
$(x_i - \bar{x})^2$						
$n_i(x_i - \bar{x})^2$						

a. Compléter les deux premières lignes et en déduire la moyenne.
b. Compléter les deux dernières lignes.
En déduire la variance et l'écart type.

SOLUTION

Note x_i	9	10	11	12	14	Total
Effectif n_i	1	3	3	2	1	**10**
$n_i x_i$	9	30	33	24	14	**110**
$(x_i - \bar{x})^2$	$(11 - 9)^2 = 4$	1	0	1	9	
$n_i(x_i - \bar{x})^2$	$1 \times 4 = 4$	3	0	2	9	**18**

a. L'effectif total est de 10 notes. La somme des notes étant de 110 points, la moyenne est $110 \div 10 = 11$.

b. $V = 18 \div 10 = 1{,}8$ $\sigma = \sqrt{1{,}8} \approx 1{,}34$

FAIRE

9 **Le tableau suivant indique les notes trimestrielles de Zoé en mathématiques.**
a. Compléter les deux premières lignes et en déduire la moyenne.
b. Compléter les deux dernières lignes.
En déduire la variance et l'écart type.

Note x_i	5	8	9	10	12	13	14	16	Total
Effectif n_i	1	1	2	1	1	1	2	1	
$n_i x_i$									
$(x_i - \overline{x})^2$									
$n_i(x_i - \overline{x})^2$									

c. Comparer les répartitions des notes d'Alain (voir « savoir-faire ») et de Zoé.

10 **a. Compléter le tableau indiquant, pour 1993 en France, la répartition des hommes actifs en fonction de leur âge.**

Âge (en années)	[16 ; 20[	[20 ; 40[	[40 ; 60[	[60 ; 70]	Total
Centre de classe x_i					
Effectif n_i (en milliers)	312	7 500	5 800	434	
$n_i\ x_i$					
$n_i\ x_i^2$					

b. Calculer la moyenne $\overline{x}$ et l'écart type σ.
c. L'intervalle $]\overline{x} - \sigma ; \overline{x} + \sigma[$ regroupe-t-il plus de 50 % de l'effectif total ?

Indications p. 173 pour les exercices comportant ce symbole.

1 Un marchand de chaussures a établi un diagramme en bâtons pour figurer la répartition des ventes d'un modèle en fonction de la pointure.

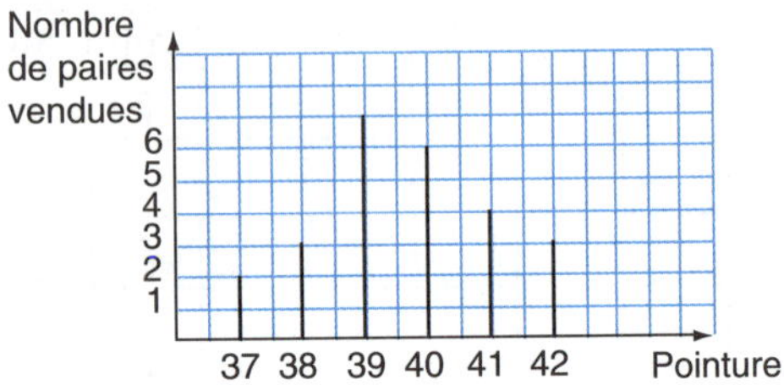

a. Quelle est la pointure moyenne d'un client amateur de ce modèle ?
b. Il doit renouveler son stock et passe une commande de 40 paires. Donner dans un tableau la répartition en fonction de la pointure (arrondir à l'entier le plus proche).

2 Le tableau suivant indique la superficie et la densité de population des huit départements de la région Ile-de-France en 1993.

Département	Superficie (en km^2)	Nombre d'habitants par km^2
Paris	105	20 421
Hauts-de-Seine	176	7 925
Seine-Saint-Denis	236,20	5 852
Seine-et-Marne	5 915	182
Val-de-Marne	245	4 961
Val-d'Oise	1 246	842
Yvelines	2 284	572
Essonne	1 804	601

a. Quelle est la densité moyenne $\overline{x}$ de la population de la région Ile-de-France ?

b. Calculer l'écart type σ. Combien de départements ont une densité appartenant à l'intervalle $]\overline{x} - \sigma \,;\, \overline{x} + \sigma[$?

3 **a.** Au lycée de Pierre, $\frac{3}{8}$ des élèves sont en Seconde.
30% des élèves sont en Première et les autres en Terminale.
Sachant qu'il y a 450 élèves en Seconde, calculer le nombre d'élèves de Première et de Terminale.
b. Représenter la répartition par niveau d'études sur un diagramme circulaire.

14

GÉOMÉTRIE DANS L'ESPACE

POUR FAIRE LE POINT

Choisir la (ou les) bonne(s) réponse(s)

1. Si deux droites Δ et Δ' vérifient $\Delta \cap \Delta' = \varnothing$ alors :

a. $\Delta \cap \Delta'$ sont parallèles ☐
b. $\Delta \cap \Delta'$ sont non coplanaires ☐
c. $\Delta \cap \Delta'$ sont disjointes ☐

2. Pour démontrer que deux plans sont orthogonaux, il faut et il suffit que :

a. une droite de l'un soit orthogonale à une droite de l'autre ☐
b. une droite de l'un soit orthogonale à l'autre ☐
c. deux droites de l'un soient orthogonales à deux droites de l'autre ☐

ABCDEFGH est un cube.

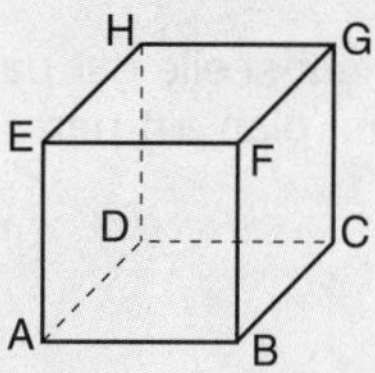

3. Les droites (EC) et (HB) sont :

a. sécantes ☐
b. othogonales ☐
c. non coplanaires ☐

4. Les droites (FD) et (AC) sont :

a. parallèles ☐
b. non coplanaires et non orthogonales ☐
c. orthogonales ☐

5. Les droites (GC) et (HB) sont :

a. sécantes ☐
b. parallèles ☐
c. non coplanaires ☐

6. **a.** (AFC) // (DEG) ☐
b. (HB) $\perp$ (AEGC) ☐
c. (AD) // (HFB) ☐

7. **a.** (FB) $\subset$ (HFD) ☐
b. (HFD) $\cap$ (FB) = {F} ☐
c. (HFD) $\cap$ (FGC) = {F} ☐

8. Le projeté de E sur le plan (ABCD), parallèlement à (HB), est sur :

a. (AB) ☐
b. (BC) ☐
c. (AC) ☐

9. (HFD) est le plan médiateur du segment :

a. [EC] ☐
b. [AG] ☐
c. [AC] ☐

réponses p. 270

RÉVISER

1 UTILISER LE PARALLÉLISME

SAVOIR

Si deux points appartiennent à un plan alors la droite passant par ces deux points est incluse dans le plan.
Si **A** $\in$ ***P*** et **B** $\in$ ***P*** alors (AB) $\subset$ *P*.

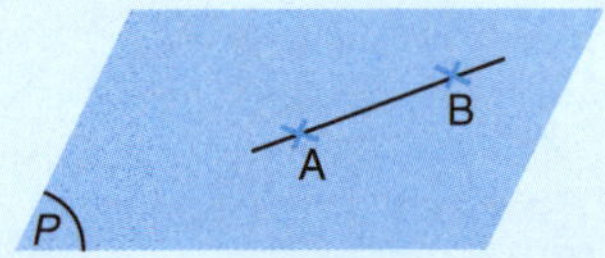

Deux plans sont **parallèles** si et seulement si ils sont confondus ou si ils n'ont aucun point commun.

$P \,//\, P'$ équivaut à $\begin{cases} P = P' \\ \text{ou} \\ P \cap P' = \varnothing \end{cases}$

Deux droites de l'espace sont **parallèles** si et seulement si elles sont **confondues** ou **coplanaires** (situées dans un même plan) sans aucun point commun.

Attention : $\mathfrak{D}$ et $\mathfrak{D}'$, bien que n'ayant pas de point commun, ne sont pas parallèles. Elles sont non coplanaires.

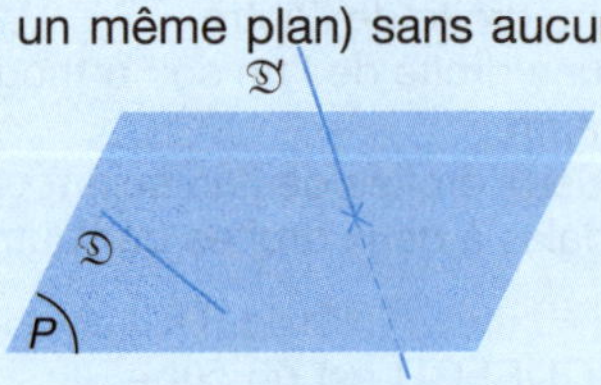

Une **droite** est **parallèle** à un **plan** si et seulement si elle est parallèle à une droite de ce plan. Une droite incluse dans un plan est parallèle à ce plan.

SAVOIR FAIRE

ABCDEFGH est un cube.
a. Démontrer que les droites (AC) et (FH) sont parallèles.
b. En déduire que la droite (FH) est parallèle au plan (AEC).
c. Montrer que les plans (AEC) et (BFH) sont parallèles.

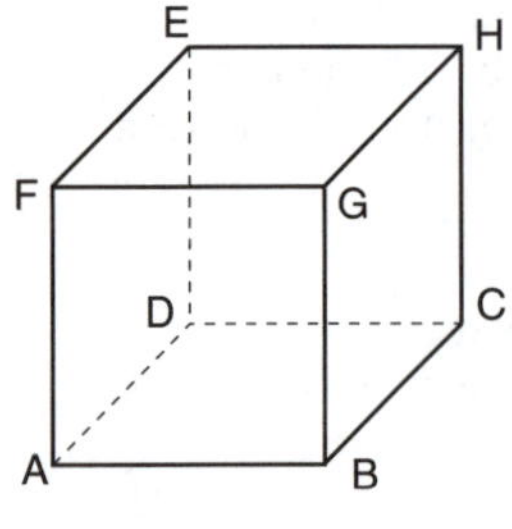

MÉTHODE

Pour montrer que deux plans sont parallèles, on peut montrer que deux droites sécantes de l'un sont parallèles à deux droites sécantes de l'autre.

SOLUTION

a. $\overrightarrow{AF} = \overrightarrow{DE}$ et $\overrightarrow{DE} = \overrightarrow{CH}$ car AFED et EHCD sont des carrés.

D'où $\overrightarrow{AF} = \overrightarrow{CH}$.

ACHF est donc un parallélogramme.

On en déduit que (AC) // (FH).

b. On a :

• (AC) ⊂ (ACE) car A et C sont deux points du plan (ACE).

• (FH) // (AC) d'après **a.**

Donc la droite (FH) est parallèle à la droite (AC) du plan (ACE), elle est alors parallèle à ce plan.

c. On sait que :

• (FH) // (AC) d'après **a.**

• (EC) // (FB) et (EA) // (BH) (on a vu au a. que les diagonales de deux faces opposées d'un cube sont parallèles).

Donc les deux droites (EA) et (EC) du plan (ACE), sécantes en E, sont parallèles aux deux droites (BH) et (FB) du plan (BFH), sécantes en B.

On en déduit que les plans (ACE) et (BFH) sont parallèles.

FAIRE

1 a. Soit un prisme droit dont les bases sont les triangles ABC et A′B′C′ tel que $\overrightarrow{AA'} = \overrightarrow{BB'} = \overrightarrow{CC'}$. Soient les points I, J, K, milieux respectifs des arêtes [BC], [A′B′] et [A′C′].
Démontrer que les droites (IK) et (BJ) sont parallèles.

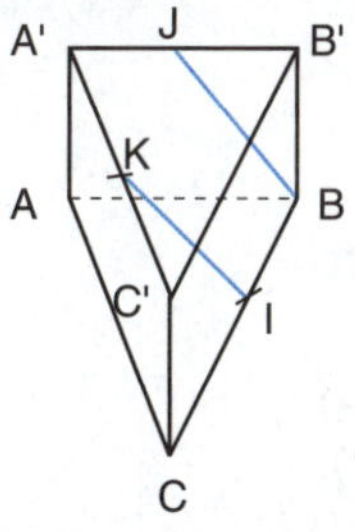

2 Dessiner un tétraèdre ABCD. Placer les points I, J, K, L, milieux respectifs des arêtes [AB], [BC], [CD] et [AD].
a. Démontrer que les droites (IL) et (JK) sont parallèles.
b. En déduire que la droite (BD) est parallèle au plan (IJK).
c. Soit *P*, le plan contenant la droite (BD) et parallèle au plan (IJK). Montrer que la droite (CL) et le plan *P* sont sécants.
Déterminer M leur point d'intersection.

2 UTILISER L'ORTHOGONALITÉ

SAVOIR

Une droite est **orthogonale** à un **plan** si et seulement si elle est orthogonale à deux droites de ce plan passant par son point d'intersection avec le plan.

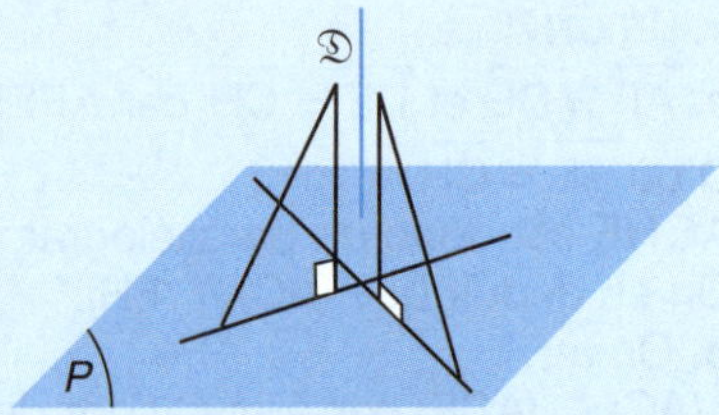

Deux plans sont **orthogonaux** si et seulement si l'un contient une droite orthogonale à l'autre.

Deux droites sont **orthogonales** si et seulement si l'une est contenue dans un plan orthogonal à l'autre.

Conséquence : si une droite est orthogonale à un plan alors elle est orthogonale à toutes les droites de ce plan.
Plus généralement, une droite est orthogonale à un plan si et seulement si elle est orthogonale à deux droites sécantes de ce plan.

A' est le projeté orthogonal de A sur le plan *P* si et seulement si :

$$\begin{cases} A' \in P \\ (AA') \perp P \end{cases}$$

SAVOIR FAIRE

ABCDEFGH est un cube.
I et J sont les centres respectifs des faces ABGF et EDCH.

a. Démontrer que la droite (GH) est orthogonale au plan (EHCD).

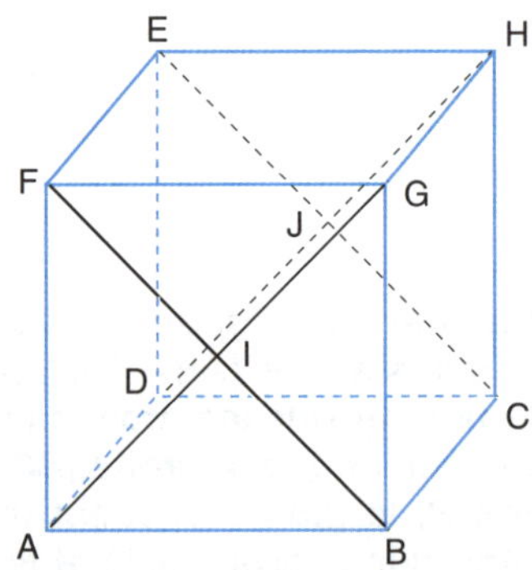

b. Compléter :

$\overrightarrow{IJ} = \ldots + \overrightarrow{AD} + \ldots$

$\overrightarrow{IJ} = \ldots + \overrightarrow{GH} + \ldots$

En déduire que $\overrightarrow{IJ} = \overrightarrow{AD} = \overrightarrow{GH}$.

c. Montrer que les plans (EFBC) et (GHDA) sont orthogonaux.

d. Prouver que les droites (IJ) et (HC) sont orthogonales.

SOLUTION

a. Comme EFGH et GHCB sont des carrés on a (GH) ⊥ (EH) et (GH) ⊥ (HC).
La droite (GH) est donc orthogonale en H aux deux droites (EH) et (HC), incluses dans le plan (EHCD). Elle est orthogonale à ce plan.
b. De par la relation de Chasles :
$\overrightarrow{IJ} = \overrightarrow{IA} + \overrightarrow{AD} + \overrightarrow{DJ}$ et $\overrightarrow{IJ} = \overrightarrow{IG} + \overrightarrow{GH} + \overrightarrow{HJ}$
donc en ajoutant ces deux égalités, on a $\overrightarrow{IJ} = \dfrac{\overrightarrow{AD} + \overrightarrow{GH}}{2}$.
Comme $\overrightarrow{AD} = \overrightarrow{GH}$, on en déduit que $\overrightarrow{IJ} = \overrightarrow{AD} = \overrightarrow{GH}$.
c. Montrons que la droite (HD), incluse dans le plan (GHDA), est orthogonale en J aux droites (EC) et (IJ), incluses dans le plan (EFBC).
D'après **a.**, la droite (GH) est orthogonale au plan (EHCD). Elle est donc orthogonale à la droite (HD), incluse dans ce plan.
De (GH) ⊥ (HD) et (IJ) // (GH), on déduit que (IJ) ⊥ (HD).
Par ailleurs, les droites (HD) et (EC) sont orthogonales car ce sont les diagonales de carré EHCD.
La droite (HD) du plan (GHDA) est orthogonale en J aux droites (EC) et (IJ) du plan (EFBC). Elle est donc orthogonale à ce plan.
d. Prouvons que la droite (IJ) est orthogonale au plan (EHCD), contenant (HC).
De (GH) ⊥ (EHCD) et (IJ) // (GH), on déduit que (IJ) ⊥ (EHCD). Comme la droite (HC) est incluse dans le plan (EDCH), alors les droites (IJ) et (HC) sont orthogonales.

FAIRE

3 Soit une pyramide à base carrée ABCD, de sommet S, telle que : SA = SB = SC = SD. On appelle H le centre du carré.
Démontrer que la droite (SH) est orthogonale au plan (ABCD).

4 Soit le cube ABCDEFGH du savoir-faire (p. 164).
Compléter par ⊂ , ⊥ ou // :

↱	(EH)	(ABCD)	(AF)	(EHCD)
(AD)				
(BCHG)				
(DC)				

5 Soit un tétraèdre ABCD tel que $\widehat{BAD} = \widehat{CAD} = \widehat{BAC} = 90°$.
Démontrer que les projections orthogonales sur le plan (ABC) des trois médianes [BI], [CJ], [DK], du triangle BCD sont les trois médianes [BI'], [CJ'] et [AK] du triangle ABC.

3 UTILISER LE PLAN MÉDIATEUR D'UN SEGMENT

SAVOIR

Le plan *P* est **le plan médiateur** du segment [AB] si et seulement si le plan *P* est orthogonal au segment [AB] en son mlieu.

Remarque : on dit aussi que les points A et B sont symétriques par rapport au plan *P*.

Propriété : un point appartient au plan médiateur d'un segment si et seulement si il est à égale distance des extrémités du segment.

SAVOIR FAIRE

Soit un segment [AB] de l'espace.
Quel est l'ensemble de tous les centres des sphères passant par A et B ?

MÉTHODE

Pour démontrer qu'un plan est le plan médiateur d'un segment il suffit de prouver que trois points non alignés de ce plan sont à égale distance des extrémités du segment.

SOLUTION

Tous les centres O de telles sphères vérifient OA = OB.
Les points O étant à égale distance des extrémités du segment [AB], ils appartiennent au plan médiateur de ce segment.
Tous les points de ce plan conviennent-ils ?

Réciproquement, tout point O′ du plan médiateur est à égale distance des extrémités du segment, donc O′A = O′B.
O′ est donc aussi le centre d'une sphère passant par A et B.

L'ensemble de tous les centres des sphères passant par A et B est donc le plan médiateur du segment [AB].

FAIRE

6 a. Soient trois points A, B et C non alignés de l'espace.
À quelle droite tous les centres des sphères passant par ces trois points appartiennent-ils ?

b. Tous les points de cette droite sont-ils solution ?

c. Préciser l'intersection de toutes ces sphères avec le plan (ABC).

7 Deux points A et B sont à l'extérieur d'un plan *P*.
Où faut-il placer le point M dans le plan *P* pour que le trajet AM + MB soit minimal ?

8 ABCDA′B′C′D′ est un cube d'arête *a*.
I est le milieu du segment [BD].

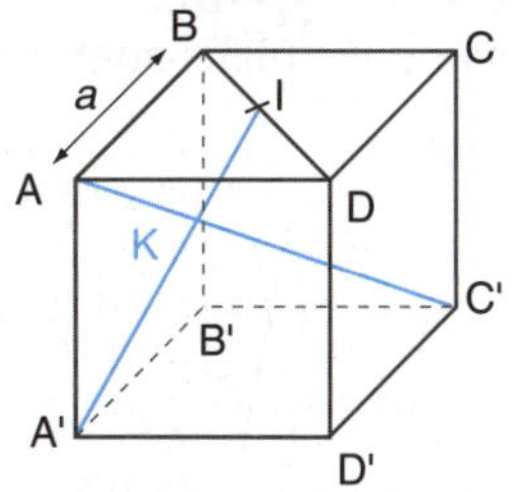

a. Prouver que (ACC′A′) est le plan médiateur de [BD].

b. Dans le plan (ACC′A′), les droites (AC′) et (A′I) se coupent en un point K.
Démontrer que $\overrightarrow{A'K} = \frac{2}{3}\overrightarrow{A'I}$. Que représente K pour le triangle A′BD ?

c. Écrire les longueurs AI^2, KI^2 et AK^2 en fonction de *a*.
En déduire que AKI est un triangle rectangle.

d. Montrer que le point K est le projeté orthogonal de A sur le plan (A′BD).

S'ENTRAÎNER

Indications p. 173 pour les exercices comportant ce symbole.

1 Les droites $\mathcal{D}_1$ et $\mathcal{D}_2$ sont sécantes. $\mathcal{D}_1$ coupe le plan P en I et le plan P' en L ; $\mathcal{D}_2$ coupe P en K et P' en M.
Déterminer M dans le cas où les plans sont parallèles, puis dans le cas où ils sont sécants.

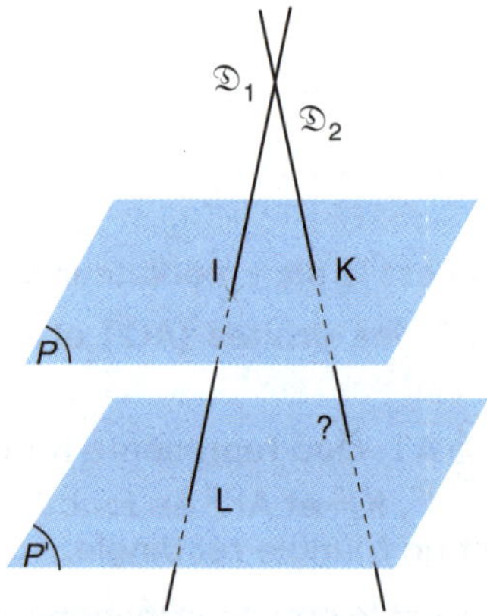

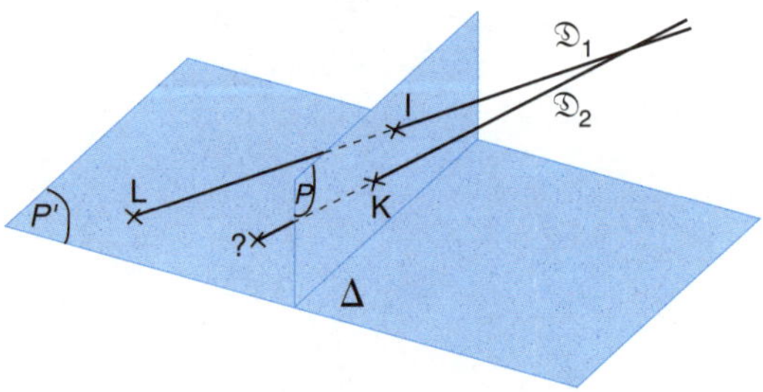

2 ABCDA′B′C′D′ est un cube tel que $\overrightarrow{AA'} = \overrightarrow{BB'} = \overrightarrow{CC'} = \overrightarrow{DD'}$.
E, F, G, H sont les milieux respectifs des arêtes [AB], [CC′], [C′D′] et [AA′].

a. Démontrer que E, F, G et H sont coplanaires.

b. Soient I et J les milieux respectifs des arêtes [A′D′] et [BC]. Démontrer que les points I et J appartiennent au plan (EFGH).

c. Montrer que IGFJEH est un hexagone régulier.

3 Soit un tétraèdre régulier ABCD (les quatre faces sont des triangles équilatéraux).

a. I est le milieu de l'arête [CD]. Démontrer que les plans (ABI) et (BCD) sont orthogonaux.

b. A′ est le projeté orthogonal de A sur le plan (BCD).
Démontrer que A′ est le centre du cercle circonscrit au triangle BCD.

c. En déduire que (ADA′) est le plan médiateur du segment [BC].

d. Soit J le milieu du segment [BC] et H l'orthocentre du triangle AJD.
Montrer que H est le centre d'une sphère passant par les quatre sommets du tétraèdre.

INDICATIONS

CHAPITRE 1

P. 16 EXERCICE 1

a. On peut utiliser un tableau de conversion :

Milliards			Millions			Milliers			Unités simples		
c	d	u	c	d	u	c	d	u	centaines	dizaines	unités

P. 17 EXERCICE 5

b. Calculer les volumes en affichant les rayons en notation scientifique sur la calculatrice.

P. 17 EXERCICE 6

La vitesse de la grande aiguille est de 1 tour à l'heure. Quelle est celle de la petite ?

Quelle est la fraction de tour d'avance de la petite sur la grande lorsqu'il est exactement 3 h ?
Utiliser $t = \dfrac{d}{v}$.

P. 17 EXERCICE 7

b. Si $|(x - y) + y| \leqslant |x - y| + |y|$ alors, en soustrayant $|y|$ dans les deux membres de l'inégalité, on obtient $|(x - y) + y| - |y| \leqslant |x - y|$.

P. 17 EXERCICE 8

c. Calculer Y_2 en fonction de Y_1, puis Y_3 en fonction de Y_2 et enfin Y_4 en fonction de Y_3.

CHAPITRE 2

P. 26 EXERCICE 1

Pierre part 5 min avant ou après 7 h.

P. 26 EXERCICE 4

b. Les intervalles correspondant à la somme des poids des enfants et des parents ont-ils une intersection non vide ?

P. 27 EXERCICE 6

Réduire au même dénominateur les deux membres de chaque inégalité et comparer les numérateurs.

P. 27 EXERCICE 8

b. Encadrer x^2, $-x$ puis $x^2 - x$.

CHAPITRE 3

P. 40 EXERCICE 4

Soit x le prix initial de l'article. Calculer $f(x)$, le prix à payer dans le premier magasin et $g(x)$, le prix à payer dans le second. Faire une représentation graphique de ces deux fonctions.

P. 40 EXERCICE 5

Le temps t, nécessaire pour parcourir une distance d à la vitesse v, est $t = \dfrac{d}{v}$ (v en km.h^{-1}, d en km et t en h).

P. 41 EXERCICE 7

b. Calculer le trajet journalier de M. Martin en choisissant un repère d'origine A sur la droite (AB) et en appelant x l'abscisse du point M.

Conclure en utilisant le graphique de la question précédente.

CHAPITRE 4

P. 52 EXERCICE 3

a. On utilise la relation de Chasles pour obtenir :

$\overrightarrow{BJ} = \overrightarrow{BA} + \overrightarrow{AI} + \overrightarrow{IJ}$ et

$\overrightarrow{JC} = \overrightarrow{JI} + \overrightarrow{ID} + \overrightarrow{DC}$.

Écrire alors les deux vecteurs $\overrightarrow{BJ}$ et $\overrightarrow{JC}$ à l'aide de $\overrightarrow{AB}$, $\overrightarrow{AD}$ et $\overrightarrow{DC}$.

b. Poser $\overrightarrow{AB} = k\,\overrightarrow{DC}$, puis exprimer $\overrightarrow{IJ}$ et $\overrightarrow{IK}$ à l'aide de $\overrightarrow{DC}$.

CHAPITRE 5

P. 62 EXERCICE 1

Déterminer le tableau de variation de la fonction f.

P. 62 EXERCICE 2

Déterminer les tableaux de variation des fonctions f et g.

P. 62 EXERCICE 4

d. Remarquer que : $f(0) = 1 = 2^0$, $f(2) = 4 = 2^2$, $f(3) = 8 = 2^3$.

P. 63 EXERCICE 6

b. Se reporter au chapitre 9.

CHAPITRE 6

P. 74 EXERCICE 1

a. Montrer que $\mathscr{D}_1$ a pour équation $Y = 2X$ dans les repères d'origines A (1,5 ; 0) et B (0 ; −3).

b. Remarquer que $Y = 2X$ est l'équation de $\mathscr{D}_2$ dans le repère d'origine C (2 ; 5). En déduire son équation dans le repère d'origine O.

P. 74 EXERCICE 2

1. Tracer les demi-droites d'équations $y = -x$ (pour $x \leqslant 0$) et $y = x$ (pour $x \geqslant 0$).

P. 74 EXERCICE 3

b. $MN^2 = MF^2$ équivaut à MN = MF.

P. 75 EXERCICE 6

c. Dresser le tableau de variation de la fonction et en déduire x pour que l'aire soit minimale.

P. 75 EXERCICE 7

2. Montrer que cela équivaut à résoudre l'équation $(x - 5)^2 = 16$, puis l'inéquation $3{,}5^2 - (x - 5)^2 \geqslant 0$. Factoriser et dresser un tableau de signes pour obtenir l'ensemble des solutions de l'inéquation.

CHAPITRE 7

P. 86 EXERCICE 2

Représenter l'hyperbole d'équation $V = \frac{0{,}5}{P}$.

P. 87 EXERCICE 5

En effectuant un «produit en croix», pour x différent de 2, $x^3 = \frac{1}{x - 2}$ équivaut à $x^4 - 2x^3 = 1$, soit $x^4 - 2x^3 - 1 = 0$.

P. 87 EXERCICE 6

3. b. $2x + \frac{2}{x} = 5$ équivaut à :

$\frac{2x^2 + 2 - 5x}{x} = 0$,

soit : $2x^2 - 5x + 2 = 0$

pour x différent de 0.

CHAPITRE 8

P. 98 EXERCICE 2

Résoudre un système composé de deux des équations et reporter la solution dans la troisième équation.

P. 98 EXERCICE 3

Faire un changement de variable $X = \frac{1}{x}$ et $Y = \frac{1}{y}$ et commencer par résoudre le système d'inconnues X et Y.

P. 98 EXERCICE 4

Chercher une équation de chacune des droites formant le quadrilatère. Déterminer le signe de l'inéquation correspondante de manière à ce que la solution de cette inéquation soit le demi-plan contenant O.

P. 98 EXERCICE 5

Déterminer les équations de deux médianes du triangle, puis le point G intersection des deux droites.

P. 99 EXERCICE 6

Établir un système d'équations en appelant x le nombre de pots de miel et y le nombre de bouteilles d'huile d'olive.

P. 99 EXERCICE 7

On prendra comme inconnues le nombre de personnes et le prix par personne, prévus par M. X, avant le dialogue avec le voyagiste.

P. 99 EXERCICE 8

a. Établir un système d'inéquations en prenant pour inconnues le nombre de sacs et le nombre de ceintures fabriqués en une semaine.

Résoudre graphiquement ce système.

b. Calculer le gain correspondant à chacune des solutions trouvées à la première question.

CHAPITRE 9

P. 112 EXERCICE 5

1. Se rappeler que tout angle inscrit mesure la moitié de l'angle au centre interceptant le même arc.

P. 113 EXERCICE 6

d. Construire C et S les projections orthogonales du point M sur les axes. Utiliser le théorème de Thalès dans le triangle OAT.

CHAPITRE 10

P. 122 EXERCICE 3

Écrire que les vecteurs $\overrightarrow{AB}$ et $\overrightarrow{BC}$ sont orthogonaux.

P. 122 EXERCICE 4

Utiliser un repère d'origine A.

CHAPITRE 11

P. 134 EXERCICE 1

Placer un point A sur la droite $\mathfrak{D}_1$ et un point B sur la droite $\mathfrak{D}_2$ tels que IA = IB.

Construire l'axe de symétrie du triangle IAB. Montrer alors que tout point M de $\mathfrak{D}_1$ a pour symétrique, par rapport à cet axe, un point N de $\mathfrak{D}_2$.

Y a-t-il un autre axe de symétrie ?

P. 134 EXERCICE 2

Construire A′, l'image du point A par la translation t de vecteur $\overrightarrow{u}$.

Comparer les trajets AM + MP + PB et AA′ + A′P + PB.

En déduire la position de P pour que le trajet cherché soit minimal.

P. 134 EXERCICE 3

Déterminer les images des bissectrices [AI) et [BK) par la symétrie de centre O. En déduire que les bissectrices sont parallèles deux à deux et que IJKL est un parallélogramme.

Quelles sont les mesures des angles $\widehat{AID}$ et $\widehat{JIL}$? En déduire que IJKL est un rectangle.

Montrer alors que les droites (IK) et (JL) sont les médiatrices des côtés du rectangle. En déduire que ce rectangle est aussi un losange et conclure.

P. 134 EXERCICE 4

c. Se rappeler que la rotation transforme une droite en une autre droite.

P. 134 EXERCICE 5

Supposer le problème résolu et analyser la figure en utilisant la rotation r de centre A et d'angle $\frac{\pi}{2}$.

P. 135 EXERCICE 6

a. Utiliser le théorème de Thalès dans le triangle AHA″.

b. Montrer que le point K est le symétrique du point A″ par rapport à la droite (OA′).

P. 135 EXERCICE 7

La plupart des résultats se lisent sur la représentation graphique.

Traduire la symétrie de centre A par l'égalité vectorielle $\overrightarrow{AM'} = -\overrightarrow{AM}$ et la translation par $\overrightarrow{MM'} = \overrightarrow{AB}$.

Pour la rotation, déterminer les images des points H et K, projections orthogonales du point M sur les axes des abscisses et des ordonnées.

CHAPITRE 12

P. 146 EXERCICE 1

b. Écrire deux égalités vectorielles reliant $\overrightarrow{IA}$ et $\overrightarrow{IJ}$, puis $\overrightarrow{IA}$ et $\overrightarrow{IK}$. Les interpréter à l'aide des longueurs correspondantes et en déduire l'égalité cherchée.

P. 146 EXERCICE 3

b. Montrer que les points D et G appartiennent à la droite (BB′).

c. Que peut-on dire des points G, C et E ? Conclure.

Quelle est la relation vectorielle reliant les vecteurs $\overrightarrow{DE}$ et $\overrightarrow{BC}$?

Quelle est la relation vectorielle liant les vecteurs $\overrightarrow{GB}$ et $\overrightarrow{GB'}$?

P. 146 EXERCICE 4

Quelle est la nature du quadrilatère AIOL ? Que représente le point A′ pour ce quadrilatère ?

P. 147 EXERCICE 6

Écrire l'égalité vectorielle reliant les vecteurs $\overrightarrow{IA'}$ et $\overrightarrow{IA}$, puis $\overrightarrow{IM'}$ et $\overrightarrow{IM}$.

CHAPITRE 13

P. 159 EXERCICE 3

Calculer d'abord le nombre d'élèves du lycée.

CHAPITRE 14

P. 168 EXERCICE 2

a. Démontrer que le quadrilatère GFEH est un parallélogramme.

c. Se rappeler qu'un polygone est régulier si et seulement si ses côtés ont même longueur et ses angles même mesure.

SOLUTIONS

CHAPITRE 1

POUR FAIRE LE POINT 1. b ; 2. a ; 3. b ; 4. c ; 5. a ; 6. c ; 7. a ; 8. c ; 9. a ; 10. c.

FAIRE

1 **a.** $a = 3{,}3\overline{3} = 3 + 0{,}3\overline{3} = 3 + \frac{1}{3} = \frac{10}{3}$.

$1\,000b - b = 5\,121$ donc $b = \frac{5\,121}{999} = \frac{9 \times 569}{9 \times 111} = \frac{569}{111}$.

$10c - c = 71$ donc $c = \frac{71}{9}$.

b.

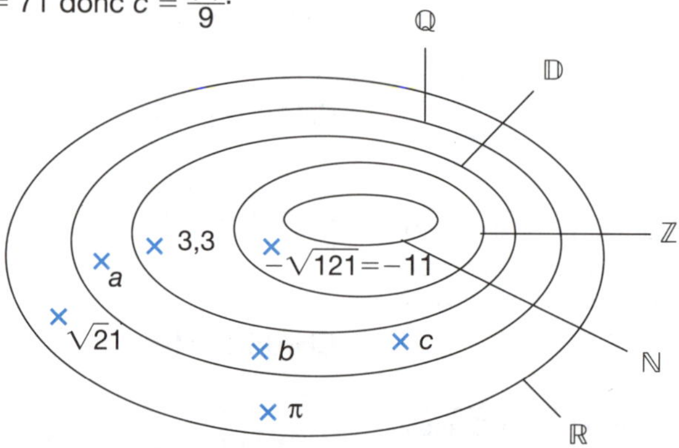

2 $20 - 6{,}5 \times \frac{16\,805}{1\,000} = -89{,}2$ °C (arrondi au dixième).

La température est donc descendue à $-89{,}2$ °C.

3 **a.** $(2 \times 10^4) \times (9 \times 10^5) = 18 \times 10^9 = 1{,}8 \times 10^{10}$.
$(2 \times 10^2)^3 = 2^3 \times 10^6 = 8 \times 10^6$.

$\frac{1{,}5 \times 10^5}{5 \times 10^3} = 0{,}3 \times 10^2 = 3 \times 10^1$.

$3 \times 10^2 - 2 \times 10^{-1} = 300 - 0{,}2 = 299{,}8 = 2{,}998 \times 10^2$.
b. $(2 \times 10^2)^3$ s'obtient par la séquence : 2 ; EXP ; 2 ; x^y ; 3 ; EXE.

4 $(307{,}1 \times 10^9) \div (5 \times 10^2) = 6{,}142 \times 10^8$ billets.
Il y aurait eu 614,2 millions de billets de 500 F.

$6{,}142 \times 10^8 \times 0{,}08 \times 10^{-3} = 49\,136$ m ou 49,136 km.

$49{,}136 \div 4{,}808 \approx 10{,}22$.

La hauteur de la pile aurait été par conséquent d'environ 49 km; soit plus de dix fois la hauteur du Mont Blanc.

5 **a.** $\frac{14}{45} \times \frac{27}{49} = \frac{\cancel{7} \times 2}{\cancel{9} \times 5} \times \frac{\cancel{9} \times 3}{\cancel{7} \times 7} = \frac{2 \times 3}{5 \times 7} = \frac{6}{35}$.

$3 - \frac{4}{7} \times \frac{5}{12} = 3 - \frac{\cancel{4}}{7} \times \frac{5}{\cancel{4} \times 3} = 3 - \frac{5}{21} = \frac{63 - 5}{21} = \frac{58}{21}$.

$$3 - 5 \times \frac{1}{10} + 4 \times \frac{1}{100} = 3 - 0{,}5 + 0{,}04 = 2{,}54 \text{ ou } \frac{254}{100} \text{ soit } \frac{127}{50}.$$

$$\frac{12 \times 10^{-5}}{0{,}4 \times 10^{-2}} = \frac{12}{0{,}4} \times \frac{10^{-5}}{10^{-2}} = 30 \times 10^{-3} = 3 \times 10^{-2} = \frac{3}{100}.$$

$$\frac{2 + \frac{4}{9}}{\frac{1}{2} - \frac{2}{3}} = \frac{\frac{22}{9}}{-\frac{1}{6}} = -\frac{22}{9} \times 6 = -\frac{22}{3 \times \cancel{3}} \times \cancel{3} \times 2 = -\frac{22}{3} \times 2 = -\frac{44}{3}$$

b. Par exemple, le dernier calcul correspond à la séquence :
(2 ; + ; 4 ; $a^{b/c}$; 9) ; ÷ ; (1 ; $a^{b/c}$; 2 ; – ; 2 ; $a^{b/c}$; 3) ; EXE.

6 **a.**

n^e jour	distance totale parcourue	distance restant à parcourir
1er	$\frac{1}{2}$	$\frac{1}{2}$
2e	$\frac{1}{2} + \frac{1}{2} \times \frac{1}{2} = \frac{3}{4}$	$1 - \frac{3}{4} = \frac{1}{4}$
3e	$\frac{3}{4} + \frac{1}{4} \times \frac{1}{2} = \frac{7}{8}$	$1 - \frac{7}{8} = \frac{1}{8}$
4e	$\frac{7}{8} + \frac{1}{8} \times \frac{1}{2} = \frac{15}{16}$	$1 - \frac{15}{16} = \frac{1}{16}$
5e	$\frac{15}{16} + \frac{1}{16} \times \frac{1}{2} = \frac{31}{32}$	$1 - \frac{31}{32} = \frac{1}{32}$

b. Chaque dénominateur est une puissance de 2 dont l'exposant est le numéro du jour : $2 = 2^1$; $4 = 2^2$; $8 = 2^3$; etc.

Au n^e jour, la distance restant à parcourir sera donc de $\frac{1}{2^n}$ et la distance parcourue de $1 - \frac{1}{2^n} = \frac{2^n - 1}{2^n}$.

L'escargot n'arrivera jamais car la distance $\frac{1}{2^n}$ le séparant de la feuille de salade ne sera jamais nulle.

7 **a.** En utilisant la calculatrice, on obtient : $x = y = 15{,}15...$
D'où l'encadrement de x et y au centième près :
$15{,}15 \leqslant x \leqslant 15{,}16$ $\quad$ $15{,}15 \leqslant y \leqslant 15{,}16$

b. On constate que x et y sont égaux au centième près. Démontrons leur égalité.

$$\begin{aligned} x &= \sqrt{9 \times 3} + \sqrt{4 \times 7} - 4\sqrt{4 \times 3} + 7\sqrt{7} \\ &= 3\sqrt{3} + 2\sqrt{7} - 8\sqrt{3} + 7\sqrt{7} \\ &= 9\sqrt{7} - 5\sqrt{3} \\ &= y. \end{aligned}$$

8 **a.** En utilisant la calculatrice, on obtient : $a = b = 2{,}51...$
D'où l'encadrement de a et b au centième près :
$2{,}51 \leqslant a \leqslant 2{,}52$ $\quad$ $2{,}51 \leqslant b \leqslant 2{,}52$
On constate que les deux nombres sont égaux au centième près.

Démontrons leur égalité en écrivant a sans radical au dénominateur.

$$a = \frac{(6-\sqrt{6})\times\sqrt{2}}{\sqrt{2}\times\sqrt{2}} = \frac{6\sqrt{2}-\sqrt{12}}{2} = \frac{6\sqrt{2}-2\sqrt{3}}{2} = \frac{\cancel{2}(3\sqrt{2}-\sqrt{3})}{\cancel{2}} = b.$$

b. On vérifie que x et y sont égaux au centième près car :

$$6{,}69 \leqslant x \leqslant 6{,}70$$
$$6{,}69 \leqslant y \leqslant 6{,}70$$

On le démontre en écrivant y sans radical au dénominateur.

$$y = \frac{2\sqrt{6}\times(\sqrt{3}+1)}{(\sqrt{3}-1)(\sqrt{3}+1)} = \frac{2\sqrt{18}+2\sqrt{6}}{3-1}$$

$$= \frac{6\sqrt{2}+2\sqrt{6}}{2} = \frac{\cancel{2}(3\sqrt{2}+\sqrt{6})}{\cancel{2}} = x.$$

9 a. On constate que a et b sont égaux au centième près car :
$0{,}31 \leqslant a \leqslant 0{,}32$ $\quad$ $0{,}31 \leqslant b \leqslant 0{,}32$
Démontrons que les deux nombres sont égaux en les élevant au carré :
$a^2 = (\sqrt{3}-\sqrt{2})^2 = 3 - 2\sqrt{6} + 2 = 5 - 2\sqrt{6}.$
$b^2 = (\sqrt{5-2\sqrt{6}})^2 = 5 - 2\sqrt{6}.$
Comme les deux nombres ont le même carré et sont de même signe (positif) alors ils sont égaux. D'où $a = b$.
b. On constate de même que x et y sont égaux au centième près car :
$10{,}82 \leqslant x \leqslant 10{,}83$ $\quad$ $10{,}82 \leqslant y \leqslant 10{,}83$
On démontre leur égalité en les élevant au carré :
$x^2 = (8 + 2\sqrt{2})^2 = 64 + 32\sqrt{2} + 8 = 72 + 32\sqrt{2}.$
$y^2 = \left(2\sqrt{18+8\sqrt{2}}\right)^2 = 4 \times (18 + 8\sqrt{2}) = 72 + 32\sqrt{2}.$
Comme les deux nombres ont le même carré et sont de même signe (positif), ils sont égaux. D'où $x = y$.

10 a. $|2^2 - 2^3| = |4-8| = |-4| = 4.$
b. $1 - \left|\frac{3}{5} - \frac{5}{3}\right| = 1 - \left|\frac{-16}{15}\right| = 1 - \frac{16}{15} = \frac{-1}{15}.$
c. $|\pi - 4| = -\pi + 4$ car π est inférieur à 4.
d. $|\sqrt{3} - 1| = \sqrt{3} - 1$ car $\sqrt{3}$ est supérieur à 1.
e. $|1 - \sqrt{2}| = -1 + \sqrt{2}$ car $\sqrt{2}$ est supérieur à 1.
f. $\left|\frac{22}{7} - \pi\right| = \frac{22}{7} - \pi$, $\left(\frac{22}{7} = 3{,}14285\ldots \text{ et } \pi = 3{,}14159\ldots\right)$

11 a. $|x| = 2$ équivaut à $x = 2$ ou $x = -2$.
b. $\sqrt{x^2} = |x|$ donc $\sqrt{x^2} = x$ lorsque $|x| = x$, soit $x \in \mathbb{R}^+$.
c. $|2x - 3| = 3 - 2x$ équivaut à $2x - 3 \leqslant 0$
ou $2x \leqslant 3$
soit $x \leqslant 1{,}5$.
d. $\sqrt{x^2} = -x$ lorsque $|x| = -x$, soit $x \in \mathbb{R}^-$.
e. $|x - 5| = x - 5$ équivaut à $x - 5 \geqslant 0$ ou $x \geqslant 5$.

f. $|-3x| = 9$ équivaut à $|-3| \times |x| = 9$

ou $3|x| = 9$

soit $|x| = 3$

donc $x = 3$ ou $x = -3$.

S'ENTRAÎNER

1 **a.** Les distances au Soleil sont :

pour la Terre :	150 000 000 km
Jupiter :	780 000 000 km
Uranus :	2 900 000 000 km
Neptune :	4 500 000 000 km
Vénus :	110 000 000 km
Mars :	230 000 000 km
Pluton :	5 900 000 000 km
Mercure :	58 000 000 km
Saturne :	1 400 000 000 km

b. Sur le dessin, 10 cm représentent donc 5,9 milliards de km.

$\frac{10 \times 0,15}{5,9} = 0,254$ cm.

La distance Terre-Soleil sera par conséquent de 0,25 cm sur le dessin

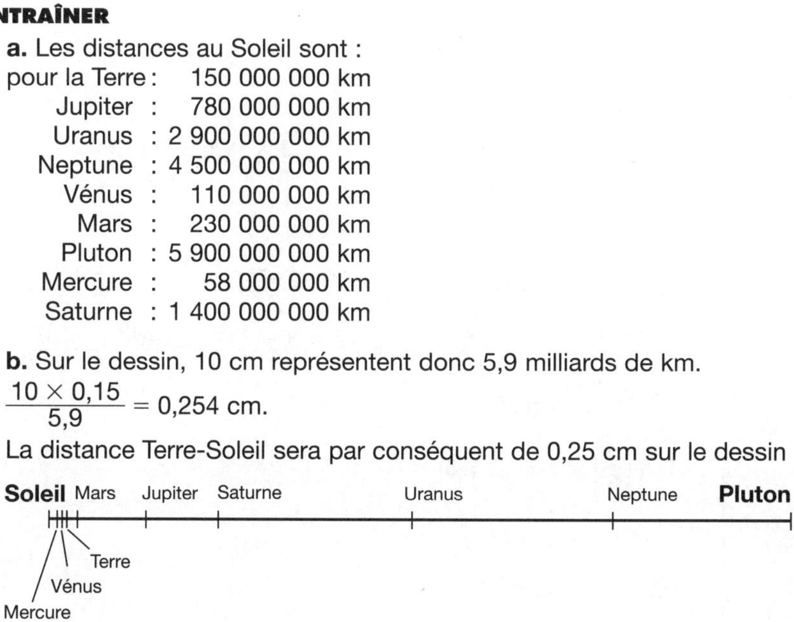

2 **a.** Un nombre décimal est **un nombre que l'on peut écrire sous forme de fraction décimale.**

b. Si deux nombres ont le même carré alors **ils sont égaux ou opposés.**

c. Faux, 2 10 ou 2 E 10 est l'affichage de 2×10^{10}.

d. Faux car $\sqrt{48} = \sqrt{4 \times 12} = 2\sqrt{12}$.

e. $\frac{2(x-1)}{3} - \frac{(x-1)}{6} = \mathbf{\frac{4(x-1) - x + 1}{6}}$ ou $\mathbf{\frac{2(2x-2) - x + 1}{6}}$.

f. Si $x^2 = 4$ alors $|x| = 2$.

g. 3×10^{-5} s'obtient par la séquence : **3 ; EXP ; 5 ;** +/−.

3 $|\sqrt{2}-2| = 2-\sqrt{2}$ car $\sqrt{2} < 2$, donc $|\sqrt{2}-2| = -\sqrt{2}+2$.

$\sqrt{3^2 \times 2^2} = 3 \times 2$ (: convient aussi).

$(5 \times 7)^2 = 5^2 \times 7^2$ (: convient aussi).

$3 - \dfrac{2x-5}{4} = \dfrac{17-2x}{4}$.

$\dfrac{x}{4} + \dfrac{3x-1}{2} = \dfrac{7x-2}{4}$.

$2 \times 10^{-3} \times 5 \times 10^{-2} = 10 \times 10^{-5} = 10^{-4}$.

4 $(3-1) \times \dfrac{1}{4} = 2 \times \dfrac{1}{4} = 0{,}5$.

$\dfrac{2\sqrt{3}}{\sqrt{5}-2} = \dfrac{2\sqrt{3} \times (\sqrt{5}+2)}{(\sqrt{5}-2)(\sqrt{5}+2)} = \dfrac{2\sqrt{3} \times (\sqrt{5}+2)}{(\sqrt{5})^2 - 2^2}$.

$\dfrac{2 \times (2+2) \times \sqrt{3}}{2} = 4\sqrt{3}$.

$\dfrac{2 \times 2 + 2\sqrt{3}}{2} = 2 + \sqrt{3}$ (car $\dfrac{2 \times 2 + 2\sqrt{3}}{2} = \dfrac{2\,(2+\sqrt{3})}{2}$).

$\dfrac{2 \times 3 - 2\sqrt{5}}{4} = \dfrac{3-\sqrt{5}}{2}$ (car $\dfrac{2 \times 3 - 2\sqrt{5}}{4} = \dfrac{2\,(3-\sqrt{5})}{4}$).

$\dfrac{(2 \times 2 + 2)\sqrt{3}}{2} = 3\sqrt{3}$.

$\dfrac{1}{\dfrac{2}{3}} = 1 \div \left(\dfrac{2}{3}\right) = 1 \div (2 \div 3)$

$\dfrac{\dfrac{1}{2}}{3} = \left(\dfrac{1}{2}\right) \div 3 = (1 \div 2) \div 3$

$3 \times (10^5)^2 = 3 \times 10^{10}$ $(2 \times 10^{-2})^3 = 8 \times 10^{-6}$.

5 **a.** Le grossissement de l'électron est de : $10^{-3} \div 10^{-18} = 10^{15}$.
Le diamètre de la boule représentant ce plomb de chasse serait $10^{15} \times 10^{-6} = 10^9$ km.

b. Le volume de cette boule serait de :

$\dfrac{4 \times \pi \times (0{,}5 \times 10^9)^3}{3} \approx 5{,}23 \times 10^{26}$ km^3.

Le volume du Soleil est de :

$\dfrac{4 \times \pi \times (0{,}7 \times 10^6)^3}{3} \approx 1{,}43 \times 10^{18}$ km^3.

$(5{,}23 \times 10^{26}) \div (1{,}43 \times 10^{18}) \approx 3{,}66 \times 10^8$.

La boule aurait donc un volume environ 366 millions de fois supérieur à celui du Soleil.

SOLUTIONS

6 **a.** A 3 h, la petite aiguille a $\frac{1}{4}$ de tour d'avance sur la grande.

Les vitesses horaires sont de :

$\frac{12}{12}$ de tour pour la grande, $\frac{1}{12}$ de tour pour la petite.
La grande aiguille rattrape donc la petite aiguille au bout de $\frac{11}{12}$ de tour, en une heure.
Pour connaître le temps qui lui est nécessaire pour rattraper $\frac{1}{4}$ de tour, on applique la relation : $t = \frac{d}{v}$.
D'où $t = \frac{1}{4} \div \frac{11}{12} = \frac{1}{4} \times \frac{12}{11} = \frac{3}{11} \approx 0{,}27$ h.
Soit $0{,}27 \times 60 = 16{,}2$ min et $0{,}2 \times 60 = 12$ s.
Les deux aiguilles se superposeront à 3 h 16 min 12 s.

b. A partir du moment où les aiguilles se superposent, la grande aiguille doit rattraper $\frac{1}{2}$ tour sur la grande. Le temps nécessaire sera donc de :
$\frac{1}{2} \div \frac{11}{12} = \frac{1}{2} \times \frac{12}{11} = \frac{6}{11} = 0{,}5\overline{45}$ h ou 32 min 43 s.
Il sera alors 3 h 48 min 55 s.

7 **a.** $|x + (y + z)| \leqslant |x| + |y + z| \leqslant |x| + |y| + |z|$.

b. En posant $x = (x - y) + y$, on obtient :

$$|(x - y) + y| \leqslant |x - y| + |y|$$

donc $|x - y + y| - |y| \leqslant |x - y| + |y| - |y|$.
soit $|x| - |y| \leqslant |x - y|$.

En posant de même $y = (y - x) + x$, on obtient :

$$|(y - x) + x| \leqslant |y - x| + |x|$$

$$|(y - x) + x| - |x| \leqslant |y - x|$$

soit $|y| - |x| \leqslant |y - x|$.
Comme $|y| - |x|$ et $|x| - |y|$ sont opposés et que $||x| - |y||$ est égal à un de ces nombres, on en déduit :

$$||x| - |y|| \leqslant |x - y|.$$

Par ailleurs, $|x + (-y)| \leqslant |x| + |-y| \leqslant |x| + |y|$.
D'où $||x| - |y|| \leqslant |x - y| \leqslant |x| + |y|$.

8 **a.** $1{,}618 \leqslant a \leqslant 1{,}619$.

b. $a^2 = \left(\frac{1 + \sqrt{5}}{2}\right)^2 = \frac{6 + 2\sqrt{5}}{4} = \frac{2\,(3 + \sqrt{5})}{4} = \frac{3 + \sqrt{5}}{2}$.
$a + 1 = \frac{1 + \sqrt{5}}{2} + \frac{2}{2} = \frac{3 + \sqrt{5}}{2}$.
D'où l'égalité : $a^2 = a + 1$.

$\frac{1}{a} = \frac{2 \times (1 - \sqrt{5})}{(1 + \sqrt{5}) \times (1 - \sqrt{5})} = \frac{2 - 2\sqrt{5}}{1 - 5} = \frac{2(1 - \sqrt{5})}{-4} = \frac{\sqrt{5} - 1}{2}$.

$a - 1 = \frac{1 + \sqrt{5}}{2} - \frac{2}{2} = \frac{\sqrt{5} - 1}{2}$.

D'où l'égalité : $\frac{1}{a} = a - 1$.

c. $Y_1 = 1 + \frac{1}{2} = \frac{3}{2} = 1{,}5$. $Y_2 = 1 + \frac{1}{Y_1} = 1 + \frac{2}{3} = \frac{5}{3} = 1{,}6\overline{6}$.

$Y_3 = 1 + \frac{1}{Y_2} = 1 + \frac{3}{5} = \frac{8}{5} = 1{,}6$.

$Y_4 = 1 + \frac{1}{Y_3} = 1 + \frac{5}{8} = \frac{13}{8} = 1{,}625$.

Dans l'ordre croissant, on a : $Y_1 \leqslant Y_3 \leqslant a \leqslant Y_4 \leqslant Y_2$.

CHAPITRE 2

POUR FAIRE LE POINT

1. a ; 2. c ; 3. c ; 4. b ; 5. b ; 6. c ; 7. b ; 8. a ; 9. b ; 10. a.

FAIRE

1 **a.** On vérifie : $0 \leqslant 2 \leqslant 3$ et $\frac{2+1}{3+1} \geqslant \frac{2}{3}$ car $\frac{3}{4} = 0{,}75$ et $\frac{2}{3} = 0{,}6\overline{6}$.

b. Prouvons que cette propriété est vraie dans le cas général.

Hypothèse : $0 \leqslant a \leqslant b$.

Démontrons que $\frac{a+1}{b+1} \geqslant \frac{a}{b}$.

Étudions le signe de la différence :

$$\frac{a+1}{b+1} - \frac{a}{b} = \frac{(a+1)b - a(b+1)}{(b+1)b} = \frac{ab + b - ab - a}{(b+1)b} = \frac{b - a}{(b+1)b}.$$

Comme a est inférieur à b par hypothèse, la différence est toujours positive.

On en déduit : $\frac{a+1}{b+1} \geqslant \frac{a}{b}$.

2 **a.** On a $\frac{4+9}{2} = 6{,}5$ et $\sqrt{4 \times 9} = \sqrt{36} = 6$ donc $\frac{4+9}{2} \geqslant \sqrt{4 \times 9}$.

b. Prouvons la propriété dans le cas général.

Hypothèse : x et y sont deux nombres réels positifs.

Démontrons que $\frac{x+y}{2} \geqslant \sqrt{xy}$.

Étudions le signe de la différence des carrés :

$$\left(\frac{x+y}{2}\right)^2 - (\sqrt{xy})^2 = \frac{x^2+y^2+2xy}{4} - xy$$

$$= \frac{x^2+y^2+2xy-4xy}{4}$$

$$= \frac{x^2+y^2-2xy}{4} = \frac{(x-y)^2}{4}.$$

Cette différence est donc positive.

On en déduit que $\left(\frac{x+y}{2}\right)^2 \geqslant (\sqrt{xy})^2$.

Comme les deux nombres sont positifs, ils sont dans le même ordre que leurs carrés, d'où : $\frac{x+y}{2} \geqslant \sqrt{xy}$.

3 **a.** $-45 + 4 \leqslant a + b \leqslant -44 + 5$ d'où $-41 \leqslant a + b \leqslant -39$.

Pour encadrer $a - b$, on encadre d'abord $-b$ puis $a + (-b)$.

$$-5 \leqslant -b \leqslant -4$$

donc $-45 + (-5) \leqslant a + (-b) \leqslant -44 + (-4)$

soit $-50 \leqslant a - b \leqslant -48$.

b. $10 + (-5) \leqslant 10 + (-b) \leqslant 10 + (-4)$

donc $5 \leqslant 10 - b \leqslant 6$

soit $-135 \leqslant 3a \leqslant -132$ et $-10 \leqslant -2b \leqslant -8$

alors $-145 \leqslant 3a + (-2b) \leqslant -140$.

On en déduit : $-151 \leqslant 3a - 2b - 6 \leqslant -146$.

4 En millions de francs :

a. $12 + 7 \leqslant R \leqslant 15 + 9$ soit $19 \leqslant R \leqslant 24$.

b. Comme $8 \leqslant D \leqslant 13$ alors $-13 \leqslant -D \leqslant -8$.

D'où $19 + (-13) \leqslant R + (-D) \leqslant 24 + (-8)$

soit $6 \leqslant B \leqslant 16$.

5 **a.** $2,3 \leqslant |a| \leqslant 2,4$ et $0,4 \leqslant |b| \leqslant 0,5$

d'où $2,3 \times 0,4 \leqslant |a| \times |b| \leqslant 2,4 \times 0,5$

$$0,92 \leqslant |a \times b| \leqslant 1,2.$$

Comme a est positif et b négatif, le produit $a \times b$ est négatif donc $a \times b = -|a \times b|$.

D'où : $-1,2 \leqslant a \times b \leqslant -0,92$.

b. Les nombres positifs non nuls sont dans l'ordre inverse de leurs inverses donc :

$$\frac{1}{0,4} \geqslant \frac{1}{|b|} \geqslant \frac{1}{0,5} \quad \text{soit} \quad 2 \leqslant \frac{1}{|b|} \leqslant 2,5.$$

On peut alors multiplier membre à membre :

$2{,}3 \times 2 \leqslant |a| \times \dfrac{1}{|b|} \leqslant 2{,}4 \times 2{,}5$ d'où $4{,}6 \leqslant \left|\dfrac{a}{b}\right| \leqslant 6.$

Le quotient, comme le produit, est négatif, donc $\dfrac{a}{b} = -\left|\dfrac{a}{b}\right|.$

Par conséquent, $-6 \leqslant \dfrac{a}{b} \leqslant -4{,}6.$

6 **a.** $A = \dfrac{2\sqrt{2}+1}{3-\sqrt{2}} = \dfrac{2\sqrt{2}+1}{3-\sqrt{2}} \times \dfrac{3+\sqrt{2}}{3+\sqrt{2}}$

$= \dfrac{6\sqrt{2}+4+3+\sqrt{2}}{9-2} = \dfrac{7+7\sqrt{2}}{7}$

d'où $A = \dfrac{7\,(1+\sqrt{2})}{7} = 1+\sqrt{2}.$

b. On encadre d'abord le numérateur et le dénominateur :

$1{,}4 \times 2 \leqslant 2x \leqslant 1{,}5 \times 2$ d'où $3{,}8 \leqslant 2x+1 \leqslant 4$

$-1{,}5 \leqslant -x \leqslant -1{,}4$ d'où $1{,}5 \leqslant 3+(-x) \leqslant 1{,}6.$

On cherche alors un encadrement de $\dfrac{1}{3-x}$:

$$\frac{1}{1{,}6} \leqslant \frac{1}{3-x} \leqslant \frac{1}{1{,}5}.$$

On peut alors multiplier membre à membre puisque le numérateur et l'inverse du dénominateur sont positifs.

$\dfrac{3{,}8}{1{,}6} \leqslant (2x+1) \times \dfrac{1}{3-x} \leqslant \dfrac{4}{1{,}5}$

soit $2{,}375 \leqslant \dfrac{2x+1}{3-x} \leqslant \dfrac{8}{3}.$

Pour $x = \sqrt{2}$, $A = 1+\sqrt{2} = 2{,}414...$

On vérifie donc : $1+\sqrt{2} \in [2{,}375\ ;\ \frac{8}{3}].$

7 **a.** Si $x \in [1\ ;\ 3]$ alors
$$\begin{aligned} 1 &\leqslant x \leqslant 3\\ 2 &\leqslant 2x \leqslant 6\\ -6 &\leqslant -2x \leqslant -2\\ -5 &\leqslant 1-2x \leqslant -1. \end{aligned}$$

Donc si $x \in [1\ ;\ 3]$ alors $f(x) \in [-5\ ;\ -1].$

Si $x \in [-3\ ;\ 1]$ alors
$$\begin{aligned} -3 &\leqslant x \leqslant 1\\ -6 &\leqslant 2x \leqslant 2\\ -2 &\leqslant -2x \leqslant 6\\ -1 &\leqslant 1-2x \leqslant 7. \end{aligned}$$

Donc si $x \in [-3\ ;\ 1]$ alors $f(x) \in [-1\ ;\ 7].$

b. Pour encadrer $\dfrac{x}{1-2x}$, on encadre d'abord : $|x| \times \dfrac{1}{|1-2x|}.$

$1 \leqslant |x| \leqslant 3$ et $1 \leqslant |1-2x| \leqslant 5$ d'où $\dfrac{1}{5} \leqslant \dfrac{1}{|1-2x|} \leqslant \dfrac{1}{1}.$

$1 \times \frac{1}{5} \leqslant |x| \times \frac{1}{|1-2x|} \leqslant 3 \times 1$ alors $\frac{1}{5} \leqslant \frac{|x|}{|1-2x|} \leqslant 3.$

Le numérateur de $g(x)$ est positif, et son dénominateur négatif, donc

$g(x) = -\frac{|x|}{|1-2x|}$ et $g(x) \in [-3 ; -\frac{1}{5}]$.

8 **a.** $2x + 5 < 5x + 11$
$2x - 5x < 11 - 5$
$-3x < 6$
$x > 6 \div (-3)$
$x > -2$
donc $S_1 =]-2 ; +\infty[$.

$-9 \leqslant 4x + 1 \leqslant 5$
$-10 \leqslant 4x \leqslant 4$
$-2{,}5 \leqslant x \leqslant 1$
donc $S_2 = [-2{,}5 ; 1]$.

b. On cherche donc les nombres réels qui vérifient à la fois la première et la seconde inégalité. D'où $S = S_1 \cap S_2 =]-2 ; 1]$.

9 **a.** $3 < 2x + 1 < 7$
$2 < 2x < 6$
$1 < x < 3$
donc $S_1 =]1 ; 3[$.

$-9 \leqslant 4x + 1 \leqslant 5$
$-10 \leqslant 4x \leqslant 4$
$-2{,}5 \leqslant x \leqslant 1$
donc $S_2 = [-2{,}5 ; 1]$.

b. On cherche donc les nombres réels qui vérifient l'une ou l'autre des deux inégalités.
D'où $S = S_1 \cup S_2 = [-2{,}5 ; 3[$.

S'ENTRAÎNER

1 Pierre part donc de chez lui entre 6 h 55 et 7 h 05.
Son temps de parcours minimal sera de :
8 h 15 − 7 h 05 = 1 h 10 min.
Son temps de parcours maximal sera de :
8 h 30 − 6 h 55 = 7 h 90 − 6 h 55 = 1 h 35 min.

2 **a.** Pour obtenir la recette minimale, il faut effectuer le produit du plus petit nombre de spectateurs par le prix de place le plus faible.
C'est le contraire pour obtenir la recette maximale.
$150 \times 40 \leqslant R \leqslant 180 \times 50$ d'où $6\,000 \leqslant R \leqslant 9\,000$.
La recette sera donc comprise entre 6 000 F et 9 000 F.
b. Le nombre de participants sera minimal lorsque la recette sera la plus faible et le prix du voyage le plus fort.
$6\,000 \times \frac{1}{1\,000} \leqslant n \leqslant 9\,000 \times \frac{1}{900}$ soit $6 \leqslant n \leqslant 10$.
Le nombre de participants au voyage variera donc de six à dix.

3 **a.** Pour $x = \sqrt{3}$, $A = \dfrac{3}{3 - 2\sqrt{3}} \times \dfrac{3 + 2\sqrt{3}}{3 + 2\sqrt{3}}$

$$= \frac{3(3 + 2\sqrt{3})}{9 - 12}$$

$$= \frac{3\,(3 + 2\sqrt{3})}{-3}$$

$$= -3 - 2\sqrt{3}.$$

b. Soit $1{,}7 \leqslant x \leqslant 1{,}8$ alors $1{,}7^2 \leqslant x^2 \leqslant 1{,}8^2$ d'où : $2{,}89 \leqslant x^2 \leqslant 3{,}24$

et $3{,}4 \leqslant 2x \leqslant 3{,}6$ d'où : $-3{,}6 \leqslant -2x \leqslant -3{,}4$

$$-0{,}6 \leqslant 3 - 2x \leqslant -0{,}4$$

$$0{,}4 \leqslant |3 - 2x| \leqslant 0{,}6$$

donc $\dfrac{1}{0{,}4} \geqslant \dfrac{1}{|3 - 2x|} \geqslant \dfrac{1}{0{,}6}$ ou $\dfrac{5}{3} \leqslant \dfrac{1}{|3 - 2x|} \leqslant 2{,}5.$

Soit finalement :

$2{,}89 \times \dfrac{5}{3} \leqslant x^2 \times \dfrac{1}{|3 - 2x|} \leqslant 3{,}24 \times 2{,}5$ ou $4{,}81 \leqslant \dfrac{x^2}{|3 - 2x|} \leqslant 8{,}1.$

Le dénominateur étant négatif, $\dfrac{x^2}{3 - 2x} = \dfrac{-x^2}{|3 - 2x|}$

d'où l'encadrement final :

$$-8{,}1 \leqslant \frac{x^2}{3 - 2x} \leqslant -4{,}81.$$

A l'aide de la calculatrice, on obtient $-3 - 2\sqrt{3} \approx -6{,}46...$

Cette valeur est bien dans l'encadrement obtenu.

4 **a.** Le poids du père varie de 74 à 76 kg et celui de la mère de 54 à 56 kg. Leur poids total appartient donc à l'intervalle [128 ; 132].

Le poids des enfants varie de 44,5 à 45,5 kg pour le premier, de 41,5 à 42,5 kg pour le second, de 39,5 à 40,5 kg pour le troisième. Le poids total des enfants appartient à l'intervalle [125,5 ; 128,5].

b. [128 ; 132] $\cap$ [125,5 ; 128,5] = [128 ; 128,5].

Comme cette intersection n'est pas vide, il est donc possible que les enfants aient un poids égal à celui des parents.

5

Intervalle I	Intervalle J	I ∩ J	I ∪ J
$]-\infty\,;3]$	$]-2\,;5]$	$]-2\,;3]$	$]-\infty\,;5]$
$]-6\,;7]$	$[7\,;10]$	$\{7\}$	$]-6\,;10]$
$[-4\,;-2]$	$]-10\,;+\infty[$	$[-4\,;-2]$	$]-10\,;+\infty[$
$]-\infty\,;0[$	$]0\,;+\infty[$	{ } ou $\varnothing$	$\mathbb{R} - \{0\}$ ou $\mathbb{R}^*$

6 **1. a.** On réduit au même dénominateur 2 dans les deux membres :

$$\frac{4x}{2} - \left[\frac{10-(4x+1)}{2}\right] > \frac{6x-4}{2}$$

On peut alors multiplier par 2, ce qui « chasse les dénominateurs ».

$$\begin{aligned} 4x-(10-4x-1) &> 6x-4 \\ 4x-10+4x+1 &> 6x-4 \\ 8x-6x &> -4+9 \\ 2x &> 5 \\ x &> 2{,}5 \end{aligned}$$

d'où $S_a =]2{,}5\ ;\ +\infty[$.

b. On réduit au même dénominateur 3 :

$$\frac{x-2}{3} - \frac{3}{3} \leqslant 0$$

$$\frac{x-5}{3} \leqslant 0$$

d'où $x - 5 \leqslant 0$ soit $x \leqslant 5$ et $S_b =]-\infty\ ;\ 5]$.

c. On réduit au même dénominateur et on multiplie par 5 :

$$\begin{aligned} 5 < 4x - 5 \leqslant 15 \\ 10 < 4x \leqslant 20 \\ 2{,}5 < x \leqslant 5 \end{aligned}$$

d'où $S_c =]2{,}5\ ;\ 5]$.

2. On a donc $S_a \cap S_b = S_c$.

7 **a.** Si $|x| \leqslant 2$ alors $-2 \leqslant x \leqslant 2$

b. $0 \leqslant x^2 \leqslant 4$ et $-2 \leqslant -x \leqslant 2$ donc $-2 \leqslant x^2 + (-x) \leqslant 6$.
Les nombres obtenus ont donc une valeur absolue comprise entre 0 et 6. D'où $|x^2 - x| \leqslant 6$.

8 **a.** Représentons sur la droite graduée les nombres réels vérifiant $-2 \leqslant x \leqslant 3$.

Ces nombres ont donc une valeur absolue comprise entre 0 et 3 :

$$0 \leqslant |x| \leqslant 3.$$

Comme $-3 \leqslant -x \leqslant 2$ alors $-3 \leqslant |x| + (-x) \leqslant 5$

soit $-3 \leqslant |x| - x \leqslant 5$.

b. Attention, on ne peut élever au carré à partir de l'encadrement de x. On utilise l'encadrement de sa valeur absolue car pour multiplier membre à membre, les nombres doivent être positifs.

$0 \leqslant x^2 \leqslant 9$ d'où $-3 \leqslant x^2 + (-x) \leqslant 11$

soit $-3 \leqslant x^2 - x \leqslant 11$.

9 **a.** $y_A = 3 - 2 \times 4 = -5$.

$10 = 3 - 2 \times x_B$ d'où $x_B = 7 \div (-2) = -3{,}5$.

La droite $\mathcal{D}$ est tracée en **d**.

b. $3 \leqslant x \leqslant 4$ donc $-8 \leqslant -2x \leqslant -6$

soit $-5 \leqslant -2x + 3 \leqslant -3$.

c. $-1 \leqslant 3 - 2x \leqslant 7$ d'où $-4 \leqslant -2x \leqslant 4$

ou encore $2 \geqslant x \geqslant -2$.

$S = [-2\ ;\ 2]$.

d.

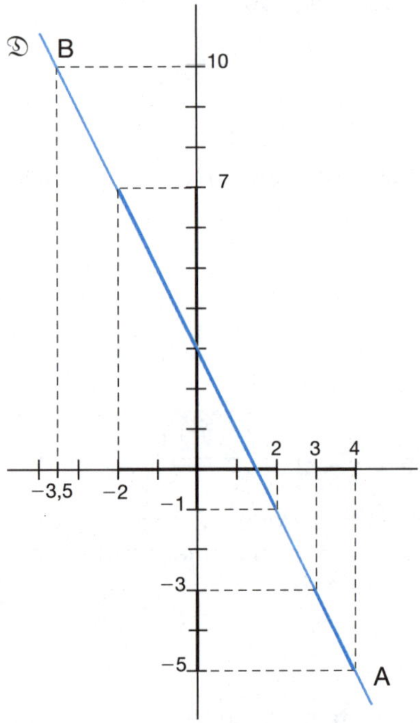

CHAPITRE 3

POUR FAIRE LE POINT

1. c et d ; 2. c et d ; 3. c ; 4. b ; 5. d ; 6. b ; 7. b et c ; 8. b.

FAIRE

1 **a.** $f(0) = \frac{1}{2} \times 0 - 1 = 0 - 1 = -1.$

$f(-1) = \frac{1}{2} \times (-1) - 1 = -\frac{1}{2} - 1 = -\frac{3}{2}.$

$f(2) = \frac{1}{2} \times 2 - 1 = 1 - 1 = 0.$

$f(10) = \frac{1}{2} \times 10 - 1 = 5 - 1 = 4.$

b. $f(x) = 0$ équivaut à $\frac{1}{2}x - 1 = 0$

soit $\frac{1}{2}x = 1$

donc $x = 2.$

$f(x) = -1$ équivaut à $\frac{1}{2}x - 1 = -1$

d'où $\frac{1}{2}x = 0$

soit $x = 0.$

$f(x) = \frac{4}{5}$ équivaut à $\frac{1}{2}x - 1 = \frac{4}{5}$

d'où $\frac{1}{2}x = \frac{4}{5} + 1$

soit $\frac{1}{2}x = \frac{9}{5}$

donc $x = \frac{18}{5}.$

2 **a.** $a = 2$ donc $a > 0$, f est strictement croissante.
f est représentée par la droite $\mathcal{D}$ = (AB) avec A(0 ; 1) et B(−1 ; −1).

b. $a = 1$ donc $a > 0$, f est strictement croissante.
f est représentée par la droite $\mathcal{D}$ = (AB) avec A(0 ; 2,5) et B(−3 ; −0,5).

c. $a = -1$ donc $a < 0$, f est strictement décroissante.
f est représentée par la droite $\mathcal{D}$ = (OA) avec O(0 ; 0) et A(2 ; −2).

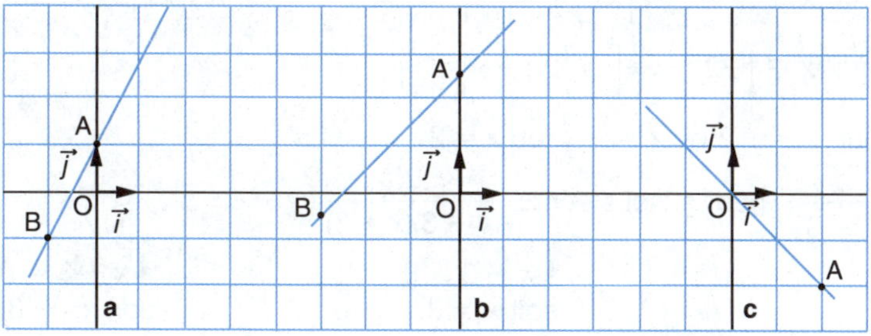

3 f est une fonction affine, on peut donc écrire :
$f(x) = ax + b$.
On remplace x et $f(x)$ par les valeurs données ce qui amène au système :

$$\begin{cases} 2a + b = 0 \\ -a + b = -3 \end{cases}$$

On soustrait ces deux équations :
$3a = 3$ donc $a = 1$ et $b = -2a = -2$.
On obtient $f(x) = x - 2$.

4 • $3 - 2x = 0$
d'où $2x = 3$
soit $x = \frac{3}{2}$.

• $x + 5 = 0$
soit $x = -5$.

x	$-\infty$		-5		$\frac{3}{2}$		$+\infty$
Signe de (3 − 2*x*)		+	|	+	0	−	
Signe de (*x* + 5)		−	0	+	|	+	
Signe de *P*(*x*)		−	0	+	0	−	

L'inéquation $P(x) \leqslant 0$ a pour solution : $S =]-\infty\,;-5] \cup \left[\frac{3}{2}\,;+\infty\right[$.

5 **a.** $P(x) = (4 - x^2)(7x + 2)$ peut aussi s'écrire : $P(x) = (2 - x)(2 + x)(7x + 2)$

• $2 - x = 0$
soit $x = 2$.

• $2 + x = 0$
soit $x = -2$.

• $7x + 2 = 0$
soit $x = -\frac{2}{7}$.

$(-2 < -\frac{2}{7})$

x	$-\infty$		-2		$-\frac{2}{7}$		2		$+\infty$
Signe de (2 − *x*)		+	|	+	|	+	0	−	
Signe de (2 + *x*)		−	0	+	|	+	|	+	
Signe de (7*x* + 2)		−	|	−	0	+	|	+	
Signe de *P*(*x*)		+	0	−	0	+	0	−	

$P(x) > 0$ pour $x \in \left]-\infty\,;-2\right[\cup \left]-\frac{2}{7}\,;2\right[$.

$P(x) < 0$ pour $x \in \left]-2\,;-\frac{2}{7}\right[\cup \left]2\,;+\infty\right[$.

$P(x) = 0$ pour $x = -2$ ou $x = -\frac{2}{7}$ ou $x = 2$.

b. $Q(x) = \dfrac{5 - x}{x^2 - 9}$ peut aussi s'écrire $\dfrac{5 - x}{(x - 3)(x + 3)}$

• $5 - x = 0$
soit $x = 5$.

• $x - 3 = 0$
soit $x = 3$.

• $x + 3 = 0$
soit $x = -3$.

x	$-\infty$		-3		3		5		$+\infty$
Signe de $(5 - x)$		$+$		$+$		$+$	0	$-$	
Signe de $(x - 3)$		$-$		$-$	0	$+$		$+$	
Signe de $(x + 3)$		$-$	0	$+$		$+$		$+$	
Signe de $Q(x)$		$+$	$\|\|$	$-$	$\|\|$	$+$	0	$-$	

$Q(x) > 0$ pour $x \in]-\infty ; -3[\cup]3 ; 5[$.

$Q(x) < 0$ pour $x \in]-3 ; 3[\cup]5 ; +\infty[$.

$Q(x) = 0$ pour $x = 5$.

$Q(x)$ n'est pas défini pour $x = -3$ et $x = 3$.

6 $3 - 3x = 0$
d'où $3x = 3$
soit $x = 1$.

x	$-\infty$		1		$+\infty$
Signe de $(3 - 3x)$		$+$	0	$-$	
$\|3 - 3x\| =$		$3 - 3x$		$-3 + 3x$	

Si $x < 1$, $f(x) = 3 - 3x$
$a = -3$, f est décroissante.
Si $x > 1$, $f(x) = 3x - 3$
$a = 3$, f est croissante.
Si $x = 1$, $f(x) = 0$.
Donc le tableau de variation de f est :

x	$-\infty$		1		$+\infty$
$f(x)$		↘	0	↗	

Sa représentation graphique est formée de deux demi-droites :
$\mathfrak{D}_1$: $y = 3 - 3x$
$\mathfrak{D}_2$: $y = 3x - 3$
$\mathfrak{D}_1$ et $\mathfrak{D}_2$ se coupent en $x = 1$ et $y = 0$.

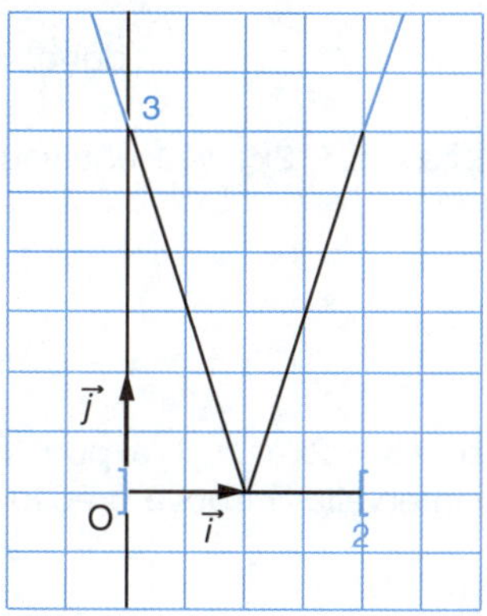

D'après le graphique,
$f(x) \geqslant 3$ si $x \in]-\infty ; 0] \cup [2 ; +\infty[$.

7 On sait que :

x	$-\infty$	0	$+\infty$
$\lvert x \rvert$	$-x$	0	x

Donc $f(x) = 1 + x$ si $x < 0$, f est croissante.
$f(x) = 1 - x$ si $x > 0$, f est décroissante.
$f(x) = 1$ si $x = 0$.

La représentation graphique de f est formée de deux demi-droites se coupant en $x = 0$ et $y = 1$.

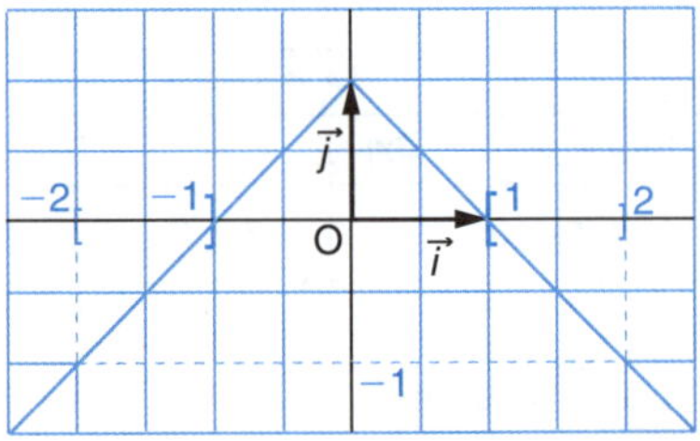

D'après le graphique, $-1 \leqslant f(x) \leqslant 0$ si $x \in [-2\,;\,-1] \cup [1\,;\,2]$.

8 **a.** $\lvert 3x - 1 \rvert = 0{,}5$ équivaut à $3x - 1 = 0{,}5$ ou $3x - 1 = -0{,}5$
$3x = 1{,}5$ ou $3x = 0{,}5$
$x = 0{,}5 = \frac{1}{2}$ ou $x = \frac{1}{6}$
donc $S = \left\{\frac{1}{2}\,;\,\frac{1}{6}\right\}$.

b. $\lvert 2 - x \rvert = 3$ équivaut à $2 - x = 3$ ou $2 - x = -3$
$2 - 3 = x$ ou $2 + 3 = x$
$x = -1$ ou $x = 5$
donc $S = \{-1\,;\,5\}$.

9 **a.** $\lvert 5 - 2x \rvert \leqslant 1$ équivaut à $-1 \leqslant 5 - 2x \leqslant 1$
$-1 - 5 \leqslant -2x \leqslant 1 - 5$
$-6 \leqslant -2x \leqslant -4$
$4 \leqslant 2x \leqslant 6$
$2 \leqslant x \leqslant 3$
donc $S = [2\,;\,3]$.

b. $\lvert 5 - 2x \rvert > 1$ a pour solution l'ensemble des x n'appartenant pas à l'intervalle S trouvé précédemment donc la solution est :
$S' =]-\infty\,;\,2[\cup]3\,;\,+\infty[$.

10

Équation $\lvert x - a \rvert = b$	Représentation graphique	Ensemble des solutions
$\lvert x - 6 \rvert = 4$	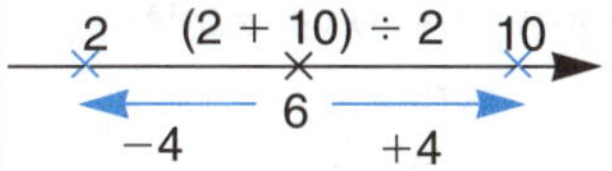	$S = \{2 ; 10\}$
$\left\lvert x - \frac{1}{6} \right\rvert = \frac{5}{6}$	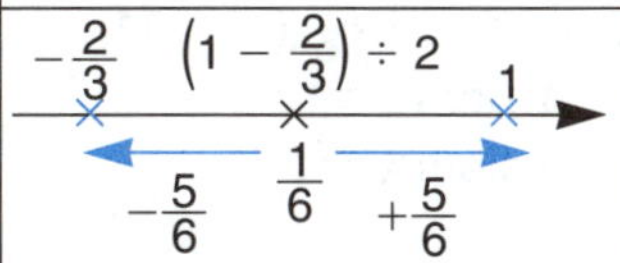	$S = \{-\frac{2}{3} ; 1\}$
$\left\lvert x + \frac{5}{6} \right\rvert = \frac{1}{2}$	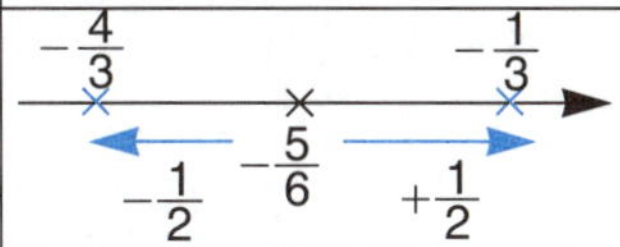	$S = \{-\frac{4}{3} ; -\frac{1}{3}\}$

11

Inéquations $\lvert x - a \rvert \geqslant b$ $\lvert x - a \rvert \leqslant b$	Représentation graphique	Ensemble des solutions
$\lvert x - 4 \rvert \leqslant 3$	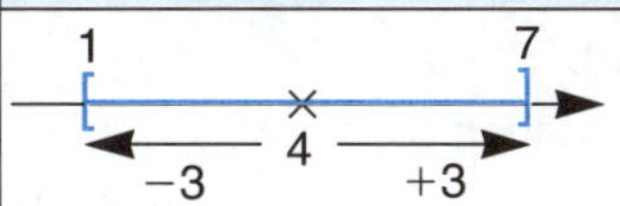	$S = [1 ; 7]$
$\lvert x - 2 \rvert \leqslant 4$	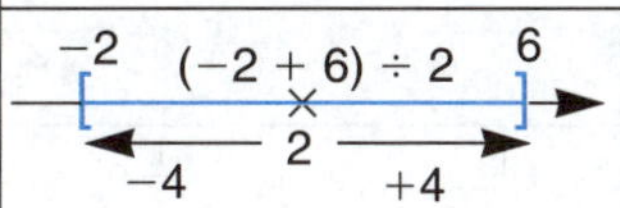	$S = [-2 ; 6]$
$\lvert x + 1 \rvert \leqslant 2$	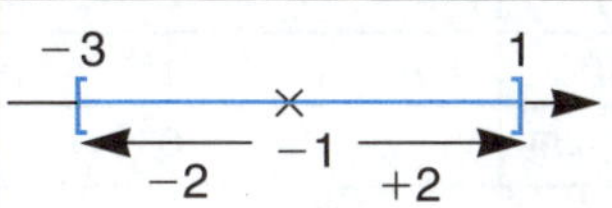	$S = [-3 ; 1]$
$\lvert x - 5 \rvert \geqslant 4$	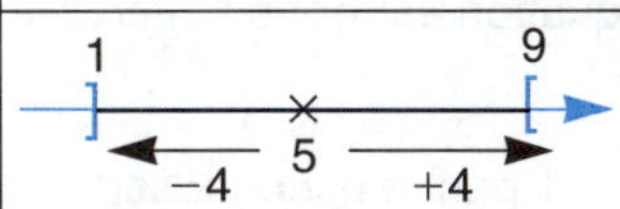	$S =]-\infty ; 1] \cup [9 ; +\infty[$

S'ENTRAÎNER

1 $f(x) = ax + b$

Si $\mathcal{D}$ passe par $A(-1 ; 0)$ alors $f(-1) = 0$ ou $-a + b = 0$ soit $a = b$.

$a = 3$ donc $b = 3$ et $f(x) = 3x + 3$.

$\mathcal{D}$ passe par A et par B $(0 ; 3)$.

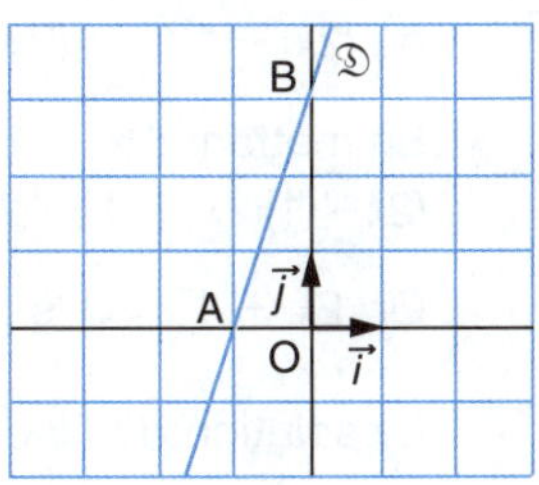

2 f est représentée par la droite $\mathscr{D}$ passant par A(0 ; 2) et B(−1 ; −1).
f est strictement croissante et on lit sur le graphique : si $x = -1$ alors $y = -1$
si $x = 3$ alors $y = 11$.
Donc si $-1 \leqslant x \leqslant 3$ alors, $-1 \leqslant f(x) \leqslant 11$
de même : si $y = -4$ alors $x = -2$
si $y = 8$ alors $x = 2$.
Donc on a :
$-4 \leqslant f(x) \leqslant 8$ si $-2 \leqslant x \leqslant 2$.

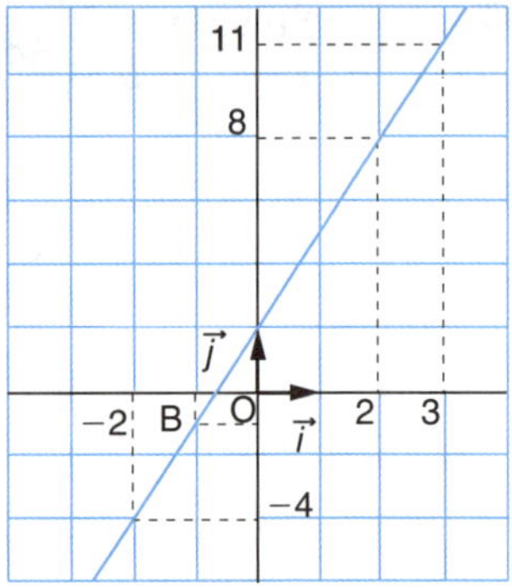

3 **a.** $(5x-3)^2 \leqslant (x+5)^2$ peut s'écrire aussi : $(5x-3)^2 - (x+5)^2 \leqslant 0$.
En utilisant l'identité remarquable $A^2 - B^2 = (A+B)(A-B)$, on obtient :
$(5x - 3 + x + 5)(5x - 3 - x - 5) \leqslant 0$
$(6x + 2)(4x - 8) \leqslant 0$.
On résout cette inéquation :

$6x + 2 = 0$ $\qquad$ $4x - 8 = 0$
$x = -\frac{2}{6} = -\frac{1}{3}$. $\qquad$ $x = \frac{8}{4} = 2$.

x	$-\infty$		$-\frac{1}{3}$		2		$+\infty$
Signe de (6x + 2)		−	0	+		+	
Signe de (4x − 8)		−		−	0	+	
Signe de (6x + 2)(4x − 8)		+	0	−	0	+	

La solution de l'inéquation est donc l'intervalle $[-\frac{1}{3} ; 2]$.

b. $(2x+1)^2 < 4x^2 - 1$ peut s'écrire aussi :
$(2x+1)^2 - (4x^2 - 1) < 0$
ou $(2x+1)^2 - [(2x-1)(2x+1)] < 0$.
En mettant $(2x + 1)$ en facteur, on obtient :
$(2x+1)(2x + 1 - 2x + 1) < 0$ soit $2(2x+1) < 0$.
Or $2x + 1 < 0$ si $x < -\frac{1}{2}$.
La solution de l'inéquation est donc l'intervalle $]-\infty ; -\frac{1}{2}[$.

c. $\frac{1}{x} \geqslant \frac{1}{x+2}$ peut s'écrire aussi $\frac{1}{x} - \frac{1}{x+2} \geqslant 0$.

En réduisant au même dénominateur, on obtient :

$\frac{x+2-x}{x(x+2)} \geqslant 0$ soit $\frac{2}{x(x+2)} \geqslant 0$.

On résout cette inéquation ; le dénominateur s'annule pour :

$x = 0$ ou $x + 2 = 0$, c'est-à-dire $x = -2$.

x	$-\infty$		-2		0		$+\infty$
2		$+$	|	$+$	|	$+$	
Signe de x		$-$	|	$-$	0	$+$	
Signe de $(x+2)$		$-$	0	$+$	|	$+$	
Signe de $\frac{2}{x(x+2)}$		$+$	||	$-$	||	$+$	

L'inéquation a donc pour solution $]-\infty\,;-2[\,\cup\,]0\,;+\infty[$.

d. $\frac{9}{(x-2)^2} \geqslant 4$ peut s'écrire aussi : $\frac{9}{(x-2)^2} - 4 \geqslant 0$

On réduit au même dénominateur : $\frac{9-4(x-2)^2}{(x-2)^2} \geqslant 0$

En utilisant l'identité remarquable $A^2 - B^2 = (A+B)(A-B)$,

$$\frac{[3+2(x-2)]\,[3-2(x-2)]}{(x-2)^2} \geqslant 0$$

$$\frac{(3+2x-4)(3-2x+4)}{(x-2)^2} \geqslant 0 \quad \text{soit} \quad \frac{(2x-1)(7-2x)}{(x-2)^2} \geqslant 0.$$

- $2x - 1 = 0$, $x = \frac{1}{2}$
- $7 - 2x = 0$, $x = \frac{7}{2}$
- $x - 2 = 0$, $x = 2$

x	$-\infty$		$\frac{1}{2}$		2		$\frac{7}{2}$		$+\infty$
Signe de $(2x-1)$		$-$	0	$+$	|	$+$	|	$+$	
Signe de $(7-2x)$		$+$	|	$+$	|	$+$	0	$-$	
* Signe de $(x-2)^2$		$+$	|	$+$	0	$+$	|	$+$	
Signe de $\frac{(2x-1)(7-2x)}{(x-2)^2}$		$-$	0	$+$	||	$+$	0	$-$	

* (Un carré est toujours positif ou nul)

La solution de l'inéquation est donc : $\left[\frac{1}{2}\,;2\right[\,\cup\,\left]2\,;\frac{7}{2}\right]$.

4 Le prix à payer dans le premier magasin est :

$f(x) = x - \frac{10}{100}x = 0{,}9x$ pour tout x.

Le prix à payer dans le deuxième magasin est :

si $10 < x < 200$ $\quad g(x) = x - 10$

si $x \geqslant 200$ $\quad g(x) = x - 20$.

$y = f(x)$ en noir, $y = g(x)$ en bleu.

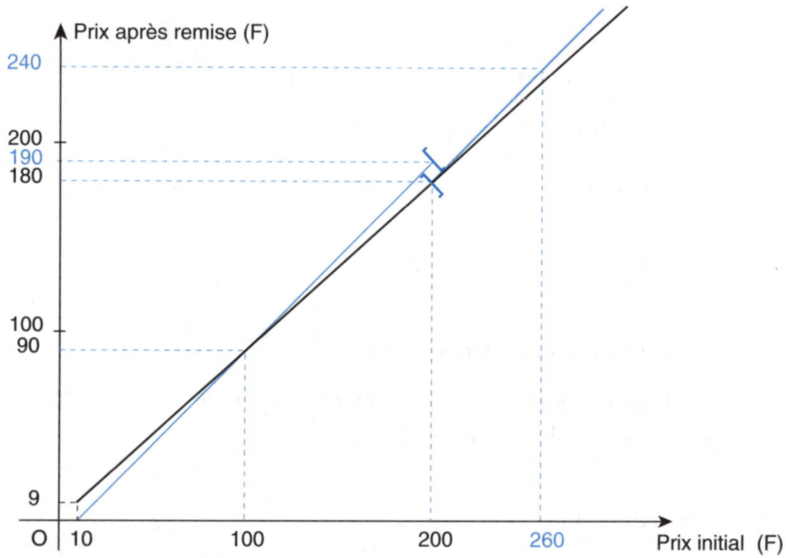

D'après le graphique : si $10 < x < 100$, $g(x) < f(x)$;

si $x = 100$, $g(x) = f(x)$;

si $100 < x < 200$, $g(x) > f(x)$;

si $x = 200$, $g(x) = f(x)$;

si $x > 200$, $g(x) > f(x)$.

Le deuxième magasin propose des prix plus avantageux pour un prix initial inférieur à 100 F et supérieur à 10 F.

Les prix sont identiques pour un article de 100 F ou de 200 F.

Le premier magasin propose des prix plus avantageux pour un prix initial supérieur ou égal à 100 F.

5 La vitesse v, le temps t et la distance d d'un trajet sont liés par la formule : $v = \frac{d}{t}$ (v en km. h^{-1}, d en km et t en h).

Donc le temps du trajet sur autoroute est $t_1 = \frac{90}{120} = \frac{3}{4}$ h.

Le temps du trajet sur la départementale est $t_2 = \frac{60}{75} = \frac{4}{5}$ h.

Le temps total est $t = t_1 + \frac{1}{4} + t_2 = 1 + \frac{4}{5} = 1$ h 48 min, donc l'heure d'arrivée est 11 h 48 min.

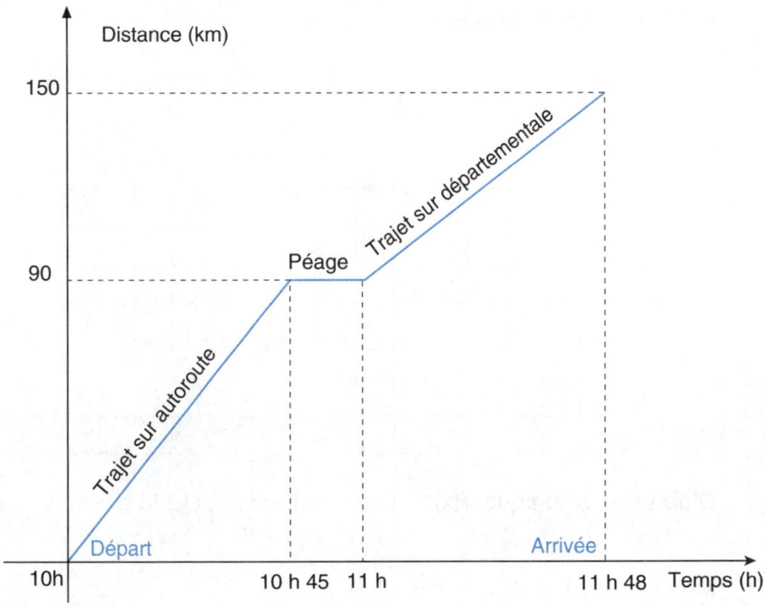

6 • $x + 1 = 0$ si $x = -1$ • $1 - x = 0$ si $x = 1$

x	$-\infty$ … -1	-1 … $+1$	$+1$ … $+\infty$
Signe de (x + 1)	$-$	0 $+$	I
|x + 1|	$-x - 1$	0 $x + 1$	$x + 1$
Signe de (1 − x)	$+$	$+$	0 $-$
|1 − x|	$1 - x$	$1 - x$	0 $-1 + x$
|x + 1| − 2|1 − x|	$-x - 1 - 2(1 - x)$ $= x - 3$	$x + 1 - 2(1 - x)$ $= 3x - 1$	$x + 1 - 2(-1 + x)$ $= -x + 3$

donc $f(x) = x - 3$ si $x \in]-\infty\,;\,-1]$, f est croissante.
$f(x) = 3x - 1$ si $x \in [-1\,;\,1]$, f est croissante.
$f(x) = -x + 3$ si $x \in [1\,;\,+\infty[$, f est décroissante.

Tableau de variations de f :

x	$-\infty$	-1	1	$+\infty$
$f(x)$	↗	-4 ↗	2	↘

La représentation graphique de f est formée de deux demi-droites et d'un segment de droite.

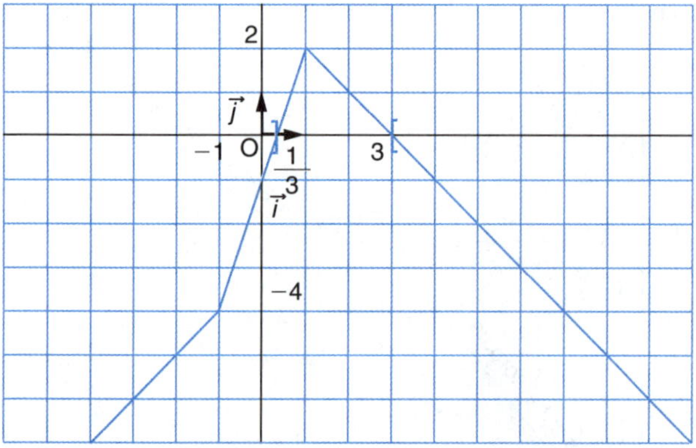

D'après le graphique, $f(x) \leqslant 0$ si $x \in \left]-\infty\,;\,\frac{1}{3}\right] \cup [3\,;\,+\infty[$.

7 **a.** $f(x) = 2|x| + 4|x - 5|$

x	$-\infty$ 0	5	$+\infty$
$\|x\|$	$-x$	x	x
Signe de $(x-5)$	$-$	$-$ 0	$+$
$\|x-5\|$	$-x+5$	$-x+5$ 0	$x-5$
$2\|x\| + 4\|x-5\|$	$2(-x)+4(-x+5)$ $-6x+20$	$2x+4(-x+5)$ $-2x+20$	$2x+4(x-5)$ $6x-20$

On obtient donc le tableau de variations de f suivant :

x	$-\infty$	0	5	$+\infty$
$f(x)$	↘	20 ↘	10	↗

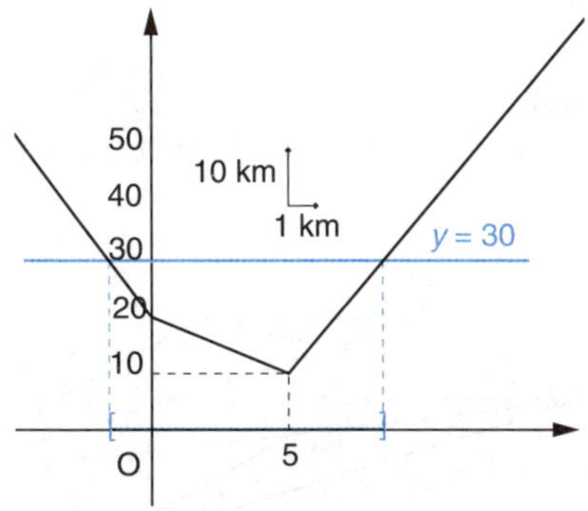

b. Soit x l'abscisse de M sur (AB) en supposant l'origine en A.

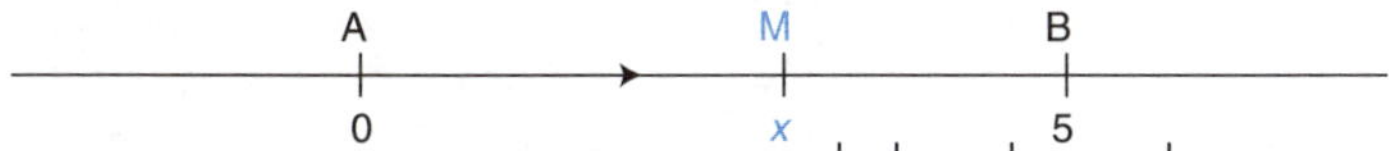

Le trajet journalier de M. Martin est $2|x| + 4|x - 5| = f(x)$.
D'après le graphique précédent, $0 \leqslant f(x) \leqslant 30$ si $x \in [-1,5\ ;\ 8,5]$ (valeurs approchées prises sur le graphique).
M. Martin doit donc s'installer à moins de 1,5 km avant A ou à moins de 3,5 km après B.

8 Énoncé possible : deux villes A et B sont distantes de 480 km. Le premier véhicule va de B vers A à 120 km/h. Le deuxième véhicule part de A, une heure plus tard, à 80 km/h. Ils se rencontreront, d'après le graphique, à environ 150 km de A et 2 h 45 min après le départ du premier véhicule (point d'intersection des deux droites).

9 **a.** $\dfrac{220 \times 0,04}{100} = 0,088$ V, donc : $220 - 0,088 \leqslant V \leqslant 220 + 0,088$
soit $|V - 220| \leqslant 0,088$ d'où : $|V - 220| \leqslant 0,088 \leqslant 0,1$
alors $|V - 220| \leqslant 10^{-1}$.

b. $\dfrac{5 \times 0,5}{100} = 0,025$A donc $5 - 0,025 \leqslant I \leqslant 5 + 0,025$
soit $|I - 5| \leqslant 0,025 \leqslant 0,1$ d'où $|I - 5| \leqslant 10^{-1}$.

c. Comme $V = RI$ alors $R = \dfrac{V}{I} = V \times \dfrac{1}{I}$.
$\dfrac{1}{5,025} \leqslant \dfrac{1}{I} \leqslant \dfrac{1}{4,975}$ et $219,912 \leqslant V \leqslant 220,088$
donc $\dfrac{219,912}{5,025} \leqslant V \times \dfrac{1}{I} \leqslant \dfrac{220,088}{4,975}$ et $43,76 < R < 44,24$
soit $|R - 44| \leqslant 0,24 \leqslant 0,25$ ou encore $|R - 44| \leqslant \dfrac{1}{4}$.

CHAPITRE 4

POUR FAIRE LE POINT

1. b ; 2. c ; 3. c ; 4. b ; 5. a ; 6. c ; 7. c ; 8. a et b ; 9. c.

FAIRE

1 a.

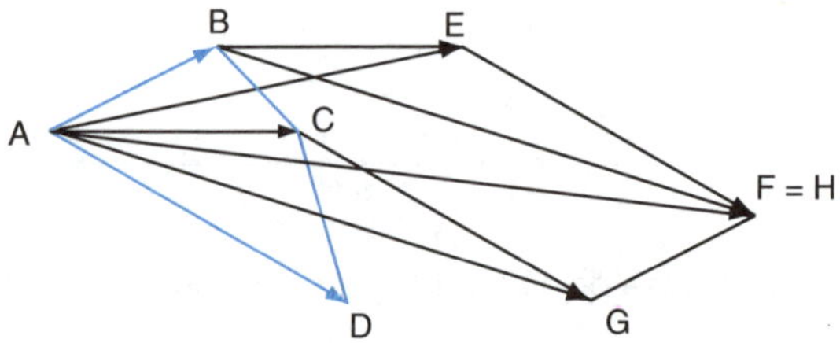

b. On constate que F et H sont confondus. Démontrons-le.

Par hypothèse, on sait que :

$\overrightarrow{AF} = \overrightarrow{AB} + \overrightarrow{AD} = (\overrightarrow{AE} + \overrightarrow{AC}) + \overrightarrow{AD}$

$\overrightarrow{AH} = \overrightarrow{AB} + \overrightarrow{AG} = \overrightarrow{AB} + (\overrightarrow{AC} + \overrightarrow{AD})$.

Comme on peut associer différemment les termes, on peut donc affirmer que $\overrightarrow{AF} = \overrightarrow{AH}$ alors F et H sont confondus.

2 a.

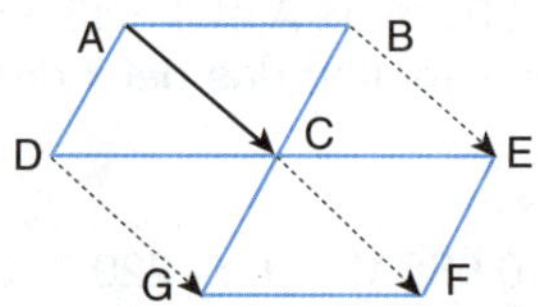

Démontrons que $\overrightarrow{EF} = \overrightarrow{CG}$.

Par la translation de vecteur $\overrightarrow{AC}$:

$\overrightarrow{BE} = \overrightarrow{CF} = \overrightarrow{AC}$ donc BEFC est un parallélogramme et $\overrightarrow{BC} = \overrightarrow{EF}$.

$\overrightarrow{DG} = \overrightarrow{AC}$ donc DGCA est un parallélogramme et $\overrightarrow{CG} = \overrightarrow{AD}$.

Par ailleurs $\overrightarrow{AD} = \overrightarrow{BC}$ car ABCD est un parallélogramme.

On en déduit que $\overrightarrow{EF} = \overrightarrow{CG}$, donc que EFCG est aussi un parallélogramme.

b. Dans la symétrie de centre C :

B a pour image G car $\overrightarrow{BC} = \overrightarrow{AD} = \overrightarrow{CG}$.

A a pour image F car $\overrightarrow{AC} = \overrightarrow{CF}$.

D a pour image E car $\overrightarrow{DC} = \overrightarrow{GF} = \overrightarrow{CE}$.

C est donc le centre de symétrie de la figure obtenue.

3 **a.**

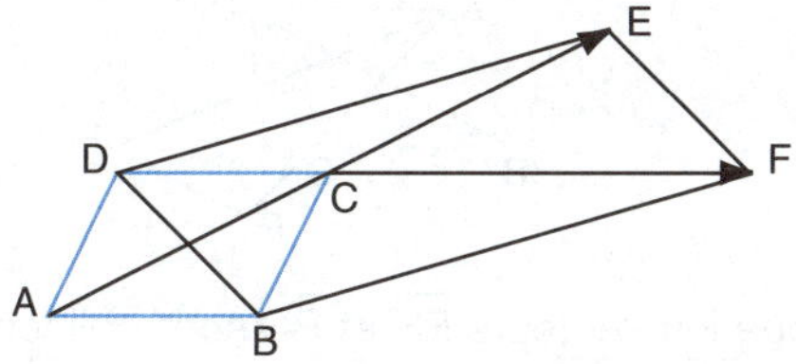

b. Démontrons que $\overrightarrow{DE} = \overrightarrow{BF}$.

Pour cela, on écrit $\overrightarrow{DE}$ et $\overrightarrow{BF}$ à l'aide des vecteurs $\overrightarrow{AB}$ et $\overrightarrow{AD}$.

$\overrightarrow{DE} = \overrightarrow{DA} + \overrightarrow{AE} = \overrightarrow{DA} + 2\,\overrightarrow{AC} = \overrightarrow{DA} + 2\,(\overrightarrow{AD} + \overrightarrow{AB}) = \overrightarrow{AD} + 2\,\overrightarrow{AB}$.

$\overrightarrow{BF} = \overrightarrow{BD} + \overrightarrow{DF} = (\overrightarrow{BA} + \overrightarrow{AD}) + 3\,\overrightarrow{AB} = \overrightarrow{AD} + 2\,\overrightarrow{AB}$.

Les vecteurs $\overrightarrow{DE}$ et $\overrightarrow{BF}$ sont égaux alors DEFB est un parallélogramme.

4 **a.**

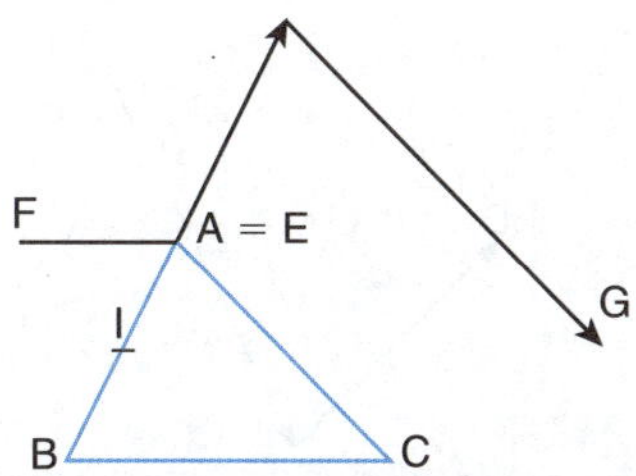

$\overrightarrow{EA} + \overrightarrow{EB} = \overrightarrow{AB}$ équivaut à $\overrightarrow{EA} + \overrightarrow{EA} + \overrightarrow{AB} = \overrightarrow{AB}$

$2\,\overrightarrow{EA} = \overrightarrow{0}$ donc E = A.

$\overrightarrow{FA} + \overrightarrow{FB} = \overrightarrow{AC}$ équivaut à $\overrightarrow{FA} + \overrightarrow{FA} + \overrightarrow{AB} = \overrightarrow{AC}$

$2\,\overrightarrow{FA} = \overrightarrow{AC} - \overrightarrow{AB} = \overrightarrow{AC} + \overrightarrow{BA} = \overrightarrow{BC}$

$\overrightarrow{AF} = \dfrac{\overrightarrow{CB}}{2}$.

F est donc l'image de A par la translation de vecteur $\dfrac{\overrightarrow{CB}}{2}$.

$\overrightarrow{GA} - 2\,\overrightarrow{GB} + 3\,\overrightarrow{GC}$ équivaut à $\overrightarrow{GA} - 2\,\overrightarrow{GA} - 2\,\overrightarrow{AB} + 3\,\overrightarrow{GA} + 3\,\overrightarrow{AC} = \overrightarrow{0}$

$2\,\overrightarrow{GA} = 2\,\overrightarrow{AB} - 3\,\overrightarrow{AC}$

$\overrightarrow{AG} = -\overrightarrow{AB} + 1{,}5\,\overrightarrow{AC}$.

G est donc l'image de A par la translation de vecteur $-\overrightarrow{AB} + 1{,}5\,\overrightarrow{AC}$.

b. Démontrons que $\overrightarrow{MA} + \overrightarrow{MB} = 2\,\overrightarrow{MI}$.

Par la relation de Chasles : $\overrightarrow{MA} + \overrightarrow{MB} = \overrightarrow{MI} + \overrightarrow{IA} + \overrightarrow{MI} + \overrightarrow{IB}$

$= 2\,\overrightarrow{MI} + \overrightarrow{0}$

$= 2\,\overrightarrow{MI}$.

5 **a.**

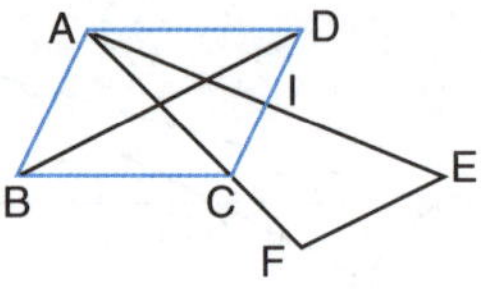

b. Démontrons que les vecteurs $\overrightarrow{EF}$ et $\overrightarrow{BD}$ sont colinéaires.
Pour cela, on écrit $\overrightarrow{EF}$ et $\overrightarrow{BD}$ à l'aide des vecteurs $\overrightarrow{AB}$ et $\overrightarrow{AD}$:

$$\overrightarrow{EF} = \overrightarrow{EA} + \overrightarrow{AF} = -2\,\overrightarrow{AI} + 1{,}5\,\overrightarrow{AC} = -2\,(\overrightarrow{AD} + \overrightarrow{DI}) + 1{,}5\,(\overrightarrow{AB} + \overrightarrow{BC}).$$
$$= -2\,\overrightarrow{AD} - \cancel{2}\,\frac{\overrightarrow{DC}}{\cancel{2}} + 1{,}5\,\overrightarrow{AB} + 1{,}5\,\overrightarrow{AD} = -\,0{,}5\,\overrightarrow{AD} - \overrightarrow{DC} + 1{,}5\,\overrightarrow{AB}$$
$$= -0{,}5\,\overrightarrow{AD} - \overrightarrow{AB} + 1{,}5\,\overrightarrow{AB} = 0{,}5\,\overrightarrow{AB} - 0{,}5\,\overrightarrow{AD} = -\,0{,}5\,(\overrightarrow{AD} - \overrightarrow{AB})$$
$$= -0{,}5\,(\overrightarrow{BA} + \overrightarrow{AD}) = -0{,}5\,\overrightarrow{BD}.$$

Donc $\overrightarrow{BD} = -\,2\,\overrightarrow{EF}$. Les vecteurs $\overrightarrow{BD}$ et $\overrightarrow{EF}$ sont colinéaires. Les droites (BD) et (EF) sont donc parallèles.

6 **a.**

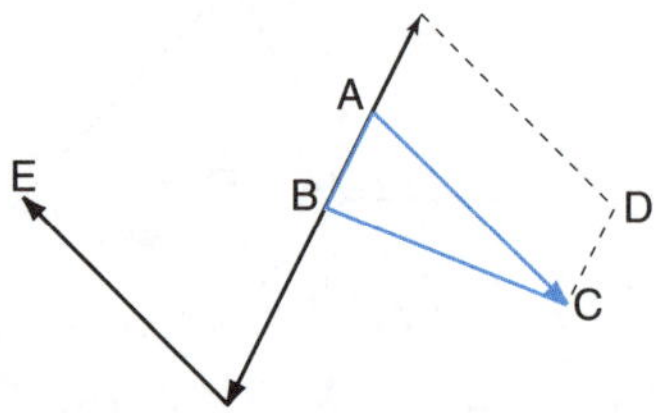

b. Démontrons que les vecteurs $\overrightarrow{BD}$ et $\overrightarrow{BE}$ sont colinéaires.
Écrivons pour cela $\overrightarrow{BD}$ et $\overrightarrow{BE}$ à l'aide des vecteurs $\overrightarrow{AB}$ et $\overrightarrow{AC}$.

$$\overrightarrow{BD} = \overrightarrow{BA} + \overrightarrow{AD} = -\,\overrightarrow{AB} - \overrightarrow{AB} + \overrightarrow{AC} = -\,2\,\overrightarrow{AB} + \overrightarrow{AC}.$$
$$\overrightarrow{BE} = \overrightarrow{BA} + \overrightarrow{AE} = -\,\overrightarrow{AB} + 3\,\overrightarrow{AB} - \overrightarrow{AC} = 2\,\overrightarrow{AB} - \overrightarrow{AC}.$$

Donc $\overrightarrow{BE} = -\,\overrightarrow{BD}$. Les vecteurs $\overrightarrow{BE}$ et $\overrightarrow{BD}$ sont colinéaires et ont le point B en commun. Les points B, D et E sont donc alignés.
Comme les vecteurs sont opposés, B est le milieu du segment [ED].

7 **a.**

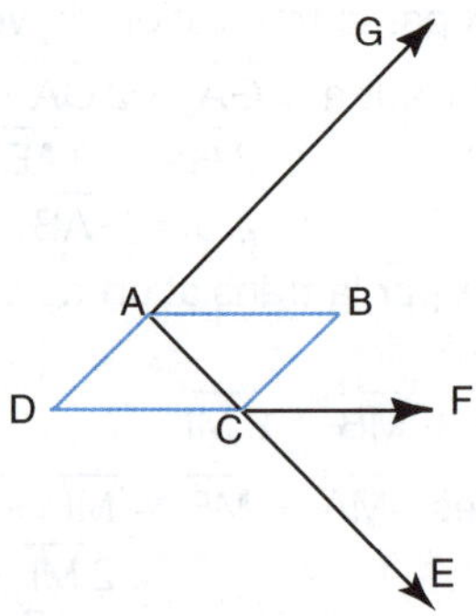

b. Démontrons que les vecteurs $\overrightarrow{EF}$ et $\overrightarrow{EG}$ sont colinéaires.
Pour cela écrivons $\overrightarrow{EF}$ et $\overrightarrow{EG}$ à l'aide des vecteurs $\overrightarrow{AB}$ et $\overrightarrow{AD}$.

$$\begin{aligned}\overrightarrow{EF} &= \overrightarrow{EA} + \overrightarrow{AC} + \overrightarrow{CF} = -3\,\overrightarrow{AC} + \overrightarrow{AC} + \overrightarrow{AB} = -2\,(\overrightarrow{AB} + \overrightarrow{BC}) + \overrightarrow{AB}\\ &= -\overrightarrow{AB} - 2\,\overrightarrow{AD}.\end{aligned}$$

$$\begin{aligned}\overrightarrow{EG} &= \overrightarrow{EA} + \overrightarrow{AG} = -3\,\overrightarrow{AC} - 3\,\overrightarrow{AD} = -3\,\overrightarrow{AB} - 3\,\overrightarrow{BC} - 3\,\overrightarrow{AD}\\ &= -3\,\overrightarrow{AB} - 3\,\overrightarrow{AD} - 3\,\overrightarrow{AD}.\\ &= -3\,\overrightarrow{AB} - 6\,\overrightarrow{AD}.\end{aligned}$$

Donc $\overrightarrow{EG} = 3\,\overrightarrow{EF}$.

Les vecteurs $\overrightarrow{EF}$ et $\overrightarrow{EG}$ sont colinéaires et ont le point E en commun. Par conséquent, les points E, F et G sont alignés.

8 On sait que $\overrightarrow{GA} + \overrightarrow{GB} + \overrightarrow{GC} + \overrightarrow{GD} = \overrightarrow{0}$;
$\overrightarrow{IA} + \overrightarrow{IB} = \overrightarrow{0}$ et $\overrightarrow{JC} + \overrightarrow{JD} = \overrightarrow{0}$.

Démontrons que $\overrightarrow{GI} + \overrightarrow{GJ} = \overrightarrow{0}$.

$$\begin{aligned}\overrightarrow{GA} + \overrightarrow{GB} + \overrightarrow{GC} + \overrightarrow{GD} &= \overrightarrow{0}\\ \overrightarrow{GI} + \overrightarrow{IA} + \overrightarrow{GI} + \overrightarrow{IB} + \overrightarrow{GJ} + \overrightarrow{JC} + \overrightarrow{GJ} + \overrightarrow{JD} &= \overrightarrow{0}\\ 2\,\overrightarrow{GI} + \overrightarrow{IA} + \overrightarrow{IB} + 2\,\overrightarrow{GJ} + \overrightarrow{JC} + \overrightarrow{JD} &= \overrightarrow{0}\\ 2\,\overrightarrow{GI} + 2\,\overrightarrow{GJ} &= \overrightarrow{0}\\ \overrightarrow{GI} + \overrightarrow{GJ} &= \overrightarrow{0}.\end{aligned}$$

Les vecteurs $\overrightarrow{GI}$ et $\overrightarrow{GJ}$ sont opposés donc G est le milieu du segment [IJ].

9 **a.** Comme ABCD est un parallélogramme, $\overrightarrow{AB} = \overrightarrow{DC}$.

On a $\overrightarrow{AB}\,(x_B - x_A\,;\,y_B - y_A)$
$\overrightarrow{AB}\,(-2 - 1\,;\,5 - 3)$
$\overrightarrow{AB}\,(-3\,;\,2)$
et $\overrightarrow{DC}\,(x_C - x_D\,;\,y_C - y_D)$
$\overrightarrow{DC}\,(-4 - x_D\,;\,-1 - y_D)$.

Comme deux vecteurs égaux ont des coordonnées égales :
$-3 = -4 - x_D$ et $2 = -1 - y_D$
$x_D = -1$ $\qquad$ $y_D = -3$

Les coordonnées du point D sont donc $(-1\,;\,-3)$.

b. Comme les diagonales d'un parallélogramme se coupent en leurs milieux, I est le milieu du segment [AC].

Donc $x_I = \dfrac{x_A + x_C}{2}$ et $y_I = \dfrac{y_A + y_C}{2}$

$x_I = \dfrac{1 + (-4)}{2}$ $y_I = \dfrac{3 + (-1)}{2}$

$x_I = -1,5$ $y_I = 1$

Les coordonnées du point I sont $(-1,5 \ ; \ 1)$.

10 La relation $ab' - a'b = 0$ doit être vérifiée.

Soit : $\sqrt{6} \times \sqrt{3} - (2 - \sqrt{2})\,x = 0$ ou encore $x = \dfrac{\sqrt{18}}{2 - \sqrt{2}} = \dfrac{3\sqrt{2}}{2 - \sqrt{2}}$.

On multiplie numérateur et dénominateur par la quantité conjuguée du dénominateur afin d'obtenir l'écriture demandée.

$x = \dfrac{3\sqrt{2}}{2 - \sqrt{2}} \times \dfrac{2 + \sqrt{2}}{2 + \sqrt{2}} = \dfrac{6\sqrt{2} + 6}{4 - 2} = \dfrac{6(\sqrt{2} + 1)}{2} = 3\,(\sqrt{2} + 1)$.

11 **a.**

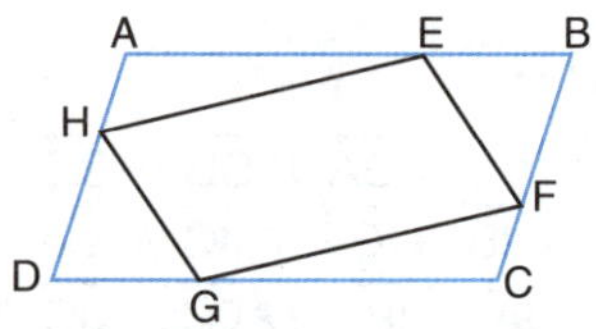

b. Dans le repère $(A \ ; \overrightarrow{AB}, \overrightarrow{AD})$, on a :

A (0 ; 0) car A est l'origine du repère.

B (1 ; 0) car $\overrightarrow{AB} = 1\,\overrightarrow{AB} + 0\,\overrightarrow{AD}$.

C (1 ; 1) car $\overrightarrow{AC} = 1\,\overrightarrow{AB} + 1\,\overrightarrow{AD}$.

D (0 ; 1) car $\overrightarrow{AD} = 0\,\overrightarrow{AB} + 1\,\overrightarrow{AD}$.

Par ailleurs, $\overrightarrow{AE} = \frac{2}{3}\overrightarrow{AB}$ d'où $E\left(\frac{2}{3} \ ; \ 0\right)$.

$\overrightarrow{AF} = \overrightarrow{AB} + \overrightarrow{BF} = \overrightarrow{AB} + \frac{2}{3}\overrightarrow{BC} = \overrightarrow{AB} + \frac{2}{3}\overrightarrow{AD}$ d'où $F\left(1 \ ; \ \frac{2}{3}\right)$.

$\overrightarrow{AG} = \overrightarrow{AD} + \overrightarrow{DG} = \overrightarrow{AD} + \frac{1}{3}\overrightarrow{DC} = \overrightarrow{AD} + \frac{1}{3}\overrightarrow{AB}$ d'où $G\left(\frac{1}{3} \ ; \ 1\right)$.

$\overrightarrow{AH} = \frac{1}{3}\overrightarrow{AD}$ d'où $H\left(0 \ ; \ \frac{1}{3}\right)$.

Démontrons que $\overrightarrow{EF} = \overrightarrow{HG}$.

On a : $\overrightarrow{EF}\,(x_F - x_E \ ; y_F - y_E)$ et $\overrightarrow{HG}\,(x_G - x_H \ ; y_G - y_H)$

$\overrightarrow{EF}\left(1 - \frac{2}{3} \ ; \frac{2}{3} - 0\right)$ $\overrightarrow{HG}\left(\frac{1}{3} - 0 \ ; 1 - \frac{1}{3}\right)$

$\overrightarrow{EF}\left(\frac{1}{3} \ ; \frac{2}{3}\right)$ $\overrightarrow{HG}\left(\frac{1}{3} \ ; \ \frac{2}{3}\right)$

Donc $\overrightarrow{EF} = \overrightarrow{HG}$ et EFGH est un parallélogramme.

12 a.

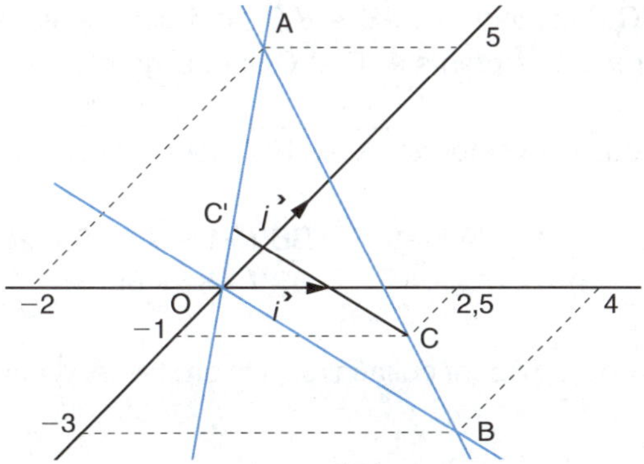

Démontrons que les vecteurs $\overrightarrow{AB}$ et $\overrightarrow{AC}$ sont colinéaires.

On a $\overrightarrow{AB}\,(x_B - x_A\,;\,y_B - y_A)$ et $\overrightarrow{AC}\,(x_C - x_A\,;\,y_C - y_A)$

$\overrightarrow{AB}\,(4 + 2\,;\,-3 - 5)$ $\quad\overrightarrow{AC}\,(2{,}5 + 2\,;\,-1 - 5)$

$\overrightarrow{AB}\,(6\,;\,-8)$ $\quad\overrightarrow{AC}\,(4{,}5\,;\,-6)$

Donc $\overrightarrow{AC} = \frac{3}{4}\overrightarrow{AB}$.

Les vecteurs $\overrightarrow{AC}$ et $\overrightarrow{AB}$ sont colinéaires et possèdent le point A en commun. Les points A, B et C sont alignés.

b. Comme les droites (CC') et (OB) sont parallèles, on applique le théorème de Thalès aux triangles AOB et ACC'.

On a $\overrightarrow{AC} = \frac{3}{4}\overrightarrow{AB}$ d'où $\overrightarrow{AC'} = \frac{3}{4}\overrightarrow{AO}$

$\overrightarrow{AO} + \overrightarrow{OC'} = \frac{3}{4}\overrightarrow{AO}$

$\overrightarrow{OC'} = \frac{3}{4}\overrightarrow{AO} - \overrightarrow{AO} = -\frac{1}{4}\overrightarrow{AO} = \frac{1}{4}\overrightarrow{OA}$.

Il suffit donc de multiplier les coordonnées du point A par $\frac{1}{4}$ pour obtenir celles de C'.

Soit C' $\left(-0{,}5\,;\,\frac{5}{4}\right)$.

13 a.

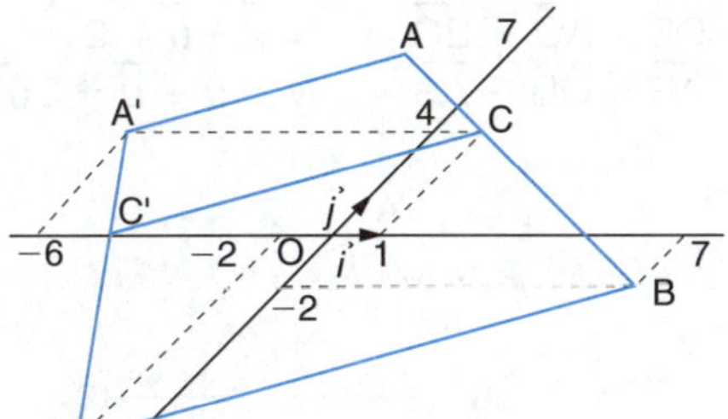

Démontrons que les vecteurs $\overrightarrow{AB}$ et $\overrightarrow{AC}$ sont colinéaires.

On a : $\overrightarrow{AB}\,(x_B - x_A\,;\,y_B - y_A)$ et $\overrightarrow{AC}\,(x_C - x_A\,;\,y_C - y_A)$

$\overrightarrow{AB}\,(7 + 2\,;\,-2 - 7)$ $\quad\overrightarrow{AC}\,(1 + 2\,;\,4 - 7)$

$\overrightarrow{AB}\,(9\,;\,-9)$ $\quad\overrightarrow{AC}\,(3\,;\,-3)$

Donc $\overrightarrow{AB} = 3\,\overrightarrow{AC}$. Les vecteurs $\overrightarrow{AB}$ et $\overrightarrow{AC}$ sont colinéaires et possèdent le point A en commun. Les points A, B et C sont alignés.

b. Démontrons que les vecteurs $\overrightarrow{AA'}$ et $\overrightarrow{BB'}$ sont colinéaires.

On a :

$$\overrightarrow{AA'}(-6+2\,;4-7) \quad \text{et} \quad \overrightarrow{BB'}(-1-7\,;-8+2)$$
$$\overrightarrow{AA'}(-4\,;-3) \qquad\qquad \overrightarrow{BB'}(-8\,;-6)$$

Donc $\overrightarrow{BB'} = 2\,\overrightarrow{AA'}$.

Les vecteurs $\overrightarrow{A'A'}$ et $\overrightarrow{B'B'}$ sont colinéaires, les droites (AA') et (BB') sont donc parallèles.

c. De par le théorème de Thalès appliqué au trapèze AA'B'B, comme $\overrightarrow{AB} = 3\,\overrightarrow{AC}$ alors $\overrightarrow{A'B'} = 3\,\overrightarrow{A'C'}$.

On a :

$$\overrightarrow{A'B'}(-1+6\,;-8-4) \quad \text{et} \quad \overrightarrow{A'C'}(x_{C'}+6\,;y_{C'}-4)$$
$$\overrightarrow{A'B'}(5\,;-12)$$

Donc :

$$5 = 3(x_{C'}+6) \qquad \text{et} \qquad -12 = 3(y_{C'}-4)$$
$$5 = 3x_{C'}+18 \qquad\qquad -12 = 3y_{C'}-12$$
$$x_{C'} = -\frac{13}{3} \qquad\qquad y_{C'} = 0$$

Le point C' a pour coordonnées $\left(-\frac{13}{3}\,;0\right)$.

S'ENTRAÎNER

1

$\overrightarrow{AC} = \overrightarrow{AB} + \overrightarrow{BC} = \overrightarrow{AB} + \overrightarrow{AO} = \vec{u} + \vec{v}$

$\overrightarrow{OB} = \overrightarrow{OA} + \overrightarrow{AB} = -\vec{v} + \vec{u}$

$\overrightarrow{OE} = \overrightarrow{BO} = -\overrightarrow{OB} = \vec{v} - \vec{u}$

$\overrightarrow{AE} = \overrightarrow{AO} + \overrightarrow{OE} = \overrightarrow{AO} + \overrightarrow{BO} = \vec{v} + \vec{v} - \vec{u} = 2\vec{v} - \vec{u}$

$\overrightarrow{FB} = \overrightarrow{FA} + \overrightarrow{AB} = \overrightarrow{OB} + \overrightarrow{AB} = -\vec{v} + \vec{u} + \vec{u} = 2\vec{u} - \vec{v}$

2 **a.**

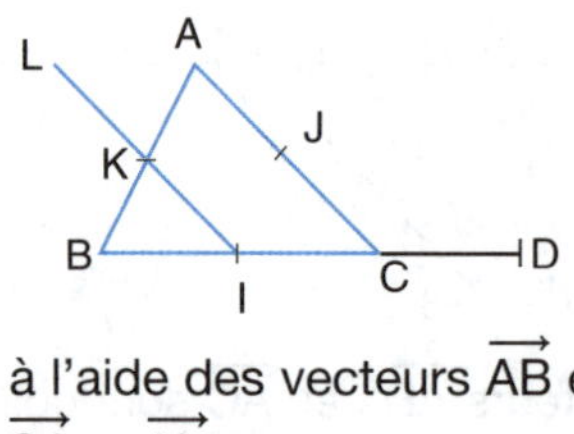

b. On écrit $\overrightarrow{JL}$ et $\overrightarrow{JD}$ à l'aide des vecteurs $\overrightarrow{AB}$ et $\overrightarrow{AC}$.

$\overrightarrow{JL} = \overrightarrow{JL} + \overrightarrow{AL} = \frac{1}{2}\,\overrightarrow{CA} + \overrightarrow{AL}$.

Or $\overrightarrow{AL} = \overrightarrow{IB}$ car ALBI est un parallélogramme, ses diagonales ayant le même milieu K.

D'où $\overrightarrow{JL} = -\frac{1}{2}\overrightarrow{AC} + \frac{\overrightarrow{CB}}{2} = -\frac{1}{2}\overrightarrow{AC} + \frac{\overrightarrow{CA}}{2} + \frac{\overrightarrow{AB}}{2} = -\overrightarrow{AC} + \frac{\overrightarrow{AB}}{2}$.

$$\overrightarrow{JD} = \overrightarrow{JC} + \overrightarrow{CD} = \frac{1}{2}\overrightarrow{AC} + \overrightarrow{IC} = \frac{1}{2}\overrightarrow{AC} + \frac{1}{2}\overrightarrow{BC}$$
$$= \frac{1}{2}\overrightarrow{AC} + \frac{1}{2}(\overrightarrow{BA} + \overrightarrow{AC})$$
$$= \overrightarrow{AC} - \frac{1}{2}\overrightarrow{AB}.$$

On en déduit que $\overrightarrow{JD} + \overrightarrow{JL} = \overrightarrow{0}$.
Les vecteurs $\overrightarrow{JD}$ et $\overrightarrow{JL}$ sont opposés. Le point J est le milieu du segment [LD].

3 **a.** On constate sur la figure que J est le milieu du segment [BC].
Démontrons que $\overrightarrow{BJ} = \overrightarrow{JC}$.

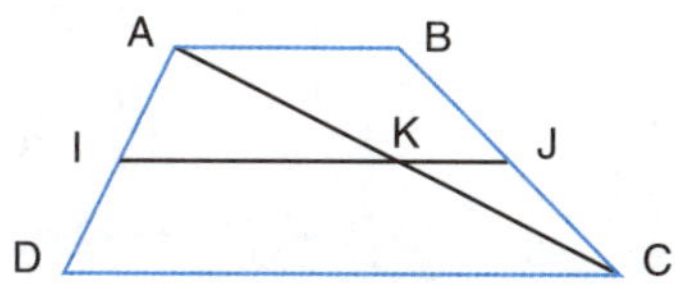

$$\overrightarrow{BJ} = \overrightarrow{BA} + \overrightarrow{AI} + \overrightarrow{IJ}$$
$$= \overrightarrow{BA} + \overrightarrow{AI} + \frac{\overrightarrow{AB}}{2} + \frac{\overrightarrow{DC}}{2}$$
$$= -\frac{\overrightarrow{AB}}{2} + \frac{\overrightarrow{AD}}{2} + \frac{\overrightarrow{DC}}{2}.$$

$$\overrightarrow{JC} = \overrightarrow{JI} + \overrightarrow{ID} + \overrightarrow{DC}$$
$$= -\frac{\overrightarrow{AB}}{2} - \frac{\overrightarrow{DC}}{2} + \frac{\overrightarrow{AD}}{2} + \overrightarrow{DC}$$
$$= -\frac{\overrightarrow{AB}}{2} + \frac{\overrightarrow{AD}}{2} + \frac{\overrightarrow{DC}}{2}.$$

On en déduit que les vecteurs $\overrightarrow{BJ}$ et $\overrightarrow{JC}$ sont égaux. Le point J est le milieu du segment [BC].

b. Démontrons que les vecteurs $\overrightarrow{IJ}$ et $\overrightarrow{IK}$ sont colinéaires.

$$\overrightarrow{IK} = \overrightarrow{IA} + \overrightarrow{AK} = \frac{\overrightarrow{DA}}{2} + \frac{\overrightarrow{AC}}{2} = \frac{\overrightarrow{DC}}{2}$$

Comme les droites (DC) et (AB) sont parallèles alors $\overrightarrow{AB} = k\,\overrightarrow{DC}$

$$\overrightarrow{IJ} = \frac{k\overrightarrow{DC} + \overrightarrow{DC}}{2} = \frac{(k+1)\overrightarrow{DC}}{2}$$

Les vecteurs $\overrightarrow{IJ}$ et $\overrightarrow{IK}$ sont colinéaires et possèdent le point I en commun donc les points I, J et K sont alignés.

4 **a.** $\overrightarrow{AJ} = \overrightarrow{AC} + \overrightarrow{CJ} = \overrightarrow{AC} + \frac{1}{2}\overrightarrow{CI}$

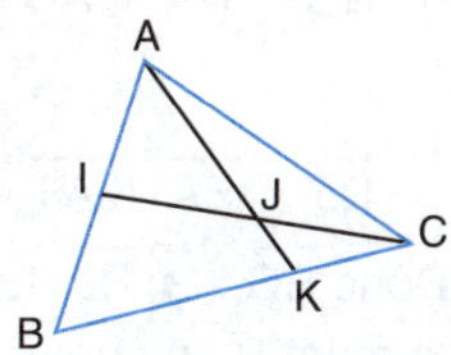

$$= \overrightarrow{AC} + \frac{1}{2}(\overrightarrow{CA} + \overrightarrow{AI})$$
$$= \frac{1}{2}\overrightarrow{AC} + \frac{1}{4}\overrightarrow{AB} \text{ soit } J\left(\frac{1}{4}\,;\,\frac{1}{2}\right).$$

$$\overrightarrow{AK} = \overrightarrow{AC} + \overrightarrow{CK} = \overrightarrow{AC} + \frac{1}{3}\overrightarrow{CB}$$
$$= \overrightarrow{AC} + \frac{1}{3}\overrightarrow{CA} + \frac{1}{3}\overrightarrow{AB} = \frac{2}{3}\overrightarrow{AC} + \frac{1}{3}\overrightarrow{AB} \quad \text{soit } K\left(\frac{1}{3}\,;\,\frac{2}{3}\right).$$

b. Démontrons que les vecteurs $\overrightarrow{AJ}$ et $\overrightarrow{GK}$ sont colinéaires.

Vérifions pour cela la relation $ab' - a'b = 0$;

$\frac{1}{4} \times \frac{2}{3} - \frac{1}{2} \times \frac{1}{3} = \frac{1}{6} - \frac{1}{6} = 0.$

Donc les vecteurs $\overrightarrow{AJ}$ et $\overrightarrow{AK}$ sont colinéaires et les points A, J et K sont alignés.

5 **a.** $\overrightarrow{GB} + \overrightarrow{GC} = \overrightarrow{GI} + \overrightarrow{IB} + \overrightarrow{GI} + \overrightarrow{IC}$
$= 2\,\overrightarrow{GI} + \vec{0}$
$= 2\,\overrightarrow{GI}.$

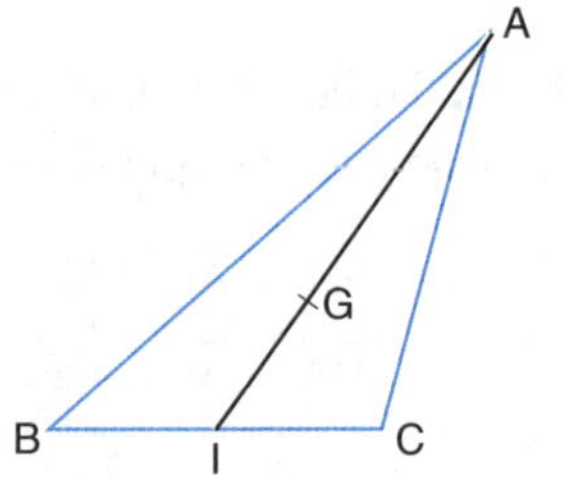

Donc

$\overrightarrow{GA} + \overrightarrow{GB} + \overrightarrow{GC} = \overrightarrow{GA} + 2\overrightarrow{GI}$
$= \overrightarrow{GA} + 2\overrightarrow{GA} + 2\overrightarrow{AI}$
$= 3\overrightarrow{GA} + 2\overrightarrow{AI}$
$= 3\left(-\frac{2}{3}\overrightarrow{AI}\right) + 2\overrightarrow{AI}$
$= -2\,\overrightarrow{AI} + 2\overrightarrow{AI} = \vec{0}.$

b. Réciproquement si $\overrightarrow{GA} + \overrightarrow{GB} + \overrightarrow{GC} = \vec{0}$ alors $\overrightarrow{GA} + 2\,\overrightarrow{GI} = \vec{0}$

soit $2\,\overrightarrow{GI} = -\overrightarrow{GA}$

alors $2\,\overrightarrow{GA} + 2\,\overrightarrow{AI} = -\,\overrightarrow{GA}$

ou encore $3\,\overrightarrow{GA} = -\,2\,\overrightarrow{AI}$ d'où $\overrightarrow{AG} = \frac{2}{3}\overrightarrow{AI}$.

6 **a.**

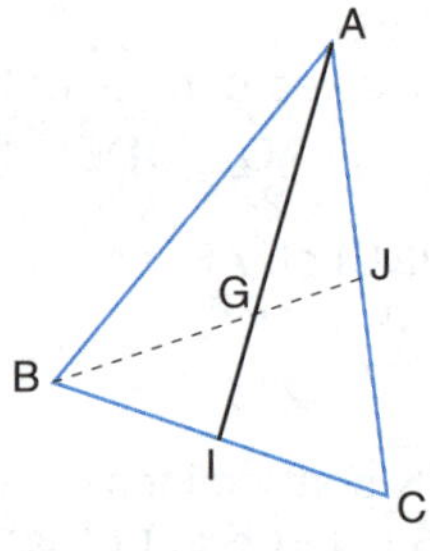

b. $\overrightarrow{BG} = \overrightarrow{BA} + \overrightarrow{AG} = -\,\overrightarrow{AB} + \frac{2}{3}\overrightarrow{AI} = -\,\overrightarrow{AB} + \frac{2}{3}\frac{(\overrightarrow{AB} + \overrightarrow{AC})}{2}$
$= -\,\frac{2}{3}\overrightarrow{AB} + \frac{1}{3}\overrightarrow{AC}$

$\overrightarrow{BJ} = \overrightarrow{BA} + \overrightarrow{AJ} = -\overrightarrow{AB} + \frac{1}{2}\overrightarrow{AC}$

Donc $\overrightarrow{BG} = \frac{2}{3}\overrightarrow{BJ}$. Les vecteurs $\overrightarrow{BG}$ et $\overrightarrow{BJ}$ sont colinéaires et possèdent le point B en commun.

Les points B, G et J sont alignés.

7 **1.**

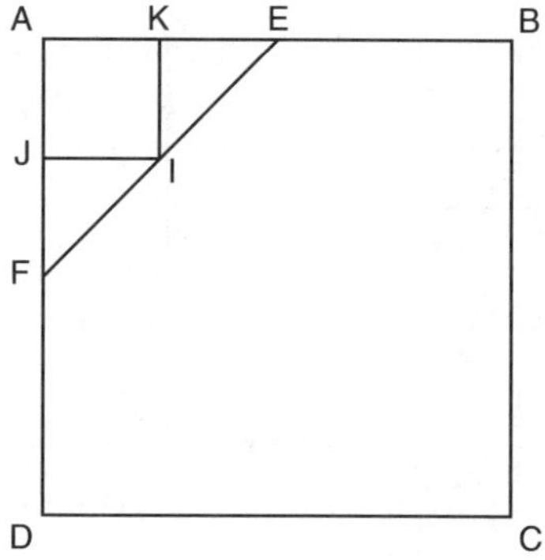

a. $\overrightarrow{AE} + \overrightarrow{AF} = \overrightarrow{AI} + \overrightarrow{IE} + \overrightarrow{AI} + \overrightarrow{IF} = 2\overrightarrow{AI}$.

b. $\overrightarrow{AB} + \overrightarrow{AD} = 2\overrightarrow{AE} + 2\overrightarrow{AF} = 2(\overrightarrow{AE} + \overrightarrow{AF}) = 2 \times 2\overrightarrow{AI} = 4\overrightarrow{AI}$.

c. $\overrightarrow{AC} = \overrightarrow{AB} + \overrightarrow{AD} = 4\overrightarrow{AI}$. (D'après la règle du parallélogramme pour la construction du vecteur somme.)

2. a. Comme les droites (KI) et (AD) sont parallèles, on applique le théorème de Thalès dans le triangle AEF.

$\overrightarrow{FI} = \frac{1}{2}\overrightarrow{FE}$ donc $\overrightarrow{AK} = \frac{1}{2}\overrightarrow{AE}$ soit $AK = \frac{1}{2}AE = \frac{1}{2} \times 2 = 1$.

On raisonne de même dans le triangle AEF, sachant que les droites (IJ) et (AE) sont parallèles.

$\overrightarrow{EI} = \frac{1}{2}\overrightarrow{EF}$ donc $\overrightarrow{AJ} = \frac{1}{2}\overrightarrow{AF}$ soit $AJ = \frac{1}{2}AF = \frac{1}{2} \times 2 = 1$.

b. AKIJ a trois angles droits par construction et deux côtés consécutifs égaux d'après **2. a**, c'est donc un carré.

c. $s = 1 \times 1 = 1$ cm^2, $S = 4 \times 4 = 16$ cm^2 donc $\frac{s}{S} = \frac{1}{16}$.

CHAPITRE 5

POUR FAIRE LE POINT

1. b et c ; 2. a ; 3. c ; 4. c ; 5. a ; 6. b ; 7. b et c.

FAIRE

1 **a.** $f(-3) = 1$; $f(1) = -3$; $f(4) = 3$ (en lisant le graphique).

b. $f(x) = -3$ si $x = 1$.
$f(x) = 0$ si $x = -1{,}5$ ou $x = 2$.
$f(x) = 3$ si $x = 4$.

c. $f(x) \leqslant 0$ si $x \in [-1{,}5 ; 2]$.
$f(x) \geqslant 1$ si $x \in [-3 : -2] \cup [3 ; 4]$.

d. La droite $\mathcal{D}$ et la courbe $\mathcal{C}$ se coupent en $(-1 ; -1)$ et $(3 ; 1)$.
$\mathcal{C}$ est au dessous de $\mathcal{D}$ pour $x \in [-1 ; 3]$.
La solution de l'inéquation $f(x) \leqslant \frac{x-1}{2}$ est donc l'intervalle $[-1 ; 3]$.

2 **a.** f est paire donc on trace le symétrique de la courbe $\mathscr{C}$ par rapport à (Oy).

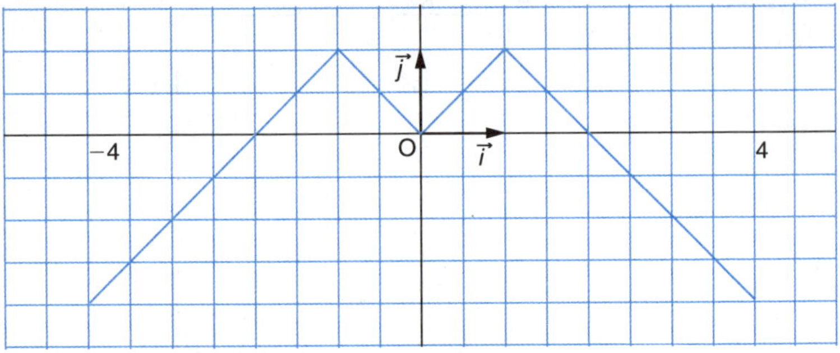

b. f est impaire donc on trace le symétrique de la courbe $\mathscr{C}$ par rapport à O.

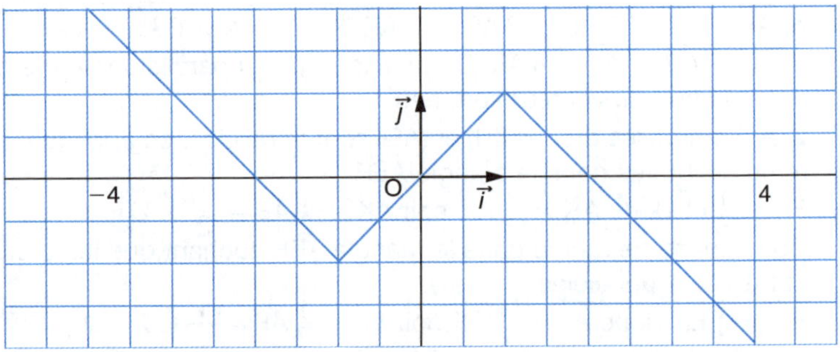

3 **a.** Pour tout $x \in \mathbb{R}$, $f_1(-x) = (-x)^3 = -x^3 = -f_1(x)$.
Donc la fonction f_1 est impaire.

b. Pour tout $x \in \mathbb{R}$, $f_2(-x) = 2(-x)^2 - (-x) + 1$
$= 2\,x^2 + x + 1.$
$f_2(-x)$ n'est égal ni à $f_2(x)$, ni à $-f_2(x)$.
Donc la fonction f_2 n'est ni paire, ni impaire.

c. Pour tout $x \in \mathbb{R}$, $f_3(-x) = \sin(-x) = -\sin x = -\,f_3(x)$.
(voir chap. 9)
Donc la fonction f_3 est impaire.

d. Pour tout réel x non nul, $f_4(-\,x) = (-x)^2 + \dfrac{1}{(-x)^2} = x^2 + \dfrac{1}{x^2} = f_4(x)$.
Donc la fonction f_4 est paire.

4

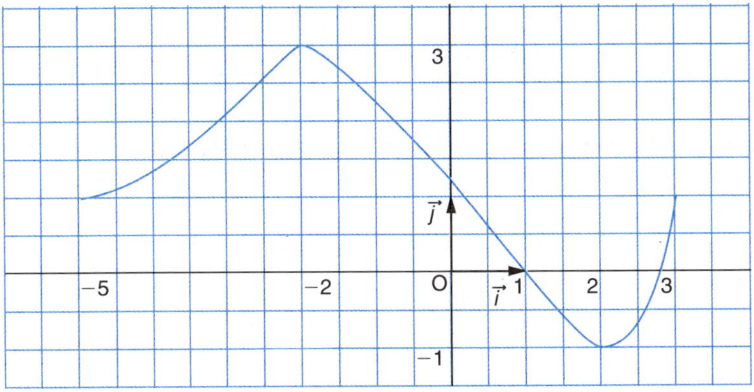

5

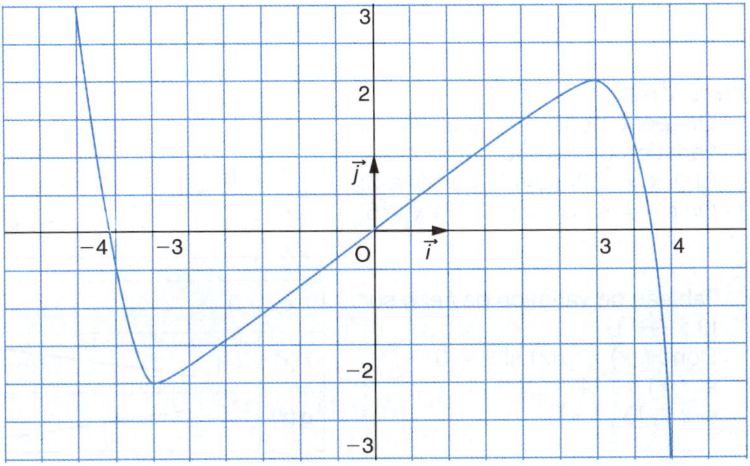

On trace la courbe suivant le tableau de variation sur [0 ; 4] et comme f est impaire, on trace le symétrique de la courbe $\mathscr{C}$ obtenue, par rapport à O, sur [−4 ; 0].

6 **a.** f_1 est paire donc on trace la courbe sur l'intervalle [0 ; 2] en utilisant le tableau de valeurs suivant :

x	0	0,5	1	2
$f_1(x)$	1	0,75	0	−3

On fait une symétrie par rapport à (Oy) pour obtenir la courbe sur l'intervalle [−2 ; 0].

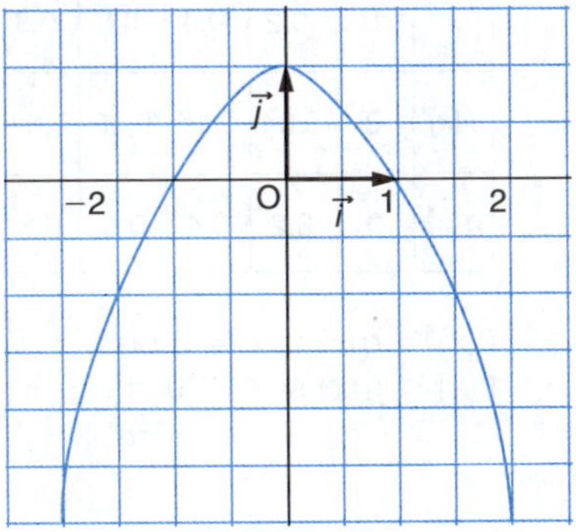

b. f_2 est paire donc, on trace la courbe sur [0 ; 2] en utilisant le tableau de valeurs suivant :

x	0	0,5	1	2
$f_2(x)$	1	0,8	0,5	0,2

Puis, on fait une symétrie par rapport à (O*y*) pour obtenir la courbe sur [−2 ; 0].

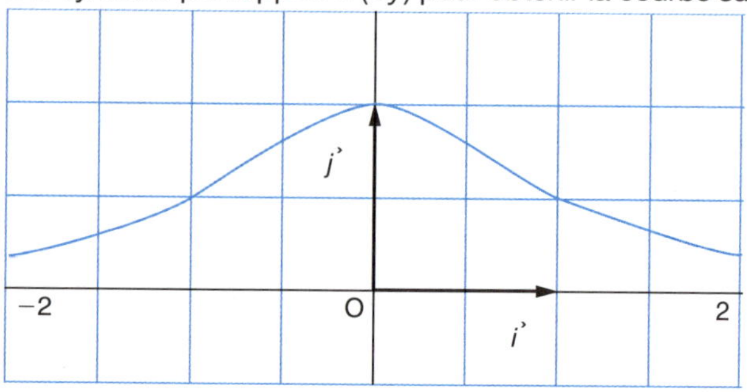

S'ENTRAÎNER

1 On peut donner le tableau de variation de f sur [0 ; 5] :
Si $0 \leqslant x \leqslant 2$ alors $0 \leqslant f(x) \leqslant 3$.
On a $-4 \leqslant f(x) \leqslant 0$ si $2 \leqslant x \leqslant 5$.

x	0	2	5
$f(x)$	3 ↘	0 ↘	− 4

2 Tableau de variation de f et g sur [0 ; +∞[:
Donc $f(x) = g(x)$ si $x = 0$
et $f(x) > -1 > g(x)$
si $x \in]0 ; +\infty[$.

x	0	+∞
$f(x)$	− 1 ↗	
$g(x)$	− 1 ↘	

3 Tableau de variation des deux fonctions sur [0 ; 1] :

x	0	0,2	0,4	0,6	0,8	1
$f(x)$	0	0,04	0,16	0,36	0,64	1
$g(x)$	0	0,2	0,4	0,6	0,8	1

$f(x) = g(x)$ si $x = 0$ ou $x = 1$.
$f(x) < g(x)$ si $x \in]0, 1[$.

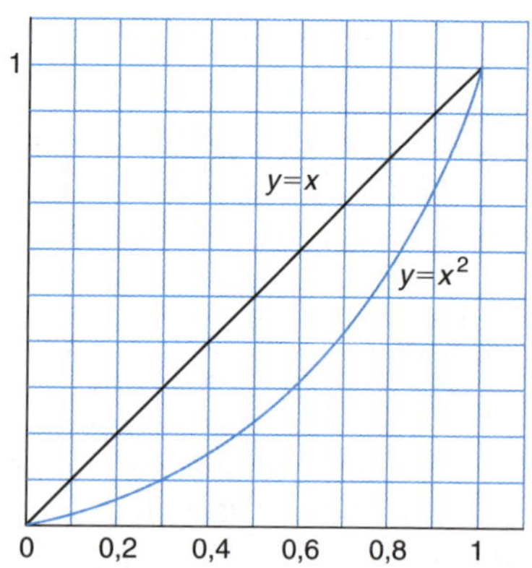

4 **a.** Un million de bactéries.

b. Au bout de 36 h, on lit 2,8 millions,
2 jours, on lit 4 millions,
3 jours, on lit 8 millions.

c. Il y a 6 millions de bactéries après un peu plus de deux jours et demi.

d. On a : $f(0) = 1 = 2^0$; $f(1) = 2 = 2^1$; $f(2) = 4 = 2^2$.
On peut écrire $f(x) = 2^x$.

5 **a.** On dresse le tableau de valeurs et on trace la courbe $\mathscr{C}$ en noir sur le graphique :

x	−2	−1	−0,5	0	0,5	1	2
f(x)	3	0	−0,75	−1	−0,75	0	3

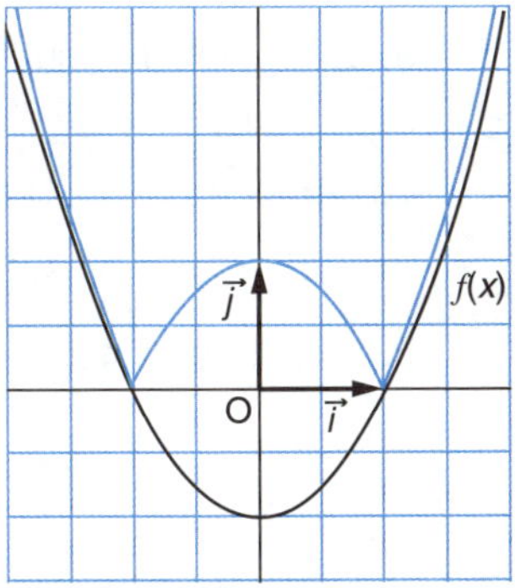

b. D'après le graphique :
$f(x) \geqslant 0$ si $x \in [-2 ; -1] \cup [1 ; 2]$.
$f(x) < 0$ si $x \in]-1 ; 1[$.

c.

x	−2	−1	−0,5	0	0,5	1	2
f(x)	3	0	0,75	−1	−0,75	0	3
|f(x)|	3	0	0,75	1	0,75	0	3

d. La courbe $\mathscr{C}$ est tracée en bleu sur le graphique.
$\mathscr{C}'$ est confondue avec $\mathscr{C}$ lorsque $f(x) \geqslant 0$.
$\mathscr{C}'$ est symétrique de $\mathscr{C}$ par rapport à l'axe des abscisses lorsque $f(x) < 0$.

e. Tableau de variation de $|f|$:

x	−2		−1		0		1		2
|f(x)|	3	↘	0	↗	1	↘	0	↗	3

6 **a.** Pour tout $x \in [-1 ; 1]$, l'image de $f(x)$ est unique, donc la courbe $\mathscr{C}$ représente une fonction f.
f est paire car sa courbe est symétrique par rapport à (Oy).
Tableau de variation :

x	−1		0		1
f(x)	0	↗	1	↘	0

f a pour maximum 1 en $x = 0$.

b. Un point M du demi-cercle $\mathscr{C}$ détermine un angle $(\widehat{\vec{OI}\ ;\ \vec{OM}}) = \alpha$ (détermination principale) voir chap. 9.
Alors $x = \cos\alpha$ et $y = \sin\alpha$ sont les coordonnées du point M.
Mais $\cos^2\alpha + \sin^2\alpha = 1$.
Donc $y^2 = 1 - x^2$.
De plus $y \geqslant 0$ donc $y = \sqrt{1 - x^2}$.
$f(x)$ a donc pour expression $f(x) = \sqrt{1 - x^2}$.

7 **a.** Si l est le longueur de l'autre côté du rectangle, on a :
$x \times l = 4$ ou $l = \dfrac{4}{x}$ (en cm).
Le périmètre de $P(x)$ est donc égal à :
$$2x + 2l = 2x + 2 \times \frac{4}{x} = \frac{2x^2 + 8}{x} = \frac{2(x^2 + 4)}{x}$$

b. Tableau de valeurs :

x	1	2	3	4	5
f(x)	10	8	8,7	10	11,6

c.

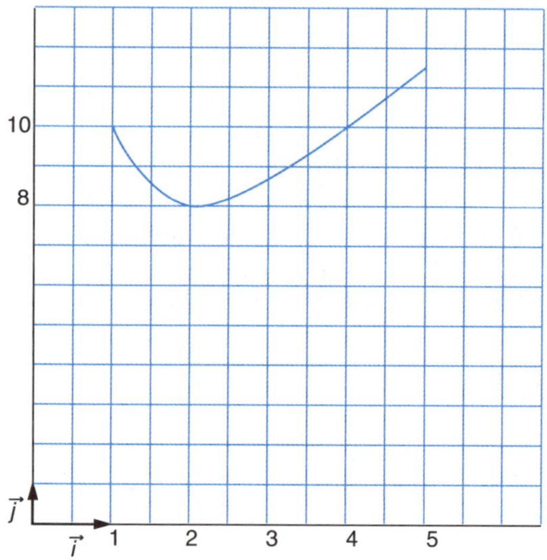

x	1	2	5
P(x)	10 ↘	8	↗ 11,6

$P(x)$ a un minimum 8 en $x = 2$.
Donc le rectangle d'aire 4 cm² qui a le plus petit périmètre est le carré de côté 2 cm. Ce périmètre est alors de 8 cm.

CHAPITRE 6

FAIRE LE POINT

1. c ; 2. c ; 3. c ; 4. a ; 5. b ; 6. b ; 7. c ; 8. c.

FAIRE

1 Dans le repère $(O' ; \vec{i}, \vec{j})$, les coordonnées de A vérifient :

$$\begin{cases} 3 = X_A + 2 \\ 6 = Y_A + 3 \end{cases}, \quad \text{soit} \quad \begin{cases} X_A = 3 - 2 = 1 \\ Y_A = 6 - 3 = 3 \end{cases}$$

Pour les autres points, les nouvelles coordonnées sont :
B(−6 ; −2) C(−8 ; −8) D(−1 ; −5) O(−2 ; −3)

2 La relation entre les anciennes et les nouvelles coordonnées est :

$$\begin{cases} x = X - 2 \\ y = Y + 1 \end{cases}$$

Dans le nouveau repère, l'équation de la droite $\mathcal{D}_1$ devient :
$Y + 1 = 5(X - 2) + 5$ soit $Y = 5X - 6$.

De même les équations des autres droites dans le nouveau repère sont :
$Y = -3X + 5$ $(\mathcal{D}_2)$ $Y = 3$ $(\mathcal{D}_3)$ $X = 4$ $(\mathcal{D}_4)$

3 $\overrightarrow{OM} = x\vec{i} + y\vec{j}$; $\overrightarrow{O'M} = X\vec{i} + Y\vec{j}$.

Par la relation de Chasles $\overrightarrow{OM} = \overrightarrow{OO'} + \overrightarrow{O'M}$, donc :
$x\vec{i} + y\vec{j} = (a\vec{i} + b\vec{j}) + (X\vec{i} + Y\vec{j})$
soit encore :
$x\vec{i} + y\vec{j} = (a + X)\vec{i} + (b + Y)\vec{j}$.

Comme deux vecteurs sont égaux si et seulement si leurs coordonnées sont égales, on en déduit les formules de changement de repère :

$$\begin{cases} x = X + a \\ y = Y + b \end{cases}$$

4 On sait que : $-2{,}01 > -2{,}1 > -\pi$.

Comme la fonction carré est décroissante sur $\mathbb{R}^-$:
$(-2{,}01)^2 < (-2{,}1)^2 < (-\pi)^2$.
Par ailleurs, 0,007 est inférieur à 0,02.

La fonction carré est croissante sur $\mathbb{R}^+$ donc :
$(7 \times 10^{-3})^2 < (2 \times 10^{-2})^2$

On en déduit que :
$(7 \times 10^{-3})^2 < (2 \times 10^{-2})^2 < (-2{,}01)^2 < (-2{,}1)^2 < (-\pi)^2$

5

Fonction	$x \mapsto x^2$	$x \mapsto 2x^2$	$x \mapsto -2x^2$	$x \mapsto \frac{1}{2}x^2$	$x \mapsto -\frac{1}{2}x^2$
Parabole	$\mathscr{C}_4$	$\mathscr{C}_5$	$\mathscr{C}_1$	$\mathscr{C}_3$	$\mathscr{C}_2$

6 **a.** $\mathscr{A}(x) = 6x^2$ car un cube est composé de six faces carrées.

Un tableau de valeurs permet de construire la portion de parabole correspondante.

x	0	0,5	1	2	3	4
6x²	0	1,5	6	24	54	96

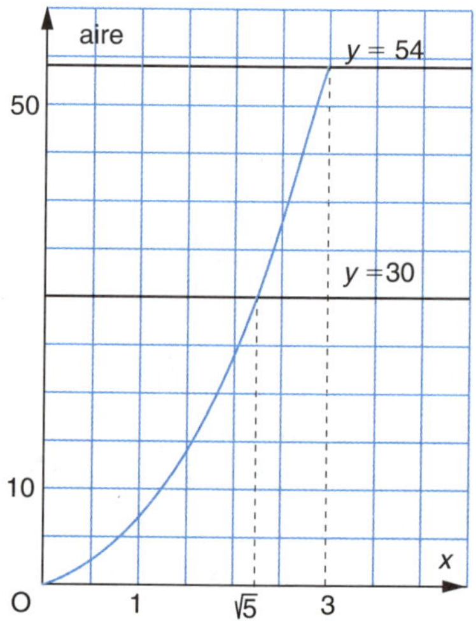

b. $\mathscr{A}(x) = 54$.
On résout $6x^2 = 54$, soit $x^2 = 9$, d'où $x = 3$.

Sur la représentation graphique, on lit l'abscisse du point d'intersection de la parabole avec la droite d'équation $y = 54$.

$\mathscr{A}(x) \leqslant 30$.
On résout $6x^2 \leqslant 30$, soit $6(x^2 - 5) \leqslant 0$ ou $6(x - \sqrt{5})(x + \sqrt{5}) \leqslant 0$.

On déduit l'ensemble de solutions du tableau de signes sur [0,3] :

x	0		$\sqrt{5}$		3
$(x - \sqrt{5})$		−	0	+	
$(x + \sqrt{5})$		+		+	
$(x - \sqrt{5})(x + \sqrt{5})$		−	0	+	

Soit $S = [0\,;\sqrt{5}]$.

Sur la représentation graphique, on lit les abscisses des points de la parabole qui se trouvent au-dessous de la droite d'équation $y = 30$.

7 **a.** $(x+1)^2 - 4 = x^2 + 2x + 1 - 4 = x^2 + 2x - 3 = f(x)$.

D'où son tableau de variation :

x	$-\infty$	-1	$+\infty$
$(x+1)^2 - 4$	↘	-4	↗

b. La parabole a pour équation $y + 4 = (x+1)^2$.

En posant $\begin{cases} X = x + 1 \\ Y = y + 4 \end{cases}$, soit $\begin{cases} x = X - 1 \\ y = Y - 4 \end{cases}$, on obtient $Y = X^2$.

$Y = X^2$ est bien son équation dans le repère d'origine $A(-1\ ;\ -4)$.

8 **a.** Le demi-périmètre mesure 6 cm, donc $BC = 6 - x$.
L'aire de la surface ABCD est donc $S(x) = x(6 - x) = 6x - x^2$.

b. $$\begin{aligned} -(x-3)^2 + 9 &= -(x^2 - 6x + 9) + 9 = -x^2 + 6x - 9 + 9 \\ &= -x^2 + 6x = S(x). \end{aligned}$$

Comme $S(x) = -(x-3)^2 + 9$, on a le tableau de variation :

x	0	3	6
$-(x-3)^2 + 9$	0 ↗	9	↘ 0

L'aire atteint son maximum 9 pour $x = 3$. Le quadrilatère ABCD est alors un carré.

9 **a.** $$\begin{aligned} (a-b)^3 &= (a-b)^2(a-b) = (a^2 - 2ab + b^2)(a-b) \\ &= a^3 - 3a^2b + 3ab^2 - b^3. \end{aligned}$$

b. $$\begin{aligned} 2(x-1)^3 - 3 &= 2(x^3 - 3x^2 + 3x - 1) - 3 = 2x^3 - 6x^2 + 6x - 2 - 3 \\ &= 2x^3 - 6x^2 + 6x - 5. \end{aligned}$$

Donc $f(x) = 2(x-1)^3 - 3$.

On en déduit le tableau de variation de f :

x	$-\infty$	1	$+\infty$
$2(x-1)^3 - 3$	↗	-3	↗

c. La courbe représentant f a pour équation $y + 3 = 2(x - 1)^3$.

En posant $\begin{cases} X = x - 1 \\ Y = y + 3 \end{cases}$,

soit $\begin{cases} x = X + 1 \\ y = Y - 3 \end{cases}$,

on obtient $Y = 2X^3$.

$Y = 2X^3$ est son équation dans le repère d'origine O′(1 ; −3).

Tableau de valeurs :

X	0	1	1,5	2
Y	0	2	6,75	16

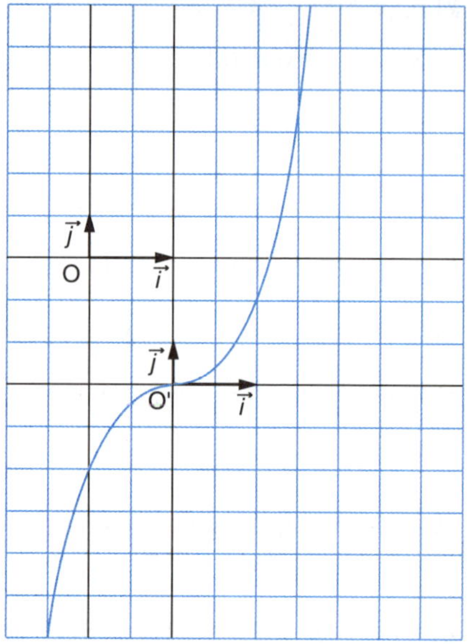

10 **a.**

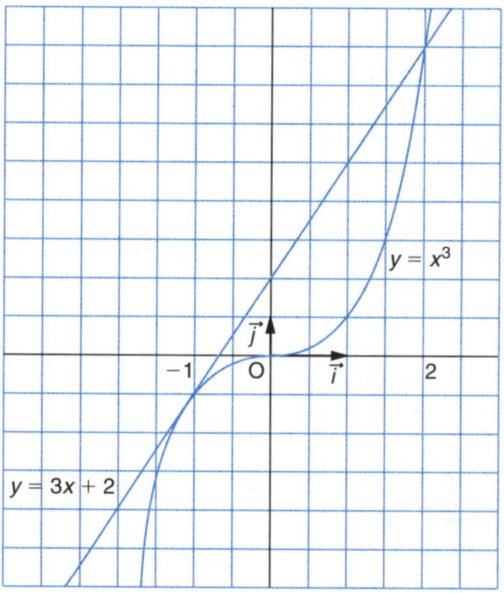

b. Sur la représentation graphique, on lit les abscisses des deux points d'intersection de $\mathscr{C}$ et $\mathscr{D}$.
Soit $x = -1$ et $x = 2$.
Elles vérifient $x^3 = 3x - 2$ soit aussi $x^3 - 3x - 2 = 0$.
Par le calcul $2^3 - 3 \times 2 - 2 = 0$ et $(-1)^3 - 3 \times (-1) - 2 = 0$.

S'ENTRAÎNER

1 **a.** Soit le repère d'origine A(1,5 ; 0).
Les formules de changement de repère sont $\begin{cases} x = X + 1{,}5 \\ y = Y \end{cases}$

La droite $\mathcal{D}_1$ a alors pour équation $Y = 2(X + 1{,}5) - 3 = 2X$.
$\mathcal{D}_1$ est donc l'image de $\mathcal{D}$ par la translation de vecteur $\vec{u}(1{,}5 ; 0)$.

Dans le repère d'origine B(0 ; −3), on a $\begin{cases} x = X \\ y = Y - 3 \end{cases}$

La droite $\mathcal{D}_1$ a alors pour équation $Y - 3 = 2X - 3$ soit $Y = 2X$.
$\mathcal{D}_1$ est donc l'image de $\mathcal{D}$ par la translation de vecteur $\vec{v}(0 ; -3)$.

b. Dans le repère d'origine C(2 ; 5), la droite $\mathcal{D}_2$ a pour équation : $Y = 2X$.
Cherchons son équation dans l'ancien repère sachant que :

$\begin{cases} x = X + 2 \\ y = Y + 5 \end{cases}$ soit $\begin{cases} X = x - 2 \\ Y = y - 5 \end{cases}$

Dans le repère d'origine O, on obtient :
$y - 5 = 2(x - 2)$, soit encore $y = 2x + 1$.

2 **1.**

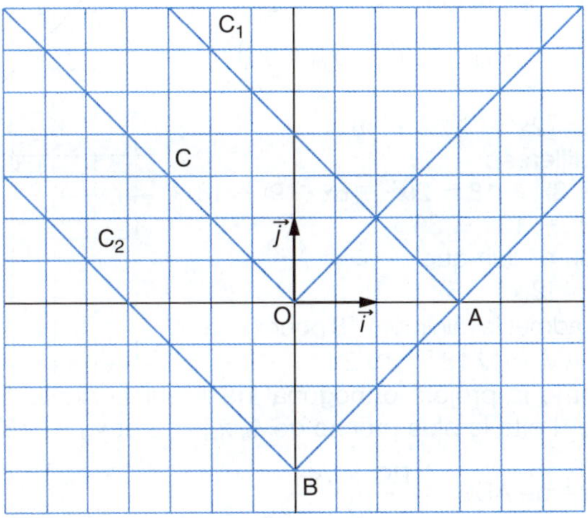

2. a. On pose $\begin{cases} X = x - 2 \\ Y = y \end{cases}$ soit $\begin{cases} x = X + 2 \\ y = Y \end{cases}$

$\mathcal{C}_1$ a donc pour équation $Y = |X|$ dans le repère d'origine A(2 ; 0).

b. L'équation de $\mathcal{C}_2$ s'écrit aussi : $y + 2 = |x|$.

On pose alors $\begin{cases} X = x \\ Y = y + 2 \end{cases}$, soit $\begin{cases} x = X \\ y = Y - 2 \end{cases}$

On obtient alors $Y = |X|$ dans le repère d'origine B(0 ; −2).

3 **a.** M est un point de la médiatrice du segment [NF], ensemble des points équidistants de N et de F.
M est donc à l'intersection de cette médiatrice et de la perpendiculaire en N à la droite $\mathcal{D}$.

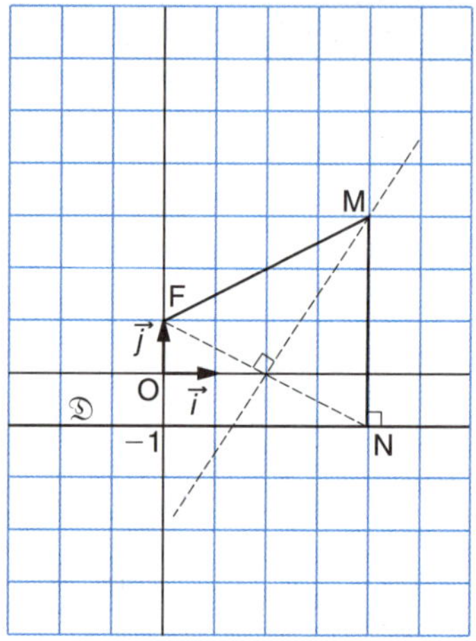

b. $MN^2 = (x_N - x_M)^2 + (y_N - y_M)^2 = (y + 1)^2$.

$MF^2 = (x_F - x_M)^2 + (y_F - y_M)^2 = x^2 + (1 - y)^2$.

Comme $MF^2 = MN^2$, on en déduit que : $(y + 1)^2 = x^2 + (1 - y)^2$ soit

$y^2 + 2y + 1 = x^2 + 1 - 2y + y^2$.

D'où $4y = x^2$, c'est-à-dire $y = \dfrac{x^2}{4}$.

4 **a.** On vérifie que $-(-1) + 2 = 3$ et $-4 + 2 = -2$ donc B$(-1\ ;\ 3)$ et C$(4\ ;\ -2)$ appartiennent bien à la droite d'équation $y = -x + 2$.

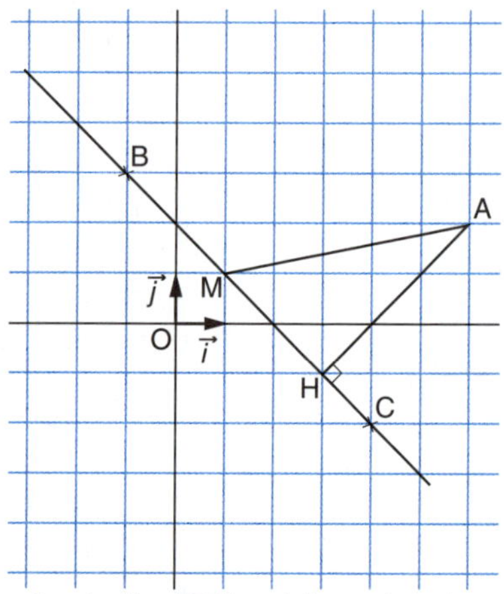

b. $AM^2 = (x_M - x_A)^2 + (y_M - y_A)^2$
$AM^2 = (x - 6)^2 + (-x + 2 - 2)^2$
$AM^2 = 2x^2 - 12x + 36$.
Par ailleurs :
$2(x - 3)^2 + 18 = 2(x^2 - 6x + 9) + 18 = 2x^2 - 12x + 36$.
On en déduit que :
$AM^2 = 2(x - 3)^2 + 18$
AM^2 admet le minimum 18 pour $x = 3$.
Soit $AM = \sqrt{18} = 3\sqrt{2}$.
Comme le projeté orthogonal de A sur la droite (BC) est le point de cette droite le plus proche de A, $x_H = 3$ et $y_H = -3 + 2 = -1$.

c. Aire de ABC $= \dfrac{BC \times AH}{2}$
or $BC^2 = (x_C - x_B)^2 + (y_C - y_B)^2 = 5^2 + (-5)^2 = 50$
$BC = \sqrt{50} = 5\sqrt{2}$.
Donc l'aire de ABC est $\mathcal{A} = \dfrac{5\sqrt{2} \times 3\sqrt{2}}{2} = 15$ unités d'aires.

5 **1.** Pour le tracé de la parabole d'équation $y = x^2$, on se reportera au SAVOIR du § 2 de ce chapitre 6.

2. a. $\overrightarrow{OA} = 3\vec{i} + 9\vec{j} = 3\vec{i} + 3(3\vec{j})$
Dans le repère $(O\ ;\ \vec{i}\ ,\ 3\vec{j})$, le point A a donc pour coordonnées (3 ; 3).

b. $\overrightarrow{OM} = x\overrightarrow{i} + y\overrightarrow{j} = x\overrightarrow{i} + \frac{y}{3}(3\overrightarrow{j})$

Dans le repère $(O ; \overrightarrow{i}, 3\overrightarrow{j})$, le point M a pour coordonnées $\left(x ; \frac{y}{3}\right)$.

c. On pose alors $\begin{cases} X = x \\ Y = \frac{y}{3} \end{cases}$, soit $\begin{cases} x = X \\ y = 3Y \end{cases}$

d'où l'équation de la parabole dans le nouveau repère :

$$3Y = X^2 \text{ soit } Y = \frac{X^2}{3}.$$

3. a. $\overrightarrow{OA} = 3\overrightarrow{i} + 9\overrightarrow{j} = 6\left(\frac{1}{2}\overrightarrow{i}\right) + 9\overrightarrow{j}$ soit A(6 ; 9).

b. $\overrightarrow{OM} = x\overrightarrow{i} + y\overrightarrow{j} = 2x\left(\frac{1}{2}\overrightarrow{i}\right) + y\overrightarrow{j}$ soit M(2x ; y).

c. On pose $\begin{cases} X = 2x \\ Y = y \end{cases}$, soit $\begin{cases} x = \frac{X}{2} \\ y = Y \end{cases}$

d'où l'équation de la parabole $Y = \left(\frac{X}{2}\right)^2 = \frac{X^2}{4}$.

6 **a.** L'aire du triangle MAC est :

$\frac{MA \times MC}{2}$ soit $\frac{x^2}{2}$.

L'aire du carré BMPN est :

$(12 - x)^2$ soit $144 - 24x + x^2$.

L'aire totale est : $\mathscr{A}(x) = \frac{3}{2}x^2 - 24x + 144$.

Figure réduite

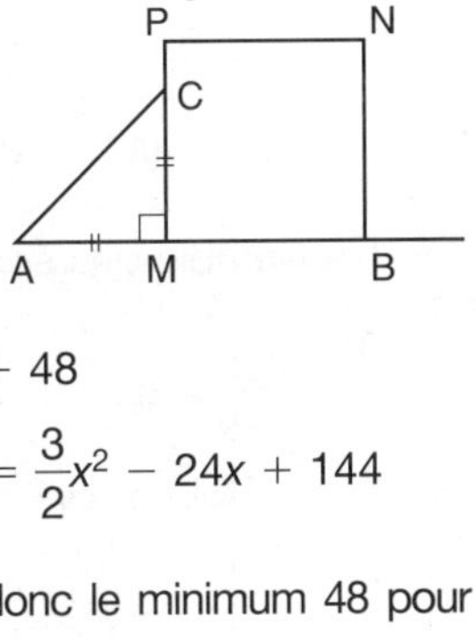

b. $\frac{3}{2}(x - 8)^2 + 48 = \frac{3}{2}x^2 - \frac{3}{2}(16x) + \frac{3}{2}(64) + 48$

$= \frac{3}{2}x^2 - 24x + 96 + 48 = \frac{3}{2}x^2 - 24x + 144$

c. Comme $\mathscr{A}(x) = \frac{3}{2}(x - 8)^2 + 48$, $\mathscr{A}(x)$ admet donc le minimum 48 pour $x = 8$.

d. On résout : $\frac{3}{2}(x - 8)^2 + 48 = 102$,

soit $(x - 8)^2 = \frac{2}{3}(102 - 48) = \frac{2}{3}(54) = 36 = 6^2$.

Deux nombres qui ont le même carré sont égaux ou opposés,

donc $x - 8 = 6$ ou $x - 8 = -6$

d'où $x = 14$ ou $x = 2$.

Comme AB = 12, on en déduit que l'ensemble des solutions est $S = \{2\}$.

e. La portion de parabole représentant la variation de l'aire a pour équation $Y = \frac{3}{2}X^2$ dans le repère d'origine A(8 ; 48).

La solution de la question précédente est l'abscisse du point d'intersection de cette courbe avec la droite d'équation $y = 102$.

7 **1.** Aire de BEGF = BE × BF = $(10 - x)x = 10x - x^2$.
Par ailleurs $-(x - 5)^2 + 25 = -(x^2 - 10x + 25) + 25 = -x^2 + 10x$

2. a. On résout : $-(x - 5)^2 + 25 = \frac{10 \times 9}{10} = 9$
soit $(x - 5)^2 = 25 - 9$
$(x - 5)^2 - 16 = 0$
$(x - 5 - 4)(x - 5 + 4) = 0$
$(x - 9)(x - 1) = 0$.
D'où l'ensemble des solutions $S = \{1 ; 9\}$.

b. On doit avoir : $-(x - 5)^2 + 25 \geqslant 12{,}25$
soit $12{,}25 - (x - 5)^2 \geqslant 0$
$3{,}5^2 - (x - 5)^2 \geqslant 0$
$[3{,}5 - (x - 5)][3{,}5 + (x - 5)] \geqslant 0$
$(8{,}5 - x)(x - 1{,}5) \geqslant 0$

On étudie alors le signe du produit :

x	$-\infty$		1,5		8,5		$+\infty$
(8,5 – x)		+		+	0	–	
(x – 1,5)		–	0	+		+	
(8,5 – x)(x – 1,5)		–	0	+	0	–	

L'ensemble des solutions est donc $S = [1{,}5 ; 8{,}5]$.

3.

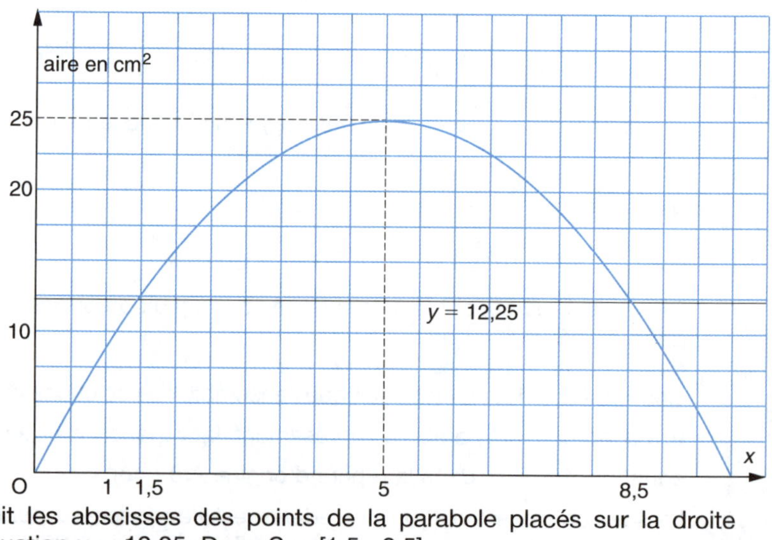

On lit les abscisses des points de la parabole placés sur la droite d'équation $y = 12{,}25$. Donc $S = [1{,}5 ; 8{,}5]$.

SOLUTIONS

8 **a.** On résout graphiquement $x^3 = x^2 + 1$.
La solution est donc l'abscisse de l'unique point d'intersection des deux courbes. On lit $x_0 \approx 1,5$.

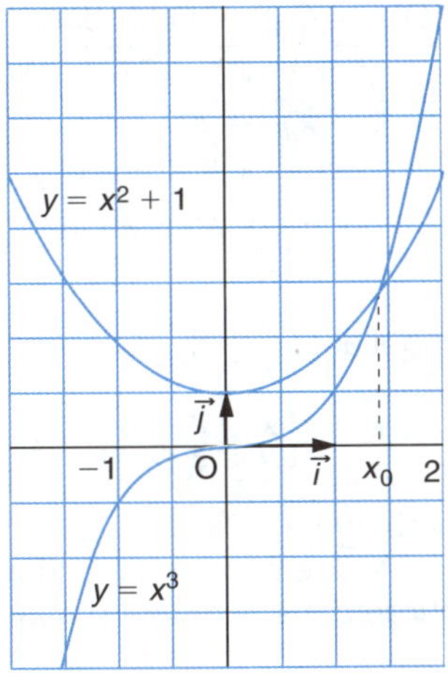

b. Soit $f(x) = x^3 - x^2 - 1$.
La calculatrice indique : $f(1,5) = 0,125$.
La courbe $\mathscr{C}_1$ est donc au-dessus de $\mathscr{C}_2$ pour $x = 1,5$.
$f(1,4) = -0,216$. C'est donc le contraire.
Entre ces deux valeurs de la variable x, il y a donc eu intersection.
D'où l'encadrement de x_0 au dixième près $1,4 \leqslant x_0 \leqslant 1,5$.

A l'aide d'un tableau, par tâtonnement, on peut déterminer l'encadrement au centième près :

x	1,45	1,47	1,46
f(x)	– 0,053	– 0,0156	– 0,0194

Entre les valeurs 1,46 et 1,47 de la variable, il y a eu intersection des courbes $\mathscr{C}_1$ et $\mathscr{C}_2$, d'où $1,46 \leqslant x_0 \leqslant 1,47$.

CHAPITRE 7

POUR FAIRE LE POINT

1. a ; 2. b ; 3. a ; 4. c ; 5. b ; 6. b ; 7. a ; 8. a ; 9. b ; 10. c.

FAIRE

1 **a.** Le nombre sous le radical doit être positif, d'où $x + 3 \geqslant 0$ *ou* $x \geqslant -3$.

Tableau de variation :

x	−3 $\qquad$ −∞
x + 3	0 ↗
$2 + \sqrt{x+3}$	0 ↗

b. $\overrightarrow{OM'} = \overrightarrow{OO'} + \overrightarrow{O'M}$, donc
$x\vec{i} + y\vec{j} = (-3\vec{i} + 2\vec{j}) + (X\vec{i} + Y\vec{j})$
$= (-3 + X)\vec{i} + (2 + Y)\vec{j}$
On en déduit $x = X - 3$ et $y = Y + 2$.

c. La courbe a pour équation :
$y - 2 = \sqrt{x + 3}$.

En posant $\begin{cases} x + 3 = X \\ y - 2 = Y \end{cases}$,

soit $\begin{cases} x = X - 3 \\ y = Y + 2 \end{cases}$,

on obtient $Y = \sqrt{X}$.
$Y = \sqrt{X}$ est donc l'équation de la courbe dans le repère d'origine O′.

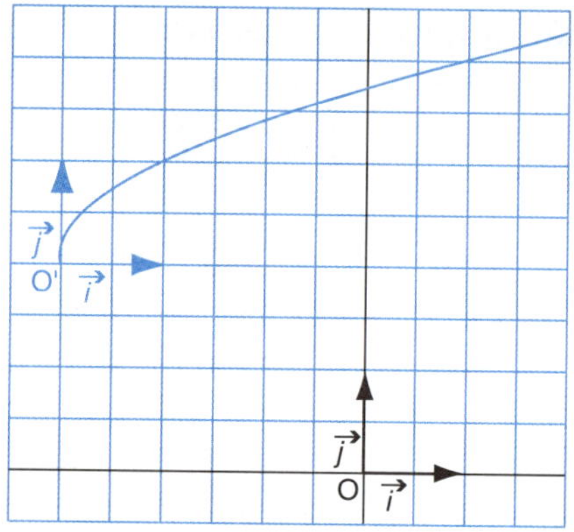

2 **a.** $f(x) = 2 + \sqrt{x - 1}$. **b.** $g(x) = 1 - \sqrt{x - 2}$.
c. $h(x) = 2 + \sqrt{x + 1}$. **d.** $k(x) = 2 - \sqrt{x - 1}$.

3 **a.** $\mathcal{D}_f = \mathbb{R}^+$; $\mathcal{D}_g = \mathbb{R}^+$; $\mathcal{D}_h = \mathbb{R}^-$; $\mathcal{D}_k = \mathbb{R}$.
Tableaux de variations :

x	0		$+\infty$
$f(x) = \sqrt{x}$	0	↗	

x	0		$+\infty$
$g(x) = -\sqrt{x}$	0	↘	

x	$-\infty$		0
$h(x) = \sqrt{-x}$		↘	0

x	$-\infty$		0		$+\infty$
$k(x) = \sqrt{\lvert x \rvert}$		↘	0	↗	

(la fonction k est paire)

b. Pour une même valeur de la variable x, les images par f et g sont opposées. Donc $\mathcal{C}_1$ et $\mathcal{C}_2$ sont symétriques par rapport à l'axe des abscisses.
Pour une même valeur de l'image y, les antécédents par f et h sont opposés. $\mathcal{C}_1$ et $\mathcal{C}_3$ sont symétriques par rapport à l'axe des ordonnées.
Si $x \geqslant 0$, alors $k(x) = f(x)$, si $x \leqslant 0$ alors $k(x) = h(x)$. Donc $\mathcal{C}_4 = \mathcal{C}_1 \cup \mathcal{C}_3$.

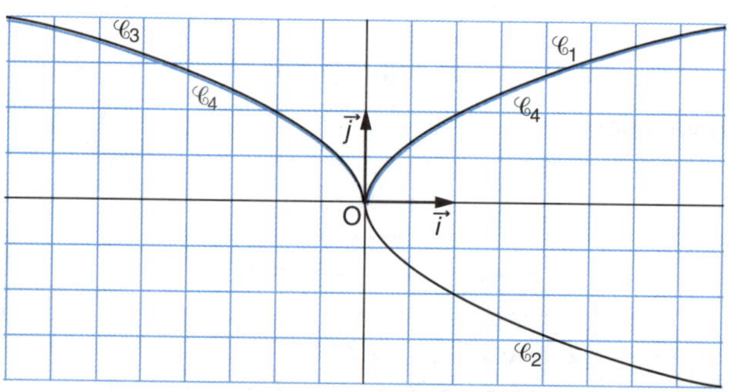

4 **a.** Tableaux de variations :

x	$-\infty$	0	$+\infty$
$\frac{3}{x}$	↘	‖	↘

x	$-\infty$	0	$+\infty$
$\frac{3}{\lvert x\rvert}$	↘	‖	↘

(c'est une fonction paire)

x	$-\infty$	0	$+\infty$
$2-\frac{3}{x}$	↗	‖	↗

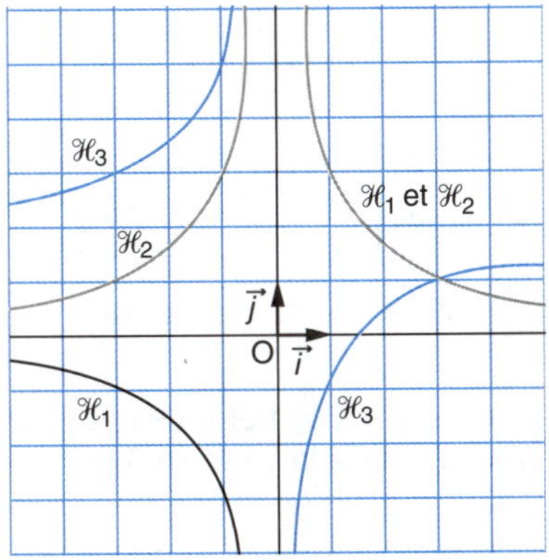

b. Si $x < 0$, alors $g(x) = \frac{-3}{x}$, si $x > 0$ alors $g(x)\ \frac{3}{x} = f(x)$.
Donc $\mathscr{H}_2$ est la réunion de la branche droite de $\mathscr{H}_1$ et de son symétrique par rapport à l'axe des ordonnées.

L'hyperbole d'équation $y = \frac{-3}{x}$ est symétrique de $\mathscr{H}_1$ par rapport à l'axe des abscisses. $\mathscr{H}_3$ est son image par la translation de vecteur $2\vec{j}$.

5 **a.** Tableaux de variations :

x	$-\infty$	2	$+\infty$
$\frac{1}{x-2}$	↘	‖	↘

x	$-\infty$	2	$+\infty$
$\frac{-1}{x-2}$	↗	‖	↗

Si $x \leqslant 2$ alors $h(x) = \frac{-1}{x-2}$.
Si $x \geqslant 2$ alors $h(x) = \frac{1}{x-2}$.

x	$-\infty$	2	$+\infty$
$\frac{1}{\lvert x-2\rvert}$	↗	‖	↘

La fonction k est paire et $k(x) = \dfrac{1}{x-2}$ pour $x \geqslant 0$ et $x \neq 2$. D'où son tableau de variation :

x	$-\infty$ ↗	-2 ‖ ↗	0 : $-0{,}5$ ↘	2 ‖ ↘	$+\infty$

b. On pose $\begin{cases} x-2 = X \\ y = Y \end{cases}$ soit $\begin{cases} x = X+2 \\ y = Y \end{cases}$

$Y = \dfrac{1}{X}$ est l'équation de $\mathscr{H}_1$ dans le repère d'origine O′ (2 ; 0).

c. $\mathscr{H}_2$ et $\mathscr{H}_1$ sont symétriques par rapport à l'axe des abscisses car, pour une même valeur de la variable, les images par f et g sont opposées.
$\mathscr{H}_3$ est la réunion de la branche droite de $\mathscr{H}_1$ et de la branche gauche de $\mathscr{H}_2$.
$\mathscr{H}_4$ est constituée de la partie de $\mathscr{H}_1$ à droite de l'axe $(O ; \vec{j})$ et de son symétrique par rapport à cet axe.

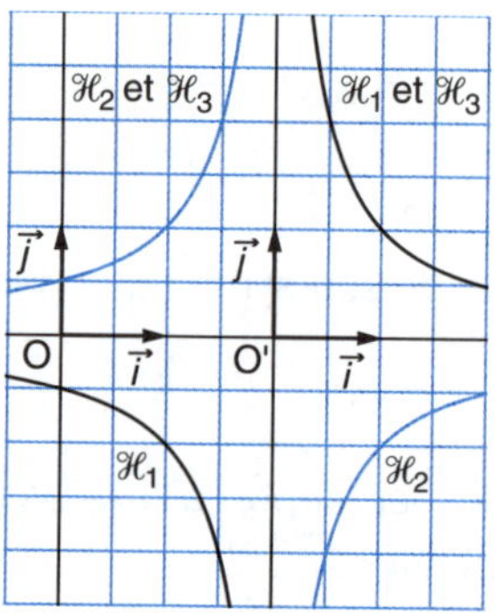

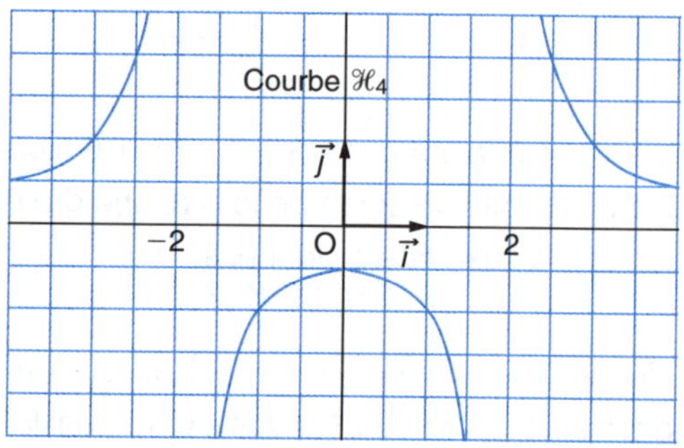

6 **a.** $\mathscr{D}_f = \mathbb{R} \setminus \{-1\}$, $\mathscr{D}_g = \mathbb{R} \setminus \{2\}$, $\mathscr{D}_h = \mathbb{R} \setminus \{-2\}$, car les dénominateurs ne doivent pas être nuls.

b. En réduisant au même dénominateur, on obtient :

$$1 - \frac{1}{x+1} = \frac{x+1}{x+1} - \frac{1}{x+1} = \frac{x+1-1}{x+1} = \frac{x}{x+1} = f(x).$$

On raisonne de même pour g et h.

Les tableaux de variation se déduisent de ces écritures.

x	$-\infty$ ↗	-1 ‖ ↗	$+\infty$
$1-\dfrac{1}{x+1}$	↗	‖ ↗	

x	$-\infty$ ↘	2 ‖ ↘	$+\infty$
$1+\dfrac{3}{x-2}$	↘	‖ ↘	

x	$-\infty$	-2	$+\infty$
$2-\dfrac{3}{x+2}$	↗	‖	↗

7 a. $\mathscr{D}_f = \mathbb{R} \setminus \{-3\}$ et $2 + \dfrac{1}{x+3} = \dfrac{2(x+3)}{x+3} + \dfrac{1}{x+3} = \dfrac{2x+7}{x+3} = f(x)$.

De l'écriture $f(x) = 2 + \dfrac{1}{x+3}$, on déduit le tableau de variations :

x	$-\infty$	-3	$+\infty$
$2+\dfrac{1}{x+3}$	↘	‖	↘

b. $y - 2 = \dfrac{1}{x+3}$ est une équation de l'hyperbole représentant f.

En posant $\begin{cases} x + 3 = X \\ y - 2 = Y \end{cases}$,

soit $\begin{cases} x = X - 3 \\ y = Y + 2 \end{cases}$, on obtient $Y = \dfrac{1}{X}$.

$Y = \dfrac{1}{X}$ est son équation dans le repère d'origine O′(– 3 ; 2).

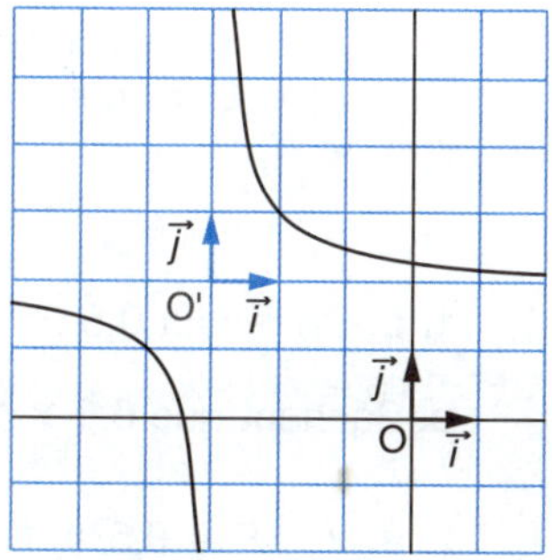

c. Les asymptotes sont les droites d'équations $x = -3$ et $y = 2$, axes du nouveau repère.

S'ENTRAÎNER

1 a.

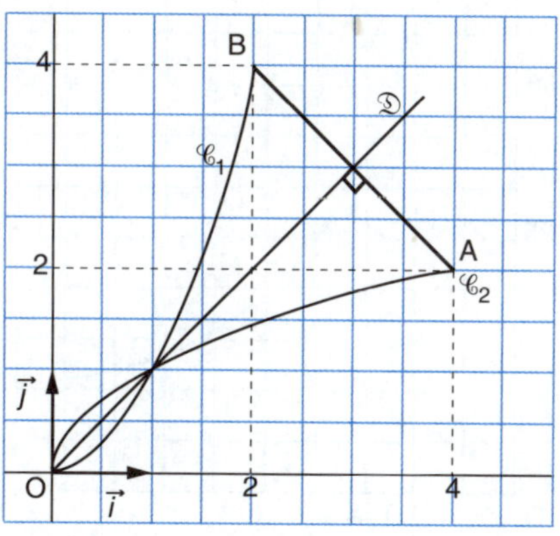

b. • Si $0 \leqslant x \leqslant 1$, démontrons que $x^2 \leqslant x \leqslant \sqrt{x}$.
$x^2 - x = x(x - 1)$. Le premier facteur est positif et le second négatif. La différence $x^2 - x$ est donc négative, d'où $x^2 \leqslant x$.
Comme x et $\sqrt{x}$ sont tous les deux de même signe (positif), on en déduit $x \leqslant \sqrt{x}$. On a alors $x^2 \leqslant x$ et $x \leqslant \sqrt{x}$ d'où $x^2 \leqslant x \leqslant \sqrt{x}$.

• Si $1 \leqslant x$, démontrons que $\sqrt{x} \leqslant x \leqslant x^2$.
$(\sqrt{x})^2 - x^2 = x - x^2 = x(1 - x)$. Le deuxième facteur $1 - x$ étant négatif, on en déduit $\sqrt{x} \leqslant x$ et $x \leqslant x^2$, d'où $\sqrt{x} \leqslant x \leqslant x^2$.
Sur le graphique du **a.**, lorsque $x \leqslant 1$, la courbe $\mathscr{C}_1$ est au-dessous de $\mathscr{D}$ qui est au-dessous de $\mathscr{C}_2$. Pour $x \geqslant 1$, la courbe $\mathscr{C}_2$ est au-dessous de $\mathscr{D}$ qui est au-dessous de $\mathscr{C}_1$.

c. A (4 ; 2) $\in \mathscr{C}_2$ car $2 = \sqrt{4}$. Les coordonnées de A vérifient l'équation de $\mathscr{C}_2$.
On obtient B (2 ; 4) car les deux axes sont symétriques par rapport à la droite $\mathscr{D}$.
B (2 ; 4) $\in \mathscr{C}_1$ car $4 = 2^2$. Les coordonnées de B vérifient l'équation de $\mathscr{C}_1$.

d. M $(x ; \sqrt{x})$ a pour symétrique N $(\sqrt{x} ; x)$ par rapport à $\mathscr{D}$.
N $(\sqrt{x} ; x) \in \mathscr{C}_1$ car $x = (\sqrt{x})^2$. Les coordonnées de N vérifient l'équation de $\mathscr{C}_1$.

2 **1. a.** On résout $0{,}5 \times 1 = 0{,}4P$ soit $P = \dfrac{5}{4} = 1{,}25$ atm.

b. Sachant que $0{,}5 \times 1 = 2V$, on déduit que $V = 0{,}5 : 2 = 0{,}25$ m^3.

2. a. $V \times P = 0{,}5 \times 1$ d'où $V = \dfrac{0{,}5}{P}$.

b. Sur la représentation graphique, on lit les coordonnées des deux points de l'hyperbole : (1,25 ; 0,4) et (2 ; 0,25).

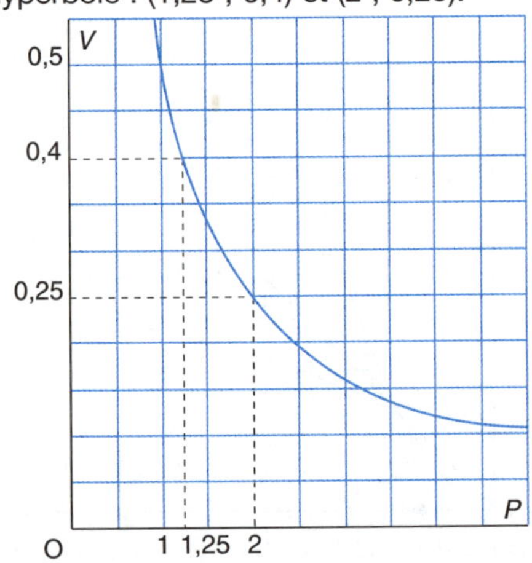

3 **a.** $\mathcal{D}_f = \mathbb{R} \setminus \{-1\}$.

$$2 - \frac{1}{x+1} = \frac{2x+2-1}{x+1} = \frac{2x+1}{x+1} = f(x).$$

x	$-\infty$	-1	$+\infty$
$2-\frac{1}{x+1}$	↗	‖	↗

De la première écriture, on déduit le tableau de variations ci-dessus.

b. $y - 2 = \dfrac{-1}{x+1}$ est une équation de l'hyperbole représentant f.

En posant $\begin{cases} x+1 = X \\ y-2 = Y \end{cases}$, soit $\begin{cases} x = X-1 \\ y = Y+2 \end{cases}$, on obtient $Y = -\dfrac{1}{X}$.

$Y = -\dfrac{1}{X}$ est son équation dans le repère d'origine O′(− 1 ; 2).

c. • $\dfrac{2x+1}{x+1} = 0$ équivaut à $\begin{cases} 2x+1 = 0 \\ x \neq -1 \end{cases}$ soit $x = -\dfrac{1}{2}$. $S = \left\{-\dfrac{1}{2}\right\}$.

• $f(x) \leqslant 5$ équivaut à $\dfrac{2x+1}{x+1} - 5 \leqslant 0$ ou $\dfrac{2x+1-5x-5}{x+1} \leqslant 0$

soit $\dfrac{-3x-4}{x+1} \leqslant 0$.

Un tableau de signes permet de connaître les valeurs pour lesquelles ce quotient est négatif.

x	$-\infty$		$\frac{-4}{3}$		-1		$+\infty$
Signe de $(-3x-4)$		+	0	−	|	−	
Signe de $(x+1)$		−	|	−	0	+	
Signe de $\frac{(-3x-4)}{(x+1)}$		−	0	+	‖	−	

Donc $S = \left]-\infty\,;-\dfrac{4}{3}\right] \cup \left]-1\,;+\infty\right[$.

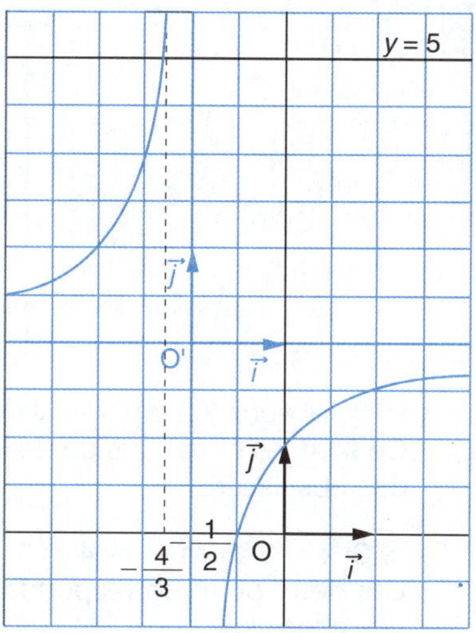

Sur la représentation graphique, pour l'équation $f(x) = 0$, on lit l'abscisse du point d'intersection de l'hyperbole avec l'axe des abscisses.

Pour l'inéquation $f(x) \leqslant 5$, on lit les abscisses des points de l'hyperbole placés en dessous de la droite d'équation $y = 5$.

4 **a.**

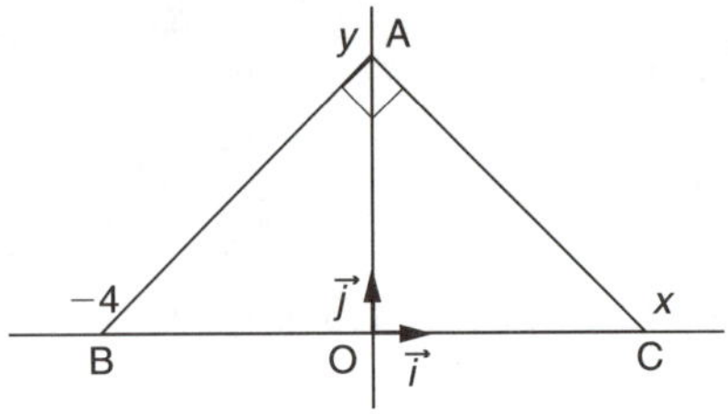

$AB^2 = 16 + y^2$; $AC^2 = x^2 + y^2$; $BC^2 = (4 + x)^2 = 16 + x^2 + 8x$.

Comme le triangle ABC est rectangle en A, d'après le théorème de Pythagore : $BC^2 = AB^2 + AC^2$.

D'où,
$$16 + x^2 + 8x = 16 + y^2 + y^2 + x^2$$
$$8x = 2y^2$$
$$y^2 = 4x.$$

b. Tableau de valeurs :

x	0	0,5	1	2	3
$2\sqrt{x}$	0	1,4	2	2,8	3,4

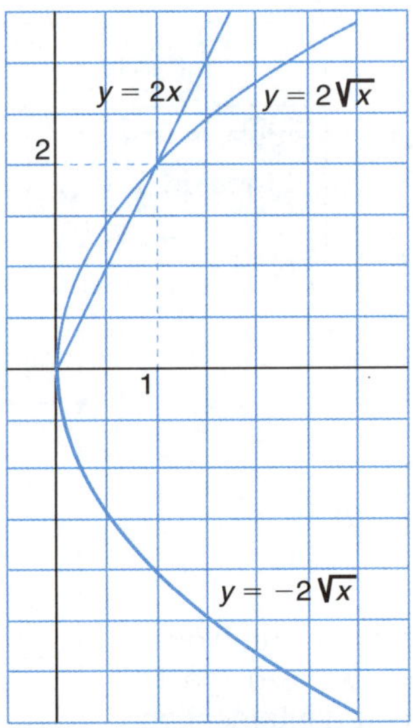

$y^2 = 4x$ équivaut à $y = -\sqrt{4x}$ ou $y = \sqrt{4x}$, soit $y = -2\sqrt{x}$ ou $y = 2\sqrt{x}$. Ce sont les équations de deux courbes symétriques par rapport à l'axe des abscisses.

c. Si $x = 3$ alors $y^2 = 4 \times 3 = 12$, donc $y = -2\sqrt{3}$ ou $y = 2\sqrt{3}$. Les deux point correspondants sont symétriques par rapport à l'axe des abscisses.

d. On résout $\begin{cases} y^2 = 4x \\ y = 2x \end{cases}$ soit $\begin{cases} 4x^2 = 4x \\ y = 2x \end{cases}$

ou $\begin{cases} x^2 - x = 0 \\ y = 2x \end{cases}$ donc $\begin{cases} x(x-1) = 0 \\ y = 2x \end{cases}$

On en déduit $x = 1$ et $y = 2$ car x et y ne peuvent être nuls sinon ABC n'est plus un triangle.
Graphiquement, on vérifie que la courbe d'équation $y^2 = 4x$ coupe la droite $y = 2x$ au point de coordonnées (1 ; 2).

5 **a.**

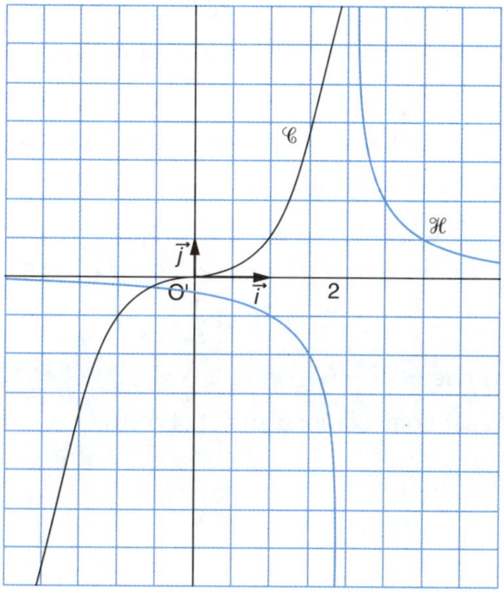

b. Si $x \neq 2$, alors $x^3 = \dfrac{1}{x-2}$ équivaut à $x^3(x-2) = 1$,
soit $x^4 - 2x^3 - 1 = 0$.

L'équation a deux solutions car $\mathscr{C}$ et $\mathscr{H}$ ont deux points d'intersection.

Sur le graphique, on lit $-1 < a < 0$. On affine à l'aide de la calculatrice.

x	-1	$-0,5$	$-0,7$	$-0,8$
$x^4 - 2x^3 - 1$	2	$-0,69$	$-0,07$	0,43

d'où $-0,8 < a < -0,7$.

6 **1.** Périmètre du rectangle : $(x + \frac{1}{x}) \times 2 = 2x + \frac{2}{x}$.

Aire du rectangle : $x \frac{1}{x} = 1$.

Le périmètre est fonction de x et l'aire est constante.

2. a. On résout $\frac{1}{x} > 1000$, soit $\frac{1}{x} - \frac{1000x}{x} > 0$ ou $\frac{1 - 1000x}{x} > 0$.

Comme $x > 0$, il faut que $1 - 1000x > 0$, soit $1 > 1000x$

d'où $\frac{1}{1000} > x$.

Pour que l'inverse de x soit supérieur à 1000, il faut que x soit inférieur à un millième.

b. On résout $\frac{1}{x} < \frac{1}{1000}$, soit $x > 1000$ car $x > 0$.

Pour que l'inverse de x soit inférieur à un millième, il faut que x soit supérieur à 1000.

3. a. $(x - 2)(x - 0{,}5) = x^2 - 0{,}5x - 2x + 1 = x^2 - 2{,}5x + 1$

b. On résout $2x + \frac{2}{x} = 5$ avec $x \neq 0$, soit $2x^2 + 2 - 5x = 0$,

donc $x^2 - 2{,}5x + 1 = 0$ d'où $(x - 2)(x - 0{,}5) = 0$.

Le périmètre est donc égal à 5 pour $x = 2$ ou $x = 0{,}5$.

c. Si $4 \leqslant x \leqslant 5$ alors $8 \leqslant 2x \leqslant 10$ et $\frac{1}{5} \leqslant \frac{1}{x} \leqslant \frac{1}{4}$.

On en déduit que $\frac{2}{5} \leqslant \frac{2}{x} \leqslant \frac{1}{2}$ et $8 + \frac{2}{5} \leqslant 2x + \frac{2}{x} \leqslant 10 + \frac{1}{2}$.

Le périmètre est donc compris entre 8,4 et 10,5.

CHAPITRE 8

POUR FAIRE LE POINT

1. c ; 2. c ; 3. b ; 4. b ; 5. a et c ; 6. b ; 7. b ; 8. a.

FAIRE

1 $\vec{v}(3 ; 2) = \vec{v}(-b ; a)$ donc $\mathscr{D}$ a pour équation : $2x - 3y + c = 0$.

$\mathscr{D}$ passe par A$(-1 ; -3)$ d'où $-2 + 9 + c = 0$ soit $c = -7$.

Une équation de $\mathscr{D}$ est donc : $2x - 3y - 7 = 0$. Pour la tracer, on place les points A$(-1 ; -3)$ et B tel que $\overrightarrow{AB} = \vec{v}$.

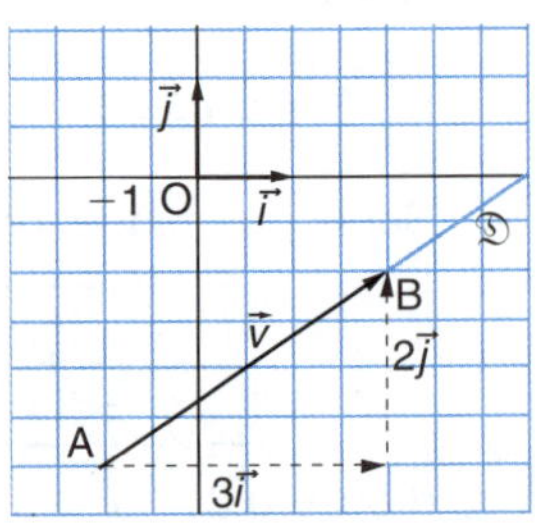

En procédant par substitution, on obtient $x = \frac{340}{85} = 4$ et $y = 8$.
Mme M. pourra donc rapporter 4 pots de miel et 8 bouteilles d'huile.

7 Si x est le nombre de personnes et y le prix prévu par personne avant l'entretien avec le voyagiste, M. X. dispose d'une somme $S = xy$ allouée par le comité.

Les 2 premières phrases du dialogue se traduisent en équation par : $(y + 200) \times (x - 10) = xy$. (Avec la même somme, il peut payer 200 F de plus s'il y a 10 personnes en moins).

De même, les deux dernières phrases donnent :
$(y - 100) \times (x + 20) = xy$.

On obtient donc le système :

$$\begin{cases} (x - 10)(y + 200) = xy \\ (x + 20)(y - 100) = xy \end{cases}$$

ou $$\begin{cases} xy + 200x - 10y - 2000 = xy \\ xy - 100x + 20y - 2000 = xy \end{cases}$$

ou $$\begin{cases} 20x - y - 200 = 0 \\ -10x + 2y - 200 = 0 \end{cases}$$

On multiplie par 2 la 1re équation :

$$\begin{cases} 40x - 2y - 400 = 0 \\ -10x + 2y - 200 = 0. \end{cases}$$

On additionne les deux équations et on obtient :
$30x - 600 = 0$ donc $x = 20$.

Alors d'après la première équation : $y = 20x - 200$
$y = 400 - 200$
$y = 200$.

Donc M. X. avait prévu d'emmener 20 personnes pour un prix de 200 F par personne. La somme allouée par le comité est donc :
$S = 20 \times 200$ F $\qquad S = 4000$ F
(On vérifie que pour la même somme, il peut emmener 10 personnes payant 400 F ou 40 personnes payant 100 F.)

8 **a.** Soient x le nombre de sacs et y le nombre de ceintures fabriquées en une semaine. Les contraintes données par l'énoncé sur le coût de la matière première se traduisent par l'inéquation :
$x \times 8 + y \times 6 \leqslant 240$ (en francs).

De même les contraintes sur le nombre d'heures de travail disponibles donnent : $x \times 2 + y \times 4 \leqslant 100$ (heures de travail).

Attention : ne mettre dans une inéquation que les quantités de même nature : on ne peut additionner des francs à des heures de travail.

Par ailleurs, x et y sont des entiers naturels. On obtient donc le système d'inéquations :

$$\begin{cases} x \geqslant 0 \\ y \geqslant 0 \\ 8x + 6y - 240 \leqslant 0 \\ 2x + 4y - 100 \leqslant 0 \end{cases} \quad \text{ou} \quad \begin{cases} x \geqslant 0 \\ y \geqslant 0 \\ 4x + 3y - 120 \leqslant 0 \\ x + 2y - 50 \leqslant 0 \end{cases}$$

On résout graphiquement ce système, en prenant dans l'ensemble des solutions S, les points à coordonnées entières.
De plus, ici, on ne demande que les réponses correspondant à des dizaines.
On obtient donc les solutions :

$x = 0$	$y = 0$
$x = 0$	$y = 10$
$x = 0$	$y = 20$
$x = 10$	$y = 0$
$x = 10$	$y = 10$
$x = 10$	$y = 20$
$x = 20$	$y = 0$
$x = 20$	$y = 10$
$x = 30$	$y = 0$

b. On calcule le gain obtenu pour chacune des solutions précédentes.
Pour $x = 10$ et $y = 20$, le gain est : $10 \times 60 + 20 \times 100 = 2600$ F.
Pour $x = 20$ et $y = 10$, le gain est : $20 \times 60 + 10 \times 100 = 2200$ F.
Pour $x = 30$ et $y = 0$, le gain est : $30 \times 60 = 1800$ F, etc.
Le gain le plus intéressant est obtenu pour une fabrication de 10 sacs et 20 ceintures. Il est de 2600 F.

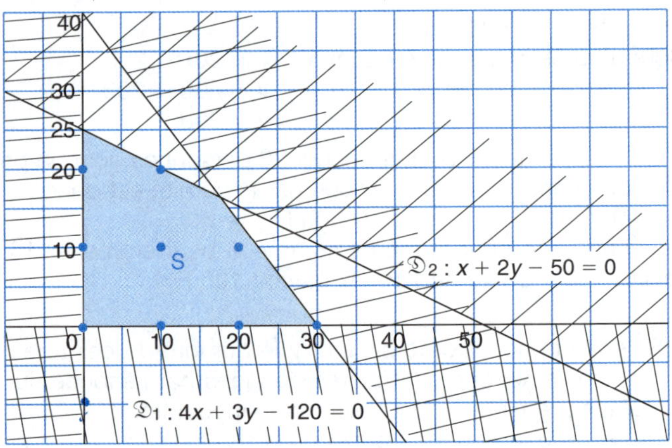

CHAPITRE 9

POUR FAIRE LE POINT

1. c ; 2. b ; 3. a ; 4. c ; 5 b et d ; 6. c ; 7. c ; 8. c ; 9. b ; 10. a et d.

FAIRE

1 a. $\frac{17\,\pi}{4} = \frac{16\,\pi}{4} + \frac{\pi}{4} = 4\,\pi + \frac{\pi}{4}$

$\begin{cases} k = 2 \\ \frac{\pi}{4} < \pi \end{cases}$ donc $\frac{\pi}{4}$ rad est la mesure principale.

b. $\frac{-13\,\pi}{12} = \frac{-12\,\pi}{12} - \frac{\pi}{12} = -\pi - \frac{\pi}{12} = -2\,\pi + \pi - \frac{\pi}{12} = -2\,\pi + \frac{11\,\pi}{12}$

$\begin{cases} k = -1 \\ \frac{11\,\pi}{12} < \pi \end{cases}$ donc $\frac{11\,\pi}{12}$ rad est la mesure principale.

c. $735° = 720° + 15° = 2 \times 360° + 15°$

$\begin{cases} k = 2 \\ 15° < 180° \end{cases}$ donc 15° est la mesure principale (ou $\frac{\pi}{12}$ rad).

d. Pour $\frac{58\,\pi}{3}$, on cherche à déterminer le multiple de 3 le plus proche de 58.

$58 \div 3 = 19{,}33\ldots$

Donc $3 \times 19 = 57$ est ce multiple d'où $\frac{58\,\pi}{3} = \frac{57\,\pi}{3} + \frac{\pi}{3} = 19\,\pi + \frac{\pi}{3}$.

Mais $19\,\pi$ n'est pas un multiple **pair** de π, on écrit donc :

$\frac{58\,\pi}{3} = 20\,\pi - \pi + \frac{\pi}{3} = 20\,\pi - \frac{2\,\pi}{3}$.

On obtient bien une expression de la forme $\alpha + 2\,k\,\pi$ avec $k = 10$ et $\alpha = \frac{-2\,\pi}{3}$, $|\alpha| < \pi$ donc $\frac{-2\,\pi}{3}$ est la mesure principale recherchée.

2 Pour placer B, on peut utiliser un rapporteur et calculer $\frac{5\pi}{6}$ rad $= 5 \times 30° = 150°$.

On remarque que $\frac{5\pi}{6} = \pi - \frac{\pi}{6}$ donc $\overset{\frown}{AB}$ est l'arc correspondant à un angle plat positif moins un angle de 30°.

Pour placer C, $\frac{\pi}{3}$ rad $= 60°$.

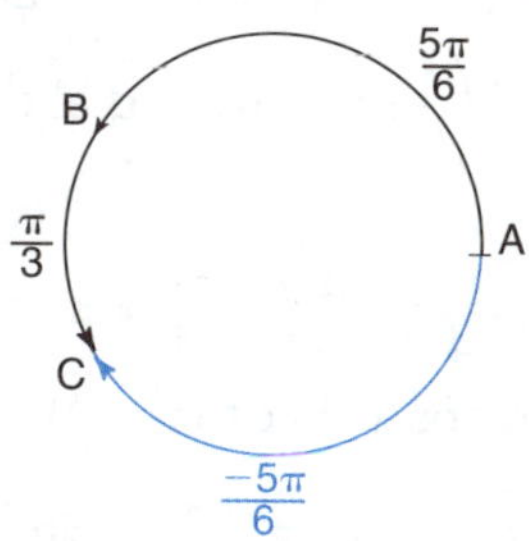

La mesure de $\overset{\frown}{AC}$ est $\dfrac{5\pi}{6} + \dfrac{\pi}{3} = \dfrac{5\pi}{6} + \dfrac{2\pi}{6} = \dfrac{7\pi}{6}$

$\dfrac{7\pi}{6} > \pi$ donc il faut calculer sa mesure principale.

$\dfrac{7\pi}{6} = \pi + \dfrac{\pi}{6} = 2\pi - \pi + \dfrac{\pi}{6} = 2\pi - \dfrac{5\pi}{6}$

$\dfrac{-5\pi}{6}$ est la mesure principale de $\overset{\frown}{AC}$.

Elle se lit sur le cercle dans le sens négatif de A vers C.

3 **a.** $\dfrac{-5\pi}{2} = \dfrac{-4\pi}{2} - \dfrac{\pi}{2} = -2\pi - \dfrac{\pi}{2}$.

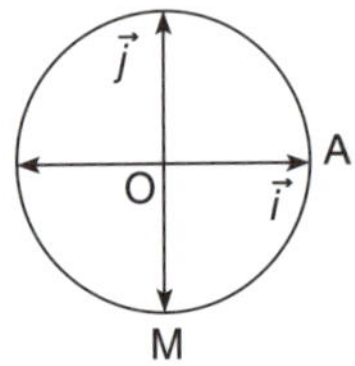

$\dfrac{-\pi}{2}$ est la mesure principale de $(\widehat{\overrightarrow{OA}, \overrightarrow{OM}})$.

Les coordonnées de M dans $(O; \vec{i}, \vec{j})$ sont alors $(0 ; -1)$ donc $\cos x = 0$ et $\sin x = -1$.

b. $3\pi = 2\pi + \pi$.

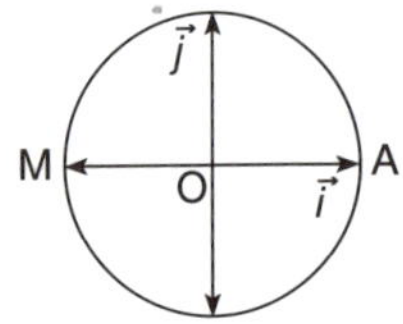

π est la mesure principale de $(\widehat{\overrightarrow{OA}, \overrightarrow{OM}})$.

Les coordonnées de M sont $(-1; 0)$ donc $\cos x = -1$ et $\sin x = 0$.

c. $\dfrac{13\pi}{6} = \dfrac{12\pi}{6} + \dfrac{\pi}{6} = 2\pi + \dfrac{\pi}{6}$.

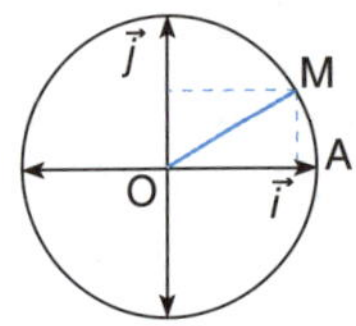

$\dfrac{\pi}{6}$ est la mesure principale de $(\widehat{\overrightarrow{OA}, \overrightarrow{OM}})$.

Pour déterminer $\cos x$ et $\sin x$, on utilise la table des valeurs remarquables.

$\cos x = \dfrac{\sqrt{3}}{2}$ et $\sin x = \dfrac{1}{2}$.

4 Pour tout x réel $\cos^2 x + \sin^2 x = 1$ soit $\sin^2 x = 1 - \cos^2 x$

donc ici on a : $\sin^2 x = 1 - \dfrac{16}{25} = \dfrac{9}{25}$.

Si $x \in]0; \dfrac{\pi}{2}[$, $\sin x > 0$ donc $\sin x = \dfrac{3}{5}$. Avec la calculatrice, on obtient $\cos^{-1}\left(\dfrac{4}{5}\right) = 0{,}643$ rad et comme $x \in]0; \dfrac{\pi}{2}[$, $x \approx 0{,}64$ rad.

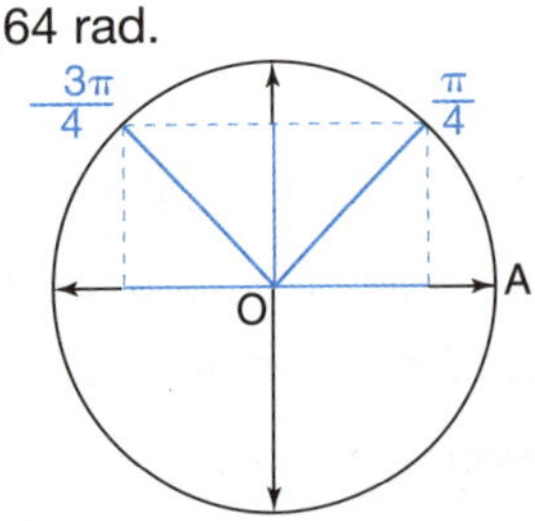

5 **a.** $\dfrac{3\pi}{4} = \dfrac{4\pi}{4} - \dfrac{\pi}{4} = \pi - \dfrac{\pi}{4}$

donc $\cos x = \cos\left(\pi - \dfrac{\pi}{4}\right) = -\cos\dfrac{\pi}{4} = -\dfrac{\sqrt{2}}{2}$

et $\sin x = \sin\left(\pi - \dfrac{\pi}{4}\right) = \sin\dfrac{\pi}{4} = \dfrac{\sqrt{2}}{2}$.

b. $\frac{7\pi}{6} = \frac{6\pi}{6} + \frac{\pi}{6} = \pi + \frac{\pi}{6}.$

$\cos x = \cos\left(\pi + \frac{\pi}{6}\right) = -\cos\frac{\pi}{6} = -\frac{\sqrt{3}}{2}.$

$\sin x = \sin\left(\pi + \frac{\pi}{6}\right) = -\sin\frac{\pi}{6} = -\frac{1}{2}.$

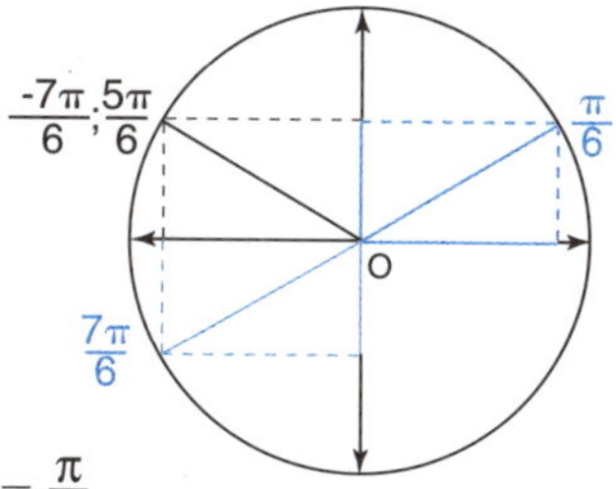

c. $-\frac{7\pi}{6} = -\frac{6\pi}{6} - \frac{\pi}{6} = -\pi - \frac{\pi}{6} = -2\pi + \pi - \frac{\pi}{6}.$

D'où $\cos x = \cos(\pi - \frac{\pi}{6}) = -\cos\frac{\pi}{6} = -\frac{\sqrt{3}}{2}$

et $\sin x = \sin(\pi - \frac{\pi}{6}) = \sin\frac{\pi}{6} = \frac{1}{2}.$

On peut aussi utiliser les résultats de **b.**

$\cos(-\frac{7\pi}{6}) = \cos\frac{7\pi}{6} = -\frac{\sqrt{3}}{2}$

et $\sin(-\frac{7\pi}{6}) = -\sin\frac{7\pi}{6} = \frac{1}{2}$ (voir figure ci-dessus).

6 Avec la calculatrice, on obtient : $\cos^{-1}(-0{,}25) = 1{,}823$ rad.
donc $x \approx 1{,}82$ rad est solution dans l'intervalle $[0; 2\pi[$.
Or on sait que $\cos(-x) = \cos x$ donc $-1{,}82$ est aussi une solution mais elle n'appartient pas à $[0; 2\pi[$.
La solution correspondante dans $[0; 2\pi[$ est $-1{,}82 + 2\pi \approx 4{,}46$ rad
donc $S = \{1{,}82 \text{ rad} ; 4{,}46 \text{ rad}\}$

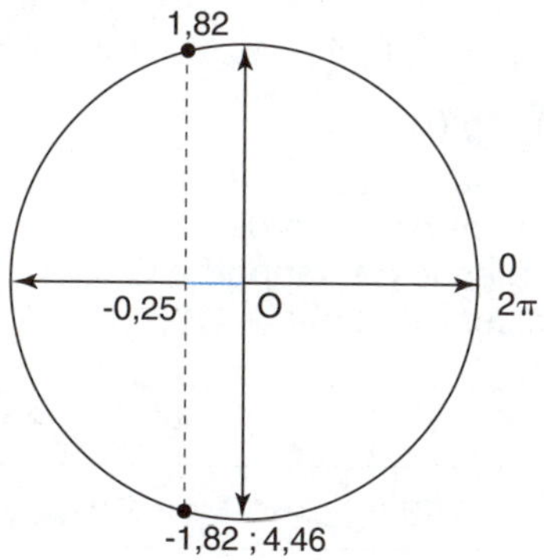

7 On trace $f(x) = \cos x$ sur $[0; 2\pi]$.
Tableau de valeurs :

x	0	$\frac{\pi}{3}$	$\frac{\pi}{2}$	$\frac{2\pi}{3}$	π	$\frac{4\pi}{3}$	$\frac{3\pi}{2}$	$\frac{5\pi}{3}$	2π
$f(x) = \cos x$	1	$\frac{1}{2}$	0	$-\frac{1}{2}$	-1	$-\frac{1}{2}$	0	$\frac{1}{2}$	1

Représentation graphique :

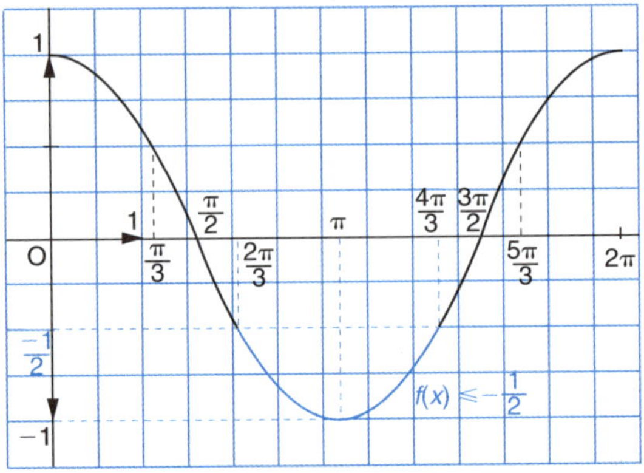

D'après ce graphique

a. $f(x) = \cos x = -\dfrac{1}{2}$ si $x = \dfrac{2\pi}{3}$ ou $x = \dfrac{4\pi}{3}$.

b. $f(x) \leqslant -\dfrac{1}{2}$ si $x \in [\dfrac{2\pi}{3}; \dfrac{4\pi}{3}]$.

8 g est définie sur $\mathbb{R}$.

Pour tout $x \in \mathbb{R}$, $g(-x) = \sin(-\frac{x}{2}) = -\sin\frac{x}{2} = -g(x)$ donc g est impaire : sa courbe représentative est symétrique par rapport à O.

On a $\quad \sin(\frac{x}{2} + 2\pi) = \sin\frac{x}{2}$

ou $\quad \sin\frac{1}{2}(x + 4\pi) = \sin\frac{x}{2}$

soit $\quad g(x + 4\pi) = g(x)$.

Donc g est périodique de période 4π.

Comme g est impaire, on peut l'étudier sur $[0; 2\pi]$ et on prendra le symétrique de la courbe obtenue par rapport à O sur $[-2\pi; 0]$.

Tableau de variations sur $[0 ; 2\pi]$:

x	0		π		2π
g (x)	0	↗	1	↘	0

Tableau de valeurs sur $[0 ; 2\pi]$:

x	0	$\frac{\pi}{3}$	$\frac{\pi}{2}$	π	$\frac{3\pi}{2}$	2π
g (x)	0	$\frac{1}{2}$	$\frac{\sqrt{2}}{2}$	1	$\frac{\sqrt{2}}{2}$	0

Représentation graphique (en pointillés, courbe représentative de sin x) :

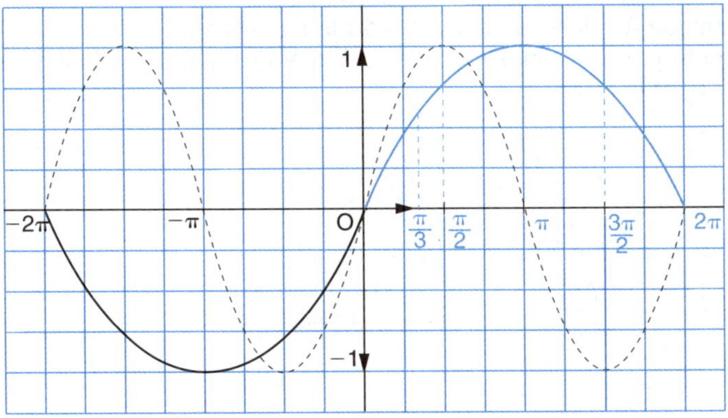

S'ENTRAÎNER

1 La mesure de chaque arc est $\frac{2\pi}{8} = \frac{\pi}{4}$ rad. On en déduit que :

$(\widehat{\overrightarrow{OA}\,;\,\overrightarrow{OB}}) = \frac{\pi}{4}$ rad.

$(\widehat{\overrightarrow{OA}\,;\,\overrightarrow{OG}}) = -\,2 \times \frac{\pi}{4} = -\frac{\pi}{2}$ rad.

$\left(\frac{6\,\pi}{4} = \frac{3\,\pi}{2}\right.$ est aussi une mesure de cet angle, mais ce n'est pas la mesure principale : $\left.\frac{3\,\pi}{2} = \frac{4\,\pi}{2} - \frac{\pi}{2} = 2\,\pi - \frac{\pi}{2}\right)$

$(\widehat{\overrightarrow{OB}\,;\,\overrightarrow{OD}}) = 2 \times \frac{\pi}{4} = \frac{\pi}{2}$

$(\widehat{\overrightarrow{OH}\,;\,\overrightarrow{OE}}) = -3 \times \frac{\pi}{4} = -\frac{3\,\pi}{4}$

($\frac{5\,\pi}{4}$ est une autre mesure, non principale).

2 On sait que :

$\sin(x + 2\,\pi) = \sin x$

$\sin(x + 3\,\pi) = \sin(x + \pi + 2\,\pi) = \sin(x + \pi) = -\sin x$

$\sin(x - \pi) = \sin(x + \pi - 2\,\pi) = \sin(x + \pi) = -\sin x$

enfin $\cos\left(x + \frac{\pi}{2}\right) = \cos\left(x - \frac{\pi}{2} + \pi\right) = -\cos\left(x - \frac{\pi}{2}\right) = -\sin x$.

Donc $A(x) = \sin x - \sin x - \sin x - \sin x = -2 \sin x$.

L'équation $A(x) = 0$ est donc équivalente à :

$-2 \sin x = 0$ ou $\sin x = 0$.

Sur $]-\pi\,;\,\pi]$, les solutions de cette équation sont :

$x = 0$ et $x = \pi$.

3 **a.** Soit $\mathscr{C}$ la représentation graphique de $f(x) = \sin x$ sur $[-\pi ; 2\pi]$, la courbe $\mathscr{T}$ représentant $h(x) = |\sin x|$ est :

- identique à $\mathscr{C}$ lorsque $\sin x \geqslant 0$ donc sur $[0 ; \pi]$;
- symétrique de $\mathscr{C}$ par rapport à (Ox) lorsque $\sin x \leqslant 0$, c'est-à-dire sur $[-\pi ; 0]$ et $[\pi ; 2\pi]$.

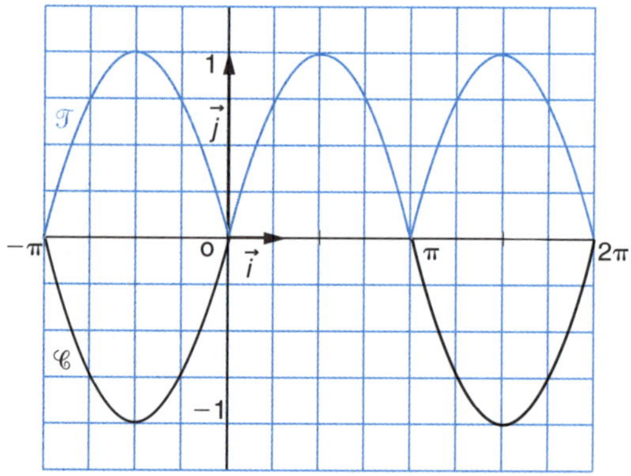

b. Soit $\mathscr{C}$ la représentation graphique de $g(x)=\cos x$ sur $[-\pi ; 2\pi]$. La courbe $\mathscr{T}$ représentant $k(x) = \cos x - 1$ s'obtient en retranchant 1 aux ordonnées des points de la courbe $\mathscr{C}$, c'est-à-dire en faisant une translation de vecteur $-\vec{j}$ sur la courbe $\mathscr{C}$.

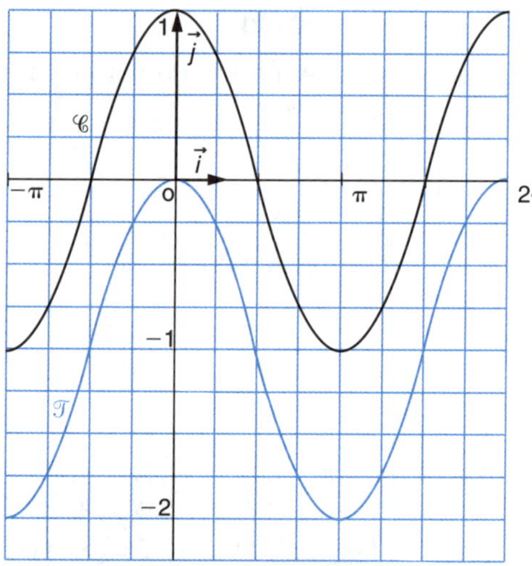

c. Soit $\mathscr{C}$ la représentation graphique de $f(x) = \sin x$.
On trace d'abord $\mathscr{C}'$ représentant $-\sin x$.
$\mathscr{C}'$ est symétrique de $\mathscr{C}$ par rapport à l'axe des abscisses.
Puis on fait une translation de vecteur $2\vec{j}$ sur la courbe $\mathscr{C}'$ pour obtenir $\mathscr{T}$ représentant $l(x) = 2 - \sin x$.

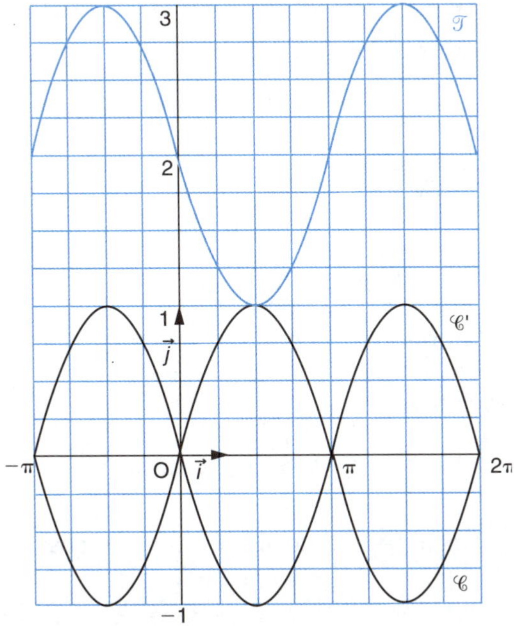

4 Sur [0; 1], f est représentée par le segment [OA] de la droite $y = x$. f est paire donc, sur $[-1; 0]$, elle est représentée par le segment [A′O] symétrique de [OA] par rapport à l'axe des ordonnées.

Enfin, f est de période 2 donc sa représentation graphique est obtenue en reproduisant le graphique trouvé sur un intervalle de longueur 2, ici la ligne brisée A′OA obtenue sur $[-1; 1]$.

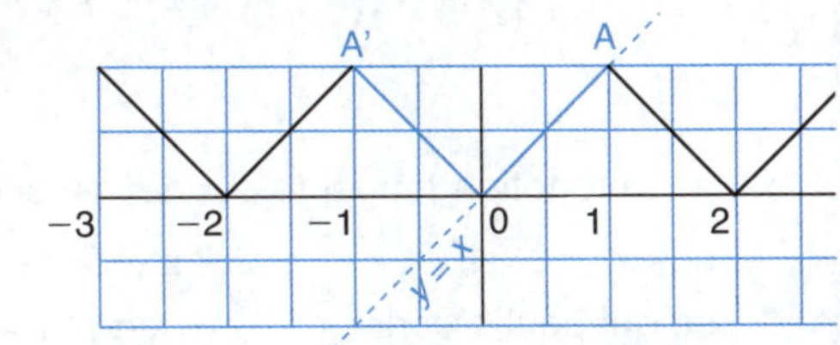

5

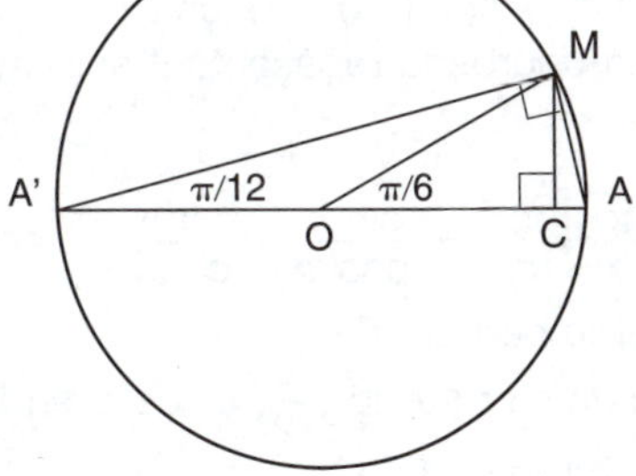

1. $\widehat{(\overrightarrow{OA}, \overrightarrow{OM})} = \frac{\pi}{6}$ donc $\widehat{(\overrightarrow{A'A}, \overrightarrow{A'M})} = \frac{\pi}{12}$ (théorème de l'angle inscrit).

2. a. Le triangle A′MA est inscrit dans un demi-cercle, il est donc rectangle en M.

On a alors $\cos \widehat{(\overrightarrow{A'A}, \overrightarrow{A'M})} = \frac{A'M}{A'A}$ d'après la définition du cosinus dans un triangle rectangle ou $\cos \frac{\pi}{12} = \frac{A'M}{2}$ car $A'A = 2R = 2 \times 1 = 2$.

b. Le triangle A′MC est rectangle en C donc dans ce triangle,
$\cos(\widehat{\overrightarrow{A'A}, \overrightarrow{A'M}}) = \frac{A'C}{A'M}$.
Mais $A'C = A'O + OC = 1 + \cos\frac{\pi}{6} = 1 + \frac{\sqrt{3}}{2}$ donc on a bien
$\cos\frac{\pi}{12} = \frac{1 + \frac{\sqrt{3}}{2}}{A'M}$.

c. D'après **a.** et **b.** $\frac{A'M}{2} = \frac{1 + \frac{\sqrt{3}}{2}}{A'M}$

ou $A'M^2 = 2\left(1 + \frac{\sqrt{3}}{2}\right) = 2 + \sqrt{3}$.

On en déduit que :

$A'M = \sqrt{2 + \sqrt{3}}$ et $\cos\frac{\pi}{12} = \frac{\sqrt{2 + \sqrt{3}}}{2}$.

3. $\sin^2\frac{\pi}{12} + \cos^2\frac{\pi}{12} = 1$ donc $\sin^2\frac{\pi}{12} = 1 - \cos^2\frac{\pi}{12} = 1 - \frac{2 + \sqrt{3}}{4}$

$= \frac{4 - 2 - \sqrt{3}}{4} = \frac{2 - \sqrt{3}}{4}$

$\frac{\pi}{12} \in [0\ ;\ \frac{\pi}{2}]$ d'où $\sin\frac{\pi}{12} > 0$

donc $\sin\frac{\pi}{12} = +\sqrt{\frac{2 - \sqrt{3}}{4}}$ soit, $\sin\frac{\pi}{12} = \frac{\sqrt{2 - \sqrt{3}}}{2}$

6 **a.** La fonction tangente est définie si $\cos x \neq 0$:
$\cos x = 0$ si $x = \frac{\pi}{2} + 2k\pi$, $k \in \mathbb{Z}$ ou $x = -\frac{\pi}{2} + 2k\pi$, $k \in \mathbb{Z}$,
ce qui peut s'écrire $x = \frac{\pi}{2} + k\pi$, $k \in \mathbb{Z}$.
Donc f est définie sur $D_t = \mathbb{R} \setminus \{\frac{\pi}{2} + k\pi\ ;\ k \in \mathbb{Z}\}$.

b. Pour $x \in D_t$, $-x \in D_t$ et $\tan(-x) = \frac{\sin(-x)}{\cos(-x)} = -\frac{\sin x}{\cos x} = -\tan x$
donc cette fonction est impaire. La courbe la repésentant sera symétrique par rapport à O.

c. Pour $x \in D_t$, $\tan(x + \pi) = \frac{\sin(x + \pi)}{\cos(x + \pi)} = \frac{-\sin x}{-\cos x} = \frac{\sin x}{\cos x} = \tan x$
donc cette fonction est périodique de période π.
Comme f est impaire, il suffit de l'étudier sur $[0\ ;\ \frac{\pi}{2}[$ et de prendre le symétrique par rapport à O de la courbe obtenue.

d. Soient les points C et S, les projections orthogonales de M sur l'axe des abscisses et sur l'axe des ordonnées. En appliquant le théorème de Thalès dans le triangle OAT, on a :
$\frac{AT}{CM} = \frac{OA}{OC}$.
Or CM = OS = $\sin x$; OC = $\cos x$ et OA = 1.
D'où $\frac{AT}{\sin x} = \frac{1}{\cos x}$ ou AT = $\frac{\sin x}{\cos x} = \tan x$.
Pour deux valeurs de $[0 ; \frac{\pi}{2}[$, x et x' telles que $x < x'$, on a : AT < AT′ (voir graphique) donc $\tan x < \tan x'$.
La fonction tangente est croissante sur $[0 ; \frac{\pi}{2}[$.

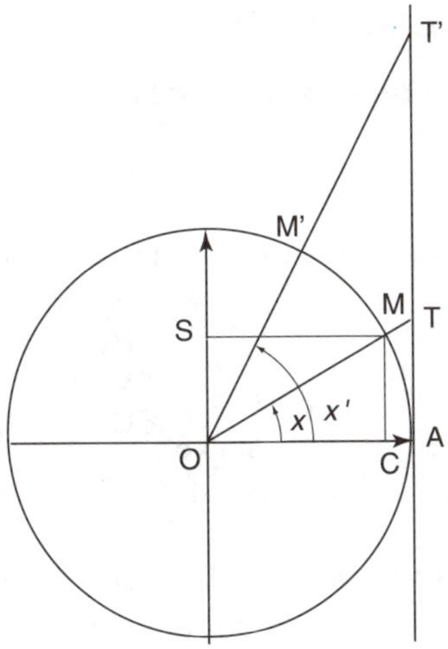

e. En utilisant les valeurs remarquables de $\sin x$ et $\cos x$, on obtient le tableau ci-dessous.

x	0	$\frac{\pi}{6}$	$\frac{\pi}{4}$	$\frac{\pi}{3}$
tan x	0	$\frac{\sqrt{3}}{3}$	1	$\sqrt{3}$

$\left(\text{par exemple, } \tan\frac{\pi}{6} = \frac{\sin\frac{\pi}{6}}{\cos\frac{\pi}{6}} = \frac{\frac{1}{2}}{\frac{\sqrt{3}}{2}} = \frac{1}{2} \times \frac{2}{\sqrt{3}} = \frac{1}{\sqrt{3}} = \frac{\sqrt{3}}{3}\right)$

On obtient donc la courbe suivante sur $[0 ; \frac{\pi}{2}[$ (en noir ci-dessous) ; quand x se rapproche de $\frac{\pi}{2}$, $\tan x$ croît vers l'infini.

f. Par une symétrie par rapport à O, on trace la courbe sur $]-\frac{\pi}{2} ; 0]$ (en noir) puis on reproduit la courbe obtenue sur $]\frac{\pi}{2} ; \frac{3\pi}{2}[$ (en bleu).

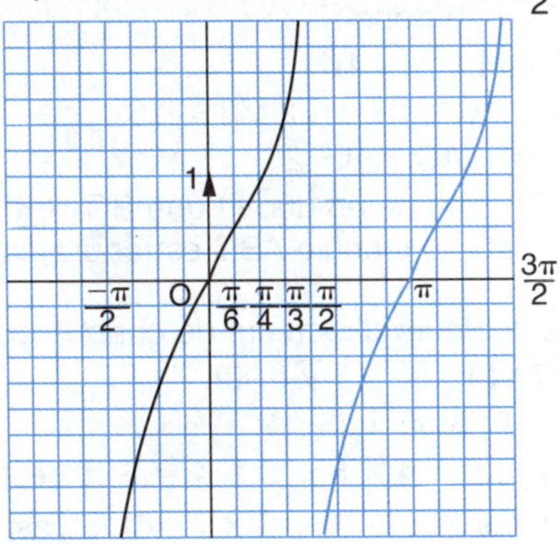

CHAPITRE 10

POUR FAIRE LE POINT

1. b ; 2. c ; 3. b ; 4. a et c ; 5. c ; 6. b et c ; 7. b ; 8. a.

FAIRE

1 $BC^2 = AC^2 + AB^2 = 2a^2$ donc $BC = a\sqrt{2}$.

$\cos 45° = \cos \hat{B} = \frac{AB}{BC} = \frac{a}{a\sqrt{2}} = \frac{1}{\sqrt{2}} = \frac{\sqrt{2}}{2}$.

$\sin 45° = \sin \hat{B} = \frac{AC}{BC} = \frac{a}{a\sqrt{2}} = \frac{1}{\sqrt{2}} = \frac{\sqrt{2}}{2}$.

($\tan 45° = \frac{\sin 45°}{\cos 45°} = 1$).

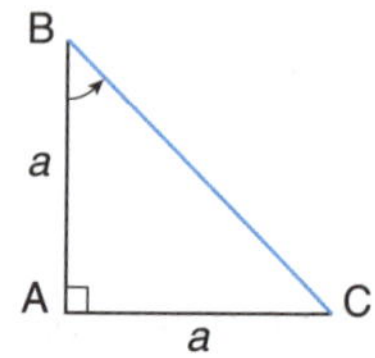

2 **a.** $\sin^2 \hat{A} = 1 - \cos^2 \hat{A} = 0{,}36$.

Or $0 \leqslant \hat{A} \leqslant 90°$ donc $\sin \hat{A} > 0$ soit $\sin \hat{A} = 0{,}6$.

On en déduit que $\tan \hat{A} = \frac{0{,}6}{0{,}8} = 0{,}75$.

b. $\cos \hat{A} = \frac{AB}{AC}$ soit $AC = \frac{AB}{\cos \hat{A}} = \frac{4}{0{,}8} = 5$ cm.

$\sin \hat{A} = \frac{BC}{AC}$ soit $BC = AC \times \sin \hat{A} = 5 \times 0{,}6 = 3$ cm.

3 $\|\vec{u_1}\| = \sqrt{16 + 9} = \sqrt{25} = 5$.

$\|\vec{u_2}\| = \sqrt{3 + 6} = \sqrt{9} = 3$.

$\|\vec{u_3}\| = \sqrt{\cos^2 70° + \sin^2 70°} = \sqrt{1} = 1$.

$\|\vec{u_4}\| = |-3|\,\|\vec{u_3}\| = 3$.

$\|\vec{u_5}\| = \sqrt{0 + 25} = \sqrt{25} = 5$.

4 $\overrightarrow{AB}(-8 ; 8)$; $AB^2 = 2 \times 64$; $AB = 8\sqrt{2}$.

$\overrightarrow{AC}(4\sqrt{3} - 4 ; 4\sqrt{3} + 4)$ donc :

$AC^2 = (4\sqrt{3} - 4)^2 + (4\sqrt{3} + 4)^2$

$AC^2 = 48 - 32\sqrt{3} + 16 + 48 + 32\sqrt{3} + 16$

$AC^2 = 2 \times 64$ donc $AC = 8\sqrt{2}$.

$\overrightarrow{BC}(4\sqrt{3} + 4 ; 4\sqrt{3} - 4)$: on en déduit que $BC = 8\sqrt{2}$.

Comme AB = AC = BC, le triangle ABC est équilatéral.

5 On détermine les vecteurs directeurs de chaque droite :

$\vec{v_1}(-4; 5)$ $\vec{v_2}(7 ; 3)$ $\vec{v_3}(-3 ; 7)$

$\mathfrak{D}_4 : 4x - 5y - 25 = 0$ d'où $\vec{v_4}(5 ; 4)$

$\vec{v_1}$ est orthogonal à $\vec{v_4}$ car $-4 \times 5 + 5 \times 4 = 0$. $\mathfrak{D}_1$ est perpendiculaire à $\mathfrak{D}_4$

$\vec{v_2}$ est orthogonal à $\vec{v_3}$ car $7 \times (-3) + 3 \times 7 = 0$. $\mathfrak{D}_2$ est perpendiculaire à $\mathfrak{D}_3$.

6 Un point $M(x\,;\,y)$ de la hauteur issue de B vérifie $\overrightarrow{BM} \perp \overrightarrow{AC}$.
$\overrightarrow{BM}$ a pour coordonnées $(x - 0{,}5\,;\,y - 1{,}5)$.
$\overrightarrow{AC}$ a pour coordonnées $(5\,;\,-6)$.
Donc $5(x - 0{,}5) - 6(y - 1{,}5) = 0$.
$5x - 6y - 2{,}5 + 9 = 0$.
$5x - 6y + 6{,}5 = 0$ est une équation de la hauteur issue de B.

S'ENTRAÎNER

1 ABC est un triangle isocèle en A. Le centre O du cercle circonscrit à ce triangle se trouve sur (AA') qui est perpendiculaire à (BC) (où A' est le milieu de [BC]).
On commence par calculer AA', en utilisant le théorème de Pythagore dans le triangle AA'B :
$AA'^2 = AB^2 - A'B^2$
$AA'^2 = 5^2 - 3^2 = 16$
donc AA' = 4 cm.
Le point O étant le centre du cercle passant par A, B et C
$OA = OB = OC = R$ (rayon de ce cercle en centimètres).
Dans le triangle OA'C, rectangle en A', on connaît :
$OA' = AA' - OA = 4 - R$ et $OC = R$.
Avec le théorème de Pythagore :
On peut écrire $OC^2 = OA'^2 + A'C^2$
soit $R^2 = (4 - R)^2 + 9$
donc $R^2 = 16 - 8R + R^2 + 9$ ou $8R = 25$.
$R = \dfrac{25}{8} = 3{,}125$ cm est le rayon du cercle.

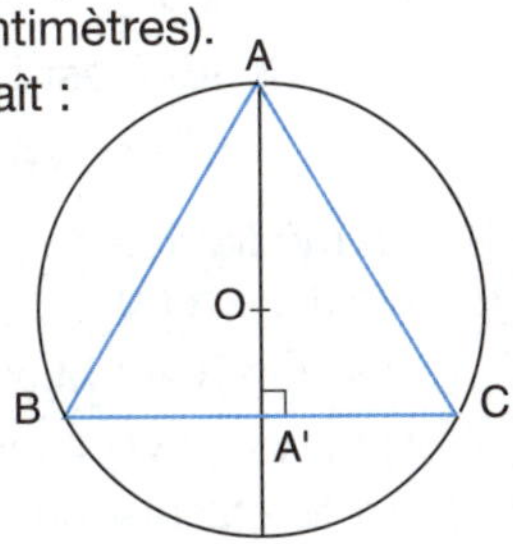

2 On choisit le repère $(A\,;\,\overrightarrow{AB}, \overrightarrow{AD})$ avec AB = AD = 1.
On calcule les coordonnées des points de la figure :
$A(0\,;\,0)$ $B(1\,;\,0)$ $C(1\,;\,1)$
$D(0\,;\,1)$ $I\left(\frac{1}{2}\,;\,0\right)$ $J\left(1\,;\,\frac{1}{2}\right)$
puis les coordonnées des vecteurs :
$\overrightarrow{AJ}\left(1 - 0\,;\,\frac{1}{2} - 0\right)$ soit $\overrightarrow{AJ}\left(1\,;\,\frac{1}{2}\right)$
$\overrightarrow{DI}\left(\frac{1}{2} - 0\,;\,0 - 1\right)$ soit $\overrightarrow{DI}\left(\frac{1}{2}\,;\,-1\right)$
Vérifions la relation $aa' + bb' = 0$
$aa' + bb' = 1 \times \left(\frac{1}{2}\right) + \frac{1}{2} \times (-1) = 0$
Donc les vecteurs $\overrightarrow{AJ}$ et $\overrightarrow{DI}$ sont orthogonaux.
Les droites (AJ) et (DI) sont perpendiculaires.

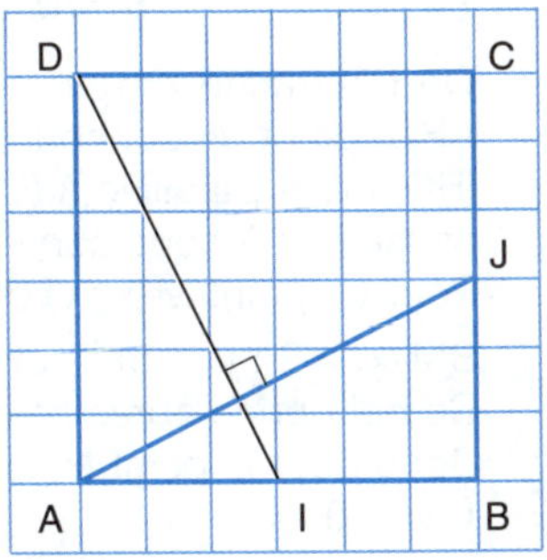

3 Le vecteur $\overrightarrow{BC}\,(-1\,;\,y_c-5)$ est orthogonal à $\overrightarrow{AB}\,(-4\,;\,2)$, si $4+2\,(y_c-5)=0$
d'où $-6+2y_c=0$
soit $y_c=3$ donc C $(-3\,;\,3)$.

Par ailleurs, $\overrightarrow{AB}=\overrightarrow{DC}$
soit $\begin{cases}-3-x_D=-4\\ 3-y_D=2\end{cases}$ d'où D $(1\,;\,1)$.

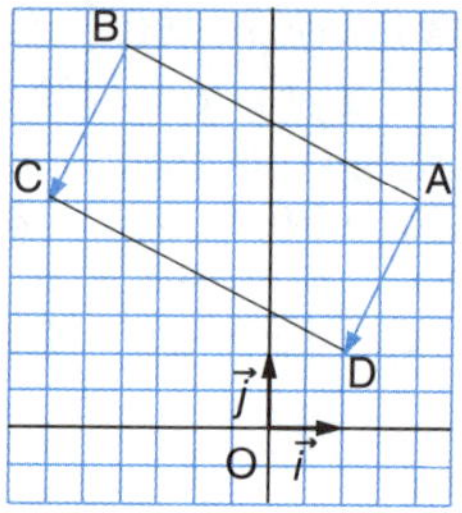

4 En choisissant un repère orthonormal d'origine A, les coordonnées de C sont $(a\,;\,b)$, celles de E sont $(-b\,;\,0)$, celles de G sont $(0\,;\,-a)$.
Donc $\overrightarrow{AC}\,(a\,;\,b)$ et $\overrightarrow{EG}\,(b\,;\,-a)$ d'où $a\times b+b\times(-a)=0$.
Donc les vecteurs $\overrightarrow{AC}$ et $\overrightarrow{EG}$ sont orthogonaux. Les droites (AC) et (EG) sont perpendiculaires.

5 **a.** On détermine les coordonnées de Ω, centre du cercle circonscrit, point de concours des médiatrices du triangle.
(BC) est parallèle à (Oy) car $\overrightarrow{BC}$ a pour coordonnées $(0\,;\,-9)$. La médiatrice de [BC] est la parallèle à (Ox) passant par A' $\left(-2\,;\,\frac{1}{2}\right)$ milieu de [BC], donc son équation est $y=\frac{1}{2}$.
La médiatrice de [AB] passe par C' $(2\,;\,4)$ milieu de [AB] et est perpendiculaire à (AB).
Pour un point M (x, y) de cette médiatrice, $\overrightarrow{C'M}\perp\overrightarrow{AB}$.
$\overrightarrow{C'M}\,(x-2, y-4)$ et $\overrightarrow{AB}\,(-8, 2)$.
Après calculs, on obtient $-8x+2y+8=0$.

Donc pour le point Ω, on vérifie les deux équations :
$\begin{cases}y=\frac{1}{2}\\ -8x+2y+8=0\end{cases}$ Ω a pour coordonnées $\left(\frac{9}{8}\,;\,\frac{1}{2}\right)$.

On détermine ensuite les coordonnées de H, orthocentre du triangle ABC, point de concours des hauteurs.
(BC) étant parallèle à (Oy), la hauteur issue de A est parallèle à (Ox) et passe par A donc son équation est $y=3$.
Pour un point M $(x\,;\,y)$ de la hauteur issue de B, $\overrightarrow{BM}\perp\overrightarrow{AC}$.
$\overrightarrow{BM}\,(x+2\,;\,y-5)$ et $\overrightarrow{AC}(-8\,;\,-7)$
Ce qui donne après calculs $-8x-7y+19=0$.
Donc pour le point H, on vérifie les deux équations :
$\begin{cases}y=3\\ -8x-7y+19=0\end{cases}$
Les coordonnées de H sont $\left(-\frac{1}{4}\,;\,3\right)$.

b. On a $\overrightarrow{AA'}\left(-8, -\frac{5}{2}\right)$ et

$\overrightarrow{AG}\left(-\frac{16}{3}, -\frac{5}{3}\right)$ $\overrightarrow{AG} = \frac{2}{3}\overrightarrow{AA'}$

donc G est le centre de gravité.

$\overrightarrow{\Omega H}\left(-\frac{11}{8} ; \frac{5}{2}\right)$ et $\overrightarrow{\Omega G}\left(-\frac{11}{24} ; \frac{5}{6}\right)$.

On a $-\frac{11}{24} \times \frac{5}{2} - \left(-\frac{11}{8}\right) \times \left(\frac{5}{6}\right) = 0$

$\overrightarrow{\Omega G}$ et $\overrightarrow{\Omega H}$ sont colinéaires.

Ω, G et H sont alignés.

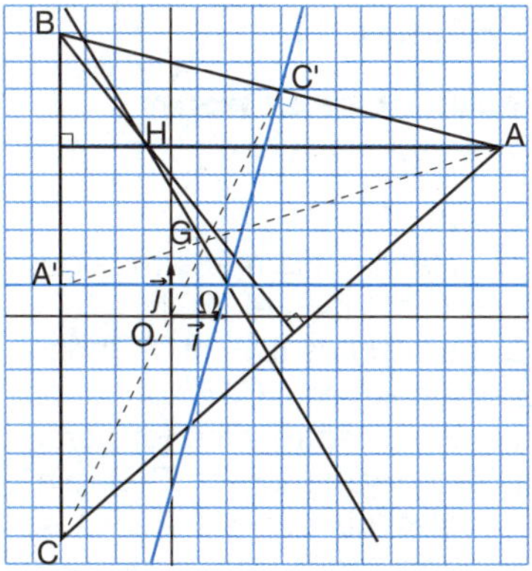

6 a. $IA = \sqrt{(-2)^2 + 2^2} = \sqrt{8} = 2\sqrt{2}$

$IB = \sqrt{(-4+2)^2 + 2^2} = \sqrt{8} = 2\sqrt{2}$

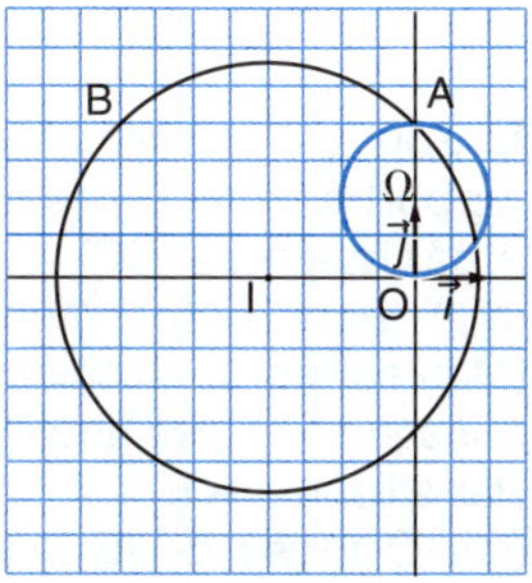

b. Tout point M du cercle vérifie IM = IA

$IM^2 = (x+2)^2 + y^2$ et $IA^2 = 8$

donc $(x+2)^2 + y^2 = 8$

$x^2 + 4x + 4 + y^2 - 8 = 0$

ou $x^2 + y^2 + 4x - 4 = 0$

c. $x^2 + y^2 - 2y = 0$ peut s'écrire :

$x^2 + (y-1)^2 - 1 = 0$

$x^2 + (y-1)^2 = 1$

C'est l'équation du cercle de centre $\Omega(0 ; 1)$ et de rayon 1.

7 $\mathcal{D}'$ passe par A et est perpendiculaire à $\mathcal{D}$, tout point $M(x ; y)$ de $\mathcal{D}'$ vérifie que $\overrightarrow{AM} \perp \vec{v}$ où $\vec{v}$ est un vecteur directeur de $\mathcal{D}$.

Or $\overrightarrow{AM}(x-5 ; y-3)$ et $\vec{v}(-2 ; 3)$

donc $-2(x-5) + 3(y-3) = 0$ soit $-2x + 3y + 1 = 0$.

H est le point d'intersection de $\mathcal{D}$ et $\mathcal{D}'$, donc ses coordonnées vérifient le système $\begin{cases} 3x + 2y - 8 = 0 \\ -2x + 3y + 1 = 0 \end{cases}$

En multipliant la première équation par 2 et la deuxième par 3 et en les additionnant, on obtient :

$13y - 13 = 0$ soit $y = 1$.

D'où $3x - 6 = 0$ soit $x = 2$.

Donc H a pour coordonnées (2 ; 1)

Et $d = AH = \sqrt{(2-5)^2 + (1-3)^2} = \sqrt{9+4} = \sqrt{13} \approx 3{,}6$.

CHAPITRE 11

POUR FAIRE LE POINT

1. a et b ; 2. a et c ; 3. b ; 4. d ; 5. b et c ; 6. c.

FAIRE

1 **a.** (AH) est la médiatrice des segments [DF] et [EG].
b. Les droites (DF) et (EG) perpendiculaires à (AH) sont donc parallèles entre elles (et parallèles à (BC)). (EF) et (DG), diagonales du trapèze EGFD se coupent en K, point de (AH) (K est un point invariant par la réflexion).

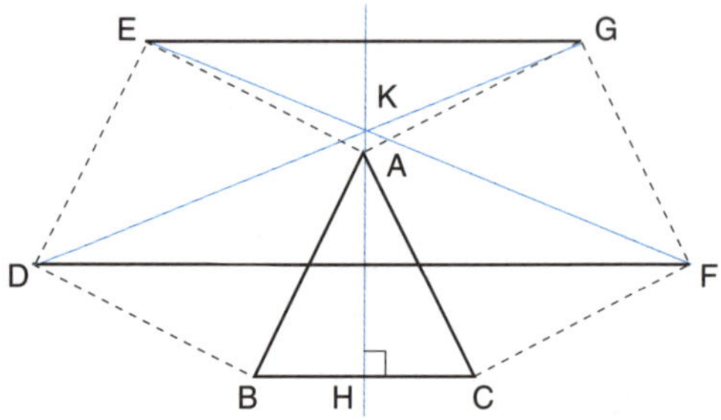

2 Soient J′, le symétrique de J par rapport à (BC) et A′ le symétrique de A par rapport à (BC).
(MJ) étant perpendiculaire à (AB), (MJ′) est perpendiculaire à (A′B) (par conservation des angles).
Par ailleurs, (A′B) est parallèle à (AC) (car O milieu de [BC] étant aussi le milieu de [AA′], ACA′B est un parallélogramme).
Donc (MJ′) est perpendiculaire à AC.
Comme (MI) est par définition perpendiculaire à (AC), les points I, M et J′ sont alignés et BH = J′I (distance entre deux droites parallèles).

Or J′I = J′M + MI
= MJ + MI

car J′M = MJ (conservation des distances)
Donc MI + MJ = BH.

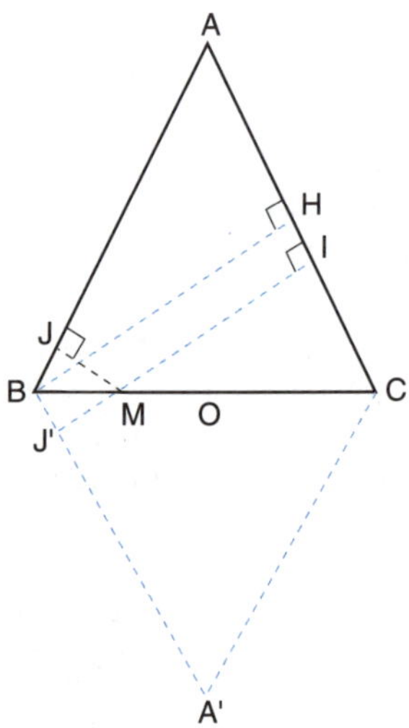

3 **a.** Par la symétrie de centre I :

O ⟼ O′
$\mathscr{C}$ ⟼ $\mathscr{C}'$

L'image de A est donc un point de $\mathscr{C}'$ aligné avec A et I : c'est A′. De même, l'image de B est B′.
I est donc le milieu de [AA′] et de [BB′].
ABA′B′ est donc un parallélogramme.

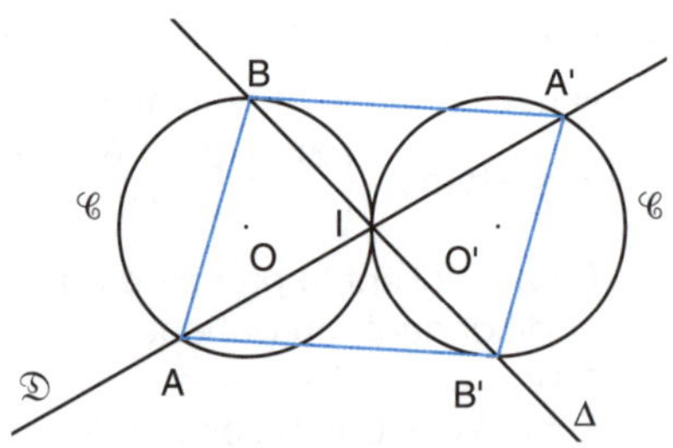

b. ABA′B′ sera un rectangle si ses diagonales sont égales, c'est-à-dire si IA = IB donc si $\mathscr{D}$ et Δ sont symétriques par rapport à (OO′).
ABA′B′ sera un losange si ses diagonales sont perpendiculaires donc si $\mathscr{D} \perp \Delta$.
ABA′B′ sera un carré si les deux conditions précédentes sont réunies : $\mathscr{D}$ et Δ symétriques par rapport à (OO′) et perpendiculaires.

4 Soit ABCD ce parallélogramme. Appelons son centre O et I le centre du cercle $\mathscr{C}$ circonscrit à ABCD.

Par la symétrie de centre O : $A \longmapsto C$
$B \longmapsto D$
$C \longmapsto A$
$D \longmapsto B$

Donc le cercle $\mathscr{C}$ est invariant (car par trois points distincts passe un seul cercle). Son centre est donc aussi invariant.
Mais le seul point invariant d'une symétrie centrale est son centre donc I = O : le centre du cercle et le centre du parallélogramme sont confondus. Alors OA = OB = *r* (rayon du cercle). Ses diagonales étant égales, ABCD est un rectangle.

5 Si $\overrightarrow{MP} = \overrightarrow{AB}$, P est l'image de M par la translation *t* de vecteur $\overrightarrow{AB}$.
L'image de $\mathscr{C}$ par *t* est un cercle $\mathscr{C}'$ qui coupe $\mathscr{C}$ en deux points P et P′.
Ces points sont les images de deux autres points de $\mathscr{C}$: M et M′.
Il y a donc deux solutions : les points M et P et les points M′ et P′.

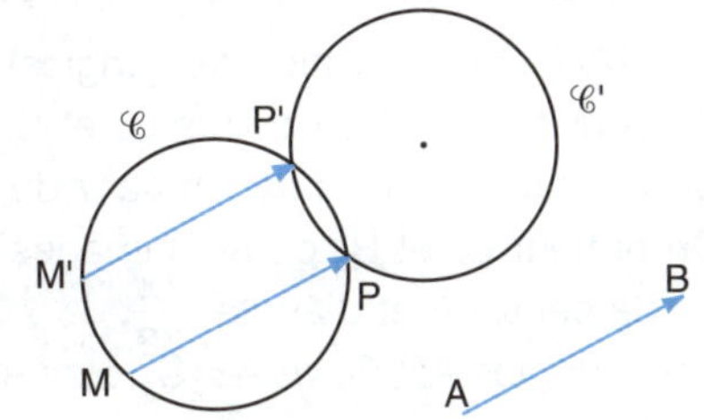

6 Si M est un point du cercle $\mathscr{C}$, $\overrightarrow{AB} = \overrightarrow{MP}$ et P est l'image de M par la translation *t* de vecteur $\overrightarrow{AB}$.
Quand M décrit $\mathscr{C}$, P décrit $\mathscr{C}'$, image de $\mathscr{C}$ par *t*.

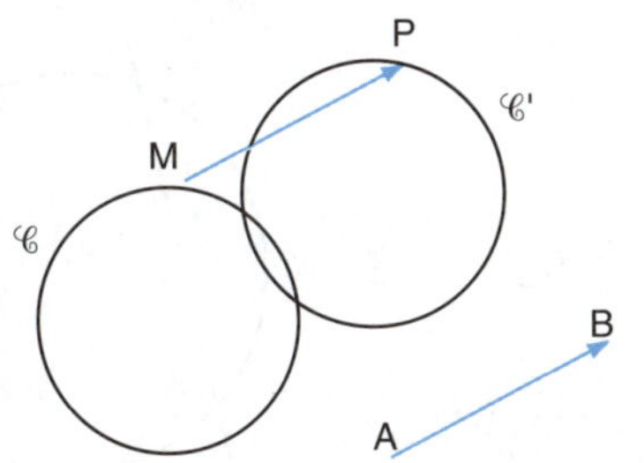

7 **a.** C = *r*(B) si OC = OB et $(\widehat{\overrightarrow{OB}\,;\,\overrightarrow{OC}}) = \frac{\pi}{2}$.
On construit donc sur la perpendiculaire en O à (AB) le point C tel que OC = OB et $(\widehat{\overrightarrow{OB}\,;\,\overrightarrow{OC}}) = \frac{\pi}{2}$ (attention, l'angle de la rotation est un angle orienté).

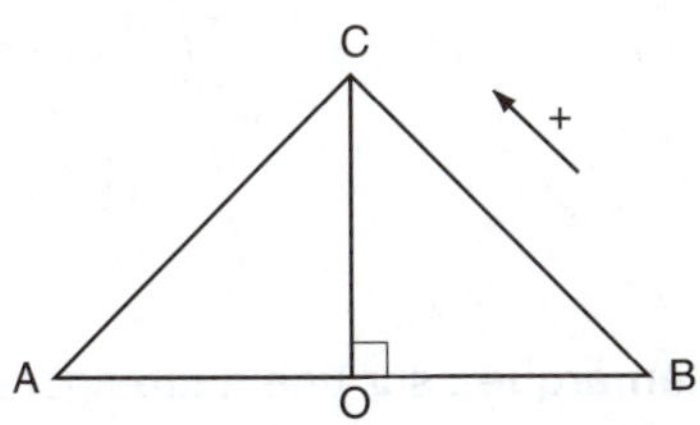

b. Par r : B $\longmapsto$ C
et C $\longmapsto$ A
car OA = OB = OC et $(\widehat{\overrightarrow{OC} ; \overrightarrow{OA}}) = \frac{\pi}{2}$

c. r est une isométrie donc CA = BC, le triangle ABC est isocèle.

Il est aussi rectangle en C car OC = OA = $\frac{AB}{2}$ (propriété de la médiane d'un triangle rectangle).

(On peut aussi considérer la mesure des angles des triangles OAC et OBC, ou montrer que $AB^2 = AC^2 + CB^2$)
ABC est donc un triangle rectangle isocèle.

8 Si le triangle ABC est équilatéral, AB = AC et $(\widehat{\overrightarrow{AB} ; \overrightarrow{AC}}) = \frac{\pi}{3}$ (ou $-\frac{\pi}{3}$).
C est l'image de B par la rotation r de centre A et d'angle $\frac{\pi}{3}$ donc C appartient à l'image $\mathcal{D}'$ de la droite $\mathcal{D}$ (qui contient B) par la rotation r.

Pour construire $\mathcal{D}'$: soit H la projection orthogonale de A sur $\mathcal{D}$, on construit son image H' (AH' = AH et $(\widehat{\overrightarrow{AH} ; \overrightarrow{AH'}}) = \frac{\pi}{3}$) et $\mathcal{D}'$ est la perpendiculaire en H' à (AH') (conservation des angles).
$\mathcal{D}'$ coupe $\mathcal{C}$ en deux points C_1 et C_2.
Ces points sont les images par r de deux points de $\mathcal{D}$: B_1 et B_2.
On obtient B_1 et B_2 comme images respectives de C_1 et C_2 par la rotation r^{-1} de centre A et d'angle $-\frac{\pi}{3}$.
Les triangles AB_1C_1 et AB_2C_2 sont équilatéraux.

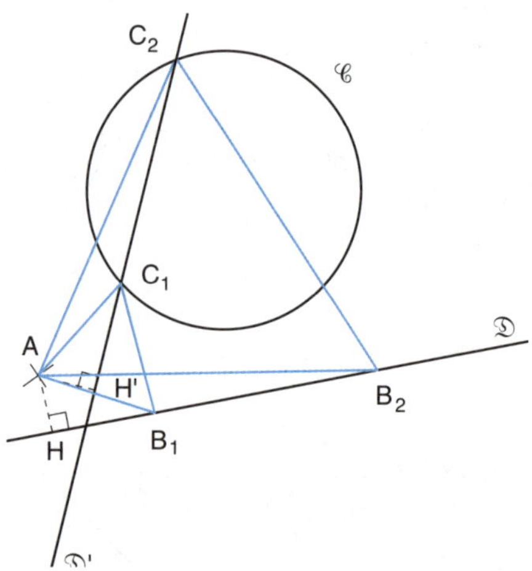

Remarque : sur une autre figure, on pourrait trouver des solutions en prenant l'image de $\mathcal{D}$ par la rotation de centre A et d'angle $-\frac{\pi}{3}$.

S'ENTRAÎNER

1 Soient les points $A \in \mathcal{D}_1$ et $B \in \mathcal{D}_2$ tels que IA = IB.
Le triangle IAB est isocèle. L'axe de symétrie de ce triangle est la droite (IH) médiatrice de [AB]. C'est aussi la bissectrice de l'angle $\widehat{AIB}$. On l'appelle Δ.
Dans la réflexion d'axe Δ, tout point de $\mathcal{D}_1$, M a son image N sur $\mathcal{D}_2$ et réciproquement (car Δ est médiatrice de [MN]).
$\mathcal{D}_1$ et $\mathcal{D}_2$ sont donc symétriques par rapport à Δ. De même, la 2e bissectrice des droites $\mathcal{D}_1$ et $\mathcal{D}_2$, Δ' est aussi axe de symétrie de la figure.

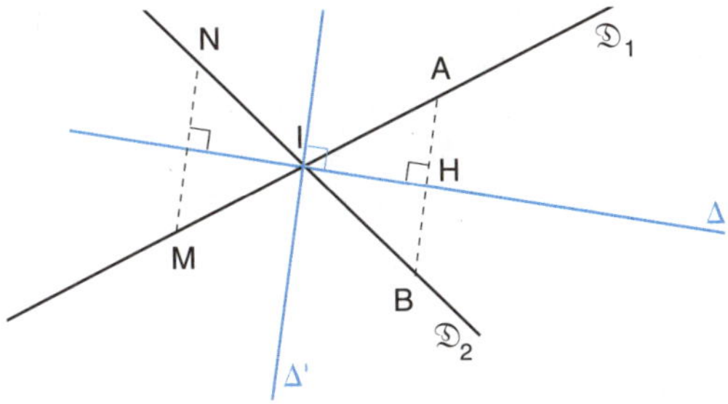

2 On construit le point A′ tel que A′ soit l'image de A par la translation t de vecteur $\vec{u} = \overrightarrow{MP}$ donc $\overrightarrow{AA'} = \vec{u} = \overrightarrow{MP}$.
Le trajet AM + MP + PB est égal au trajet A′P + AA′ + PB (car $\overrightarrow{AM} = \overrightarrow{A'P}$ et $\overrightarrow{AA'} = \overrightarrow{MP}$).
Le trajet A′P + PB est minimal si les points A′, P et B sont alignés. Cela détermine la position P_oM_o du pont cherché.

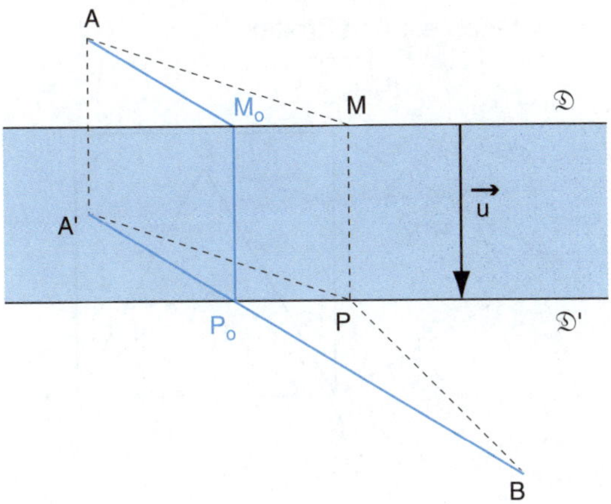

3 Par la symétrie de centre O (centre du rectangle ABCD), la bissectrice de $\widehat{ABC}$, c'est-à-dire (BK), a pour image la bissectrice de $\widehat{ADC}$, soit (DI) (car la symétrie centrale conserve les angles orientés) et ces deux droites sont donc parallèles.
De même (AI) a pour image (CK) et (AI) est parallèle à (CK). IJKL est donc un parallélogramme.
Le triangle ADI a deux angles égaux à 45°, il est donc rectangle et isocèle. On a donc $\widehat{AID} = 90°$ et, dans le parallélogramme IJKL, $\widehat{JIL} = 90°$. IJKL est donc un rectangle.

Par ailleurs, puisque IA = ID, I appartient à la médiatrice de [AD]. Par le même raisonnement, K appartient à la médiatrice de [BC]. (IK) est donc cette médiatrice commune et est perpendiculaire à (AD) et (BC).
Un raisonnement analogue dans les triangles ALB et DJC montre que (JL) est la médiatrice de [AB] et [DC].
Donc (JL) $\perp$ (IK) et IJKL est un losange.
IJKL est à la fois un rectangle et un losange donc c'est un carré (de centre O).

4 **a.** On a AE = AB et $\widehat{(\overrightarrow{AB}\ ;\overrightarrow{AE})} = 60°$, l'image de B par r est donc E.

De même, AF = AD et $\widehat{(\overrightarrow{AD}\ ;\overrightarrow{AF})} = 60°$, donc r(D) = F.

b. Si G est tel que r(G) = C on a AG = AC et $\widehat{(\overrightarrow{AG}\ ;\overrightarrow{AC})} = 60°$.
Le triangle AGC est équilatéral et G appartient à la médiatrice de [AC], c'est-à-dire [BD] (puisque ABCD est un carré).
c. Les points G, B et D sont alignés. Leurs images C, E, F appartiennent donc à une même droite image de (BD) par r (car l'image d'une droite par une rotation est une droite).

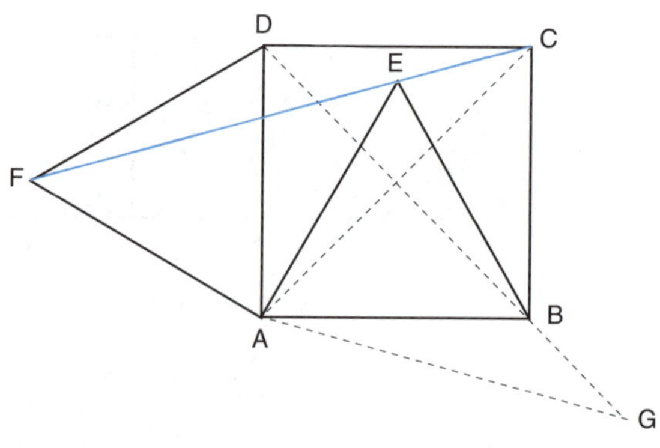

5 Si ABC est un triangle isocèle et rectangle en A, alors AB = AC et $(\widehat{\overrightarrow{AB}\ ;\ \overrightarrow{AC}}) = \frac{\pi}{2}$ (ou $-\frac{\pi}{2}$), donc C est l'image de B par la rotation r de centre A et d'angle $\frac{\pi}{2}$.

Mais B doit appartenir à $\mathscr{D}_2$ donc son image C appartient à l'image de $\mathscr{D}_2$ par r : Δ_2. Pour construire Δ_2, on construit H la projection orthogonale de A sur $\mathscr{D}_2$, H' l'image de H par r. Δ_2 est la perpendiculaire à (AH') en H'.

C est donc l'intersection de Δ_2 et $\mathscr{D}_3$.

On obtient ensuite B avec $B = r^{-1}(C)$ où r^{-1} est la rotation de centre A et d'angle $-\frac{\pi}{2}$, donc (AB) ⊥ (AC) et AB = AC.

Le triangle ABC répond à la question.

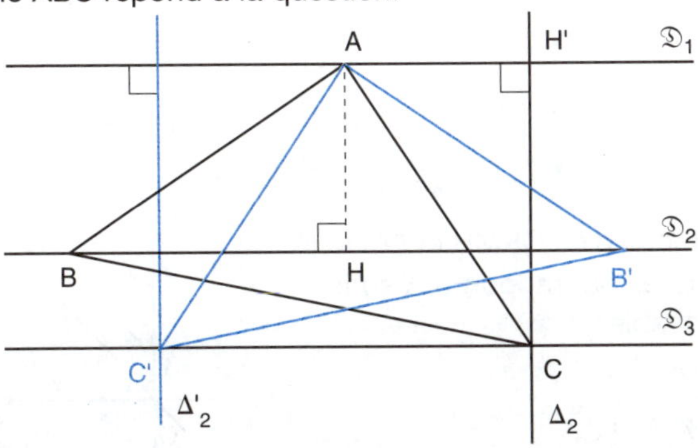

Remarque : un 2e triangle AB′C′ répond à la question : on l'obtient en faisant le même raisonnement avec C′ image de B′ par la rotation r^{-1} de centre A et d'angle $-\frac{\pi}{2}$.

6 **a.** Les droites (AH) et (OA′) sont parallèles car toutes deux perpendiculaires à (BC).

On peut donc utiliser le théorème de Thalès dans le triangle AHA″.

Puisque O est le milieu de [AA″], on en déduit que A′ est le milieu de [HA″] donc A″ est bien le symétrique de H par rapport à A′.

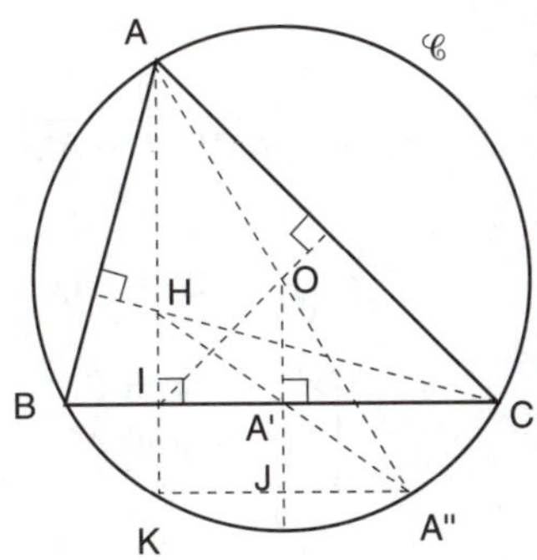

b. D'après la question précédente, A′ est le milieu de [HA″].
Par ailleurs, K est le symétrique de H par rapport à (BC), donc le milieu I de [HK] appartient à (BC).
D'après le théorème de Thalès, dans le triangle KHA″, on a (KA″) // (IA′) puisque I et A′ sont les milieux de [HK] et [HA″].
La médiatrice (OA′) coupe [KA″] en son milieu J puisque A′ est le milieu du segment [HA″] et que (OA′) est parallèle à (HK).
K est donc le symétrique de A″ par rapport à (OA′). $\mathscr{C}$ est invariant par la réflexion d'axe (OA′) et puisque A″ ∈ $\mathscr{C}$ alors K ∈ $\mathscr{C}$.

Remarque : on montre de même que les symétriques de H par rapport aux côtés (AB) et (AC) sont aussi sur le cercle $\mathscr{C}$.

7

a. $\begin{cases} x' = x \\ y' = -y \end{cases}$

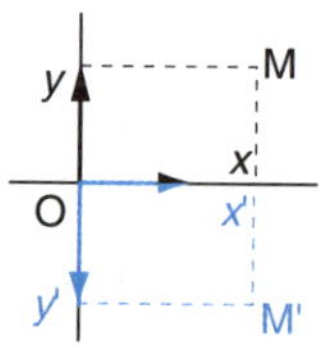

b. $\begin{cases} x' = -x \\ y' = y \end{cases}$

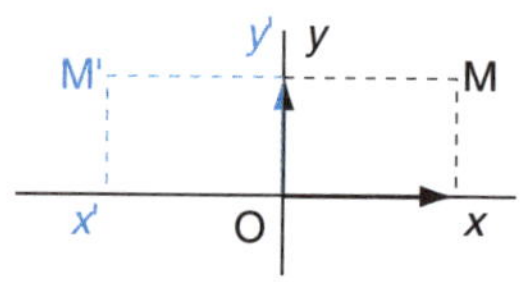

c. Les rectangles OKMH et OH′M′K′ symétriques par rapport à Δ sont superposables.

donc $\begin{cases} x' = y \\ y' = x \end{cases}$

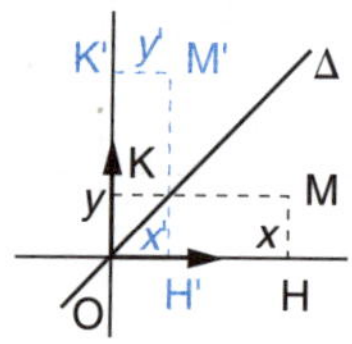

d. $\begin{cases} x' = -x \\ y' = -y \end{cases}$

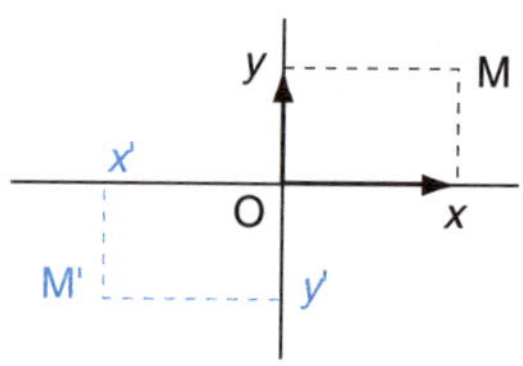

e. On a $\overrightarrow{AM'} = -\overrightarrow{AM}$

donc $\begin{cases} x' - 1 = -(x - 1) \\ y' - 2 = -(y - 2) \end{cases}$

ou $\begin{cases} x' = -x + 2 \\ y' = -y + 4 \end{cases}$

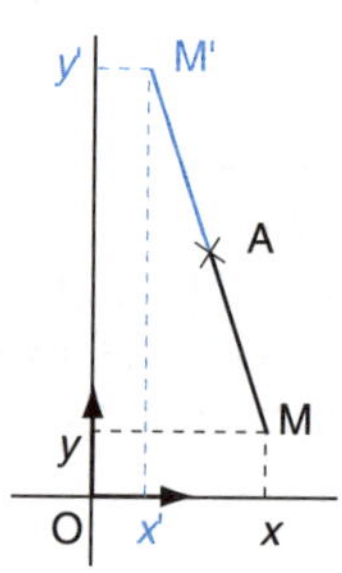

f. On a $\overrightarrow{MM'} = \overrightarrow{AB}$

donc $\begin{cases} x' - x = 3 - 1 \\ y' - y = -1 - 2 \end{cases}$

ou $\begin{cases} x' = x + 2 \\ y' = y - 3 \end{cases}$

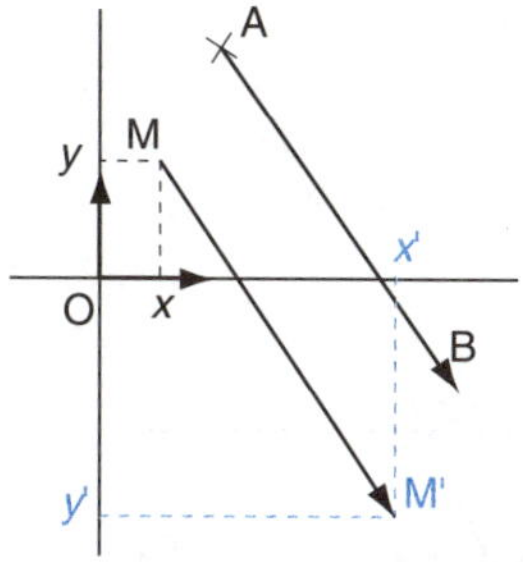

g. Les points H et K projections orthogonales de M sur (Ox) et (Oy) ont pour images respectives les points K′ et H′ projections orthogonales de M′ sur (Oy) et (Ox)

donc $\begin{cases} x' = -y \\ y' = x \end{cases}$

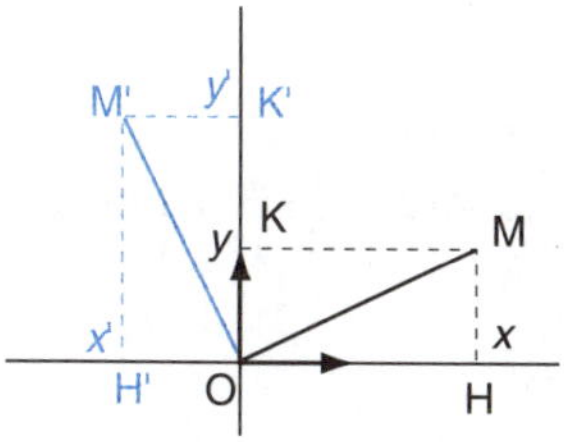

CHAPITRE 12

POUR FAIRE LE POINT

1. c ; 2. c ; 3. b et c ; 4. b et c ; 5. b et d ; 6. b ; 7. b et d.

FAIRE

1 a. $\overrightarrow{AB} = -\frac{3}{4}\overrightarrow{AC}$ peut s'écrire $\overrightarrow{AC} = -\frac{4}{3}\overrightarrow{AB}$ donc C est l'image de B par l'homothétie de centre A et de rapport $k = -\frac{4}{3}$.

b. $2\overrightarrow{AC} = 3\overrightarrow{BA}$ peut s'écrire $\overrightarrow{AC} = -\frac{3}{2}\overrightarrow{AB}$. Donc C est l'image de B par l'homothétie de centre A et de rapport $k = -\frac{3}{2}$.

c. $3\overrightarrow{BC} = 2\overrightarrow{CA}$ s'écrit $3(\overrightarrow{BA} + \overrightarrow{AC}) = -2\overrightarrow{AC}$

ou $3\overrightarrow{AC} + 2\overrightarrow{AC} = -3\overrightarrow{BA}$

ou $5\overrightarrow{AC} = 3\overrightarrow{AB}$ soit $\overrightarrow{AC} = \frac{3}{5}\overrightarrow{AB}$.

C est l'image de B par l'homothétie de centre A de rapport $k = \frac{3}{5}$.

2 **a.**

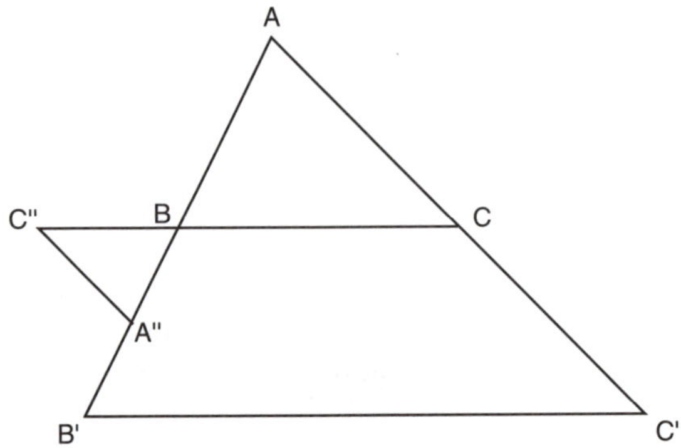

Par l'homothétie de centre A, de rapport 2 :
A est le centre de l'homothétie et est donc invariant.
B a pour image B′ tel que $\overrightarrow{AB'} = 2\overrightarrow{AB}$.
C a pour image C′ tel que $\overrightarrow{AC'} = 2\overrightarrow{AC}$.
Le triangle ABC a pour image le triangle AB′C′.
b. Par l'homothétie *h*′, de centre B de rapport $-\frac{1}{2}$, B est invariant.
A a pour image A″ tel que $\overrightarrow{BA''} = -\frac{1}{2}\overrightarrow{BA}$.
C a pour image C″ tel que $\overrightarrow{BC''} = -\frac{1}{2}\overrightarrow{BC}$.
Le triangle ABC a pour image le triangle A″BC″.

3

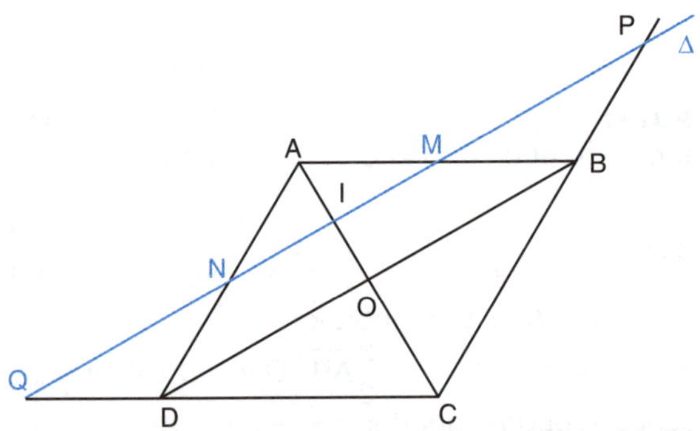

Par l'homothétie *h* de centre A qui transforme B en M, l'image du point D est un point D′ aligné avec A et D et tel que (MD') soit parallèle à (BD) donc D′ = N.
L'image de O milieu de [BD] est le milieu de [MN]. Ce point est aligné avec A et O : c'est I. Donc I est le milieu de [MN].
De même, par l'homothétie *h*′ de centre C qui transforme B en P, l'image de D est Q et O milieu de [BD] a pour image I qui est donc le milieu de [PQ].

4

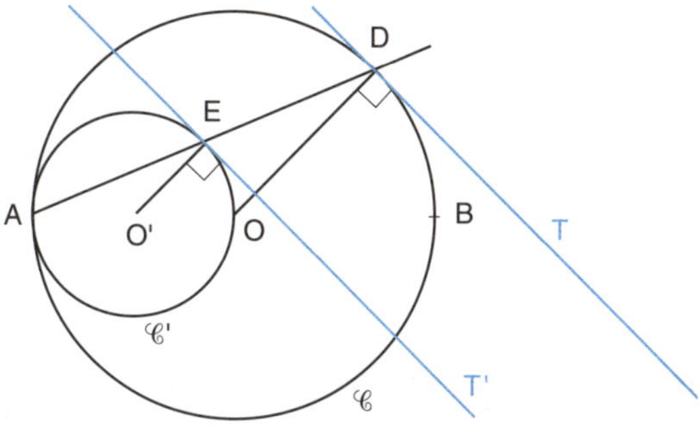

a. On a $\overrightarrow{AO'} = \dfrac{1}{2}\overrightarrow{AO}$ donc O′ est l'image de O par *h* et alors 𝒞′ est l'image de 𝒞 par cette homothétie.

b. L'image de D point de 𝒞 est un point de 𝒞′ aligné avec A et D. C'est donc E et on a $\overrightarrow{AE} = \dfrac{1}{2}\overrightarrow{AD}$. Ce qui signifie bien que E est le milieu de [AD].

c. La tangente T à 𝒞 en D est une droite perpendiculaire à (OD). Son image sera la perpendiculaire en E à (O′E) : c'est donc la tangente T′ à 𝒞′ en E et ces deux droites T et T′ sont parallèles.

5 **a.** L'image de M par l'homothétie *h* de centre A qui transforme B en O est un point M′ tel que (OM') soit parallèle à (BM).
Or (BM) est perpendiculaire à (AM) (puisque M appartient au cercle de diamètre [AB]).
Donc (OM') est perpendiculaire à (AM) et M′ appartient à (AM) d'où M′ = N.
b. Lorsque le point M décrit le cercle 𝒞, le point N décrit le cercle 𝒞′ image de 𝒞 par *h*.
𝒞′ a pour diamètre [AO] image de [AB].

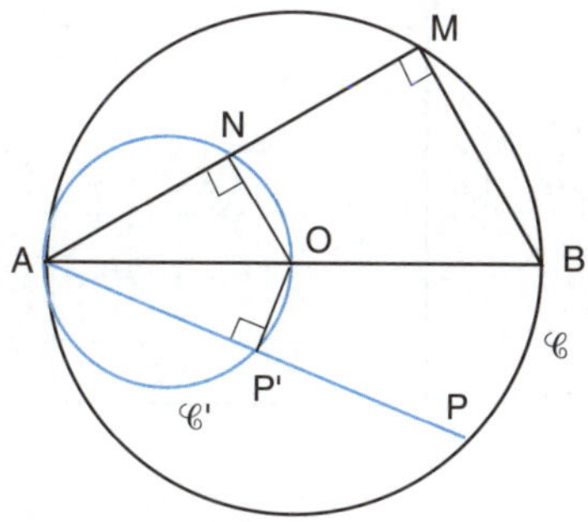

6 D'après le théorème de Thalès appliqué dans le triangle ABC, on a :
(B′C′) // (BC), (A′C′) // (AC), (A′B′) // (AB).
Donc il faut trouver une homothétie *h* telle que : A ↦ A′, B ↦ B′, C ↦ C′.
Le centre de cette homothétie (s'il existe) sera l'intersection des droites (AA′), (BB′), (CC′) : c'est la définition du centre de gravité. L'homothétie *h* a pour centre G.
Pour calculer *k*, on sait que :

$$\overrightarrow{AG} = \frac{2}{3}\overrightarrow{AA'}$$

$$\overrightarrow{AG} = \frac{2}{3}(\overrightarrow{AG} + \overrightarrow{GA'})$$

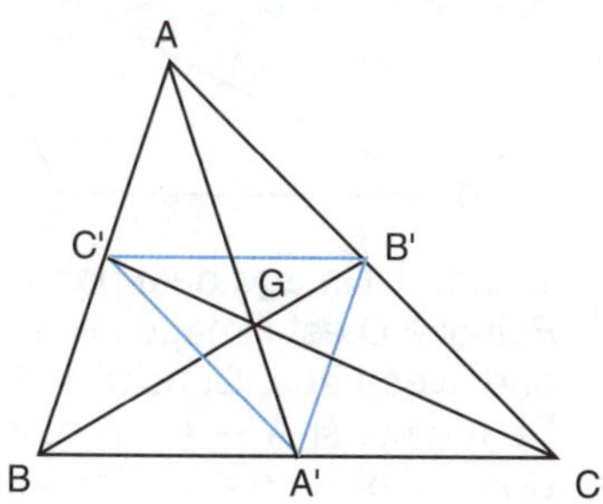

$$\begin{aligned}\overrightarrow{AG} - \frac{2}{3}\overrightarrow{AG} &= \frac{2}{3}\overrightarrow{GA'}\\ \frac{1}{3}\overrightarrow{AG} &= \frac{2}{3}\overrightarrow{GA'}\\ \overrightarrow{GA'} &= -\frac{1}{2}\overrightarrow{GA}\end{aligned}$$

Donc $k = -\dfrac{1}{2}$.

7 **a.** On remarque sur le graphique que $\overrightarrow{BG} = \dfrac{2}{3}\overrightarrow{AD}$ donc il existe une homothétie h : $\begin{matrix} A \mapsto B \\ D \mapsto G \end{matrix}$ de rapport $k = \dfrac{2}{3}$.

On a aussi $\overrightarrow{BE} = \dfrac{2}{3}\overrightarrow{AB}$ et $\overrightarrow{GF} = \dfrac{2}{3}\overrightarrow{DC}$ donc B a pour image E et C a pour image F.

Le carré ABCD a donc pour image le carré BEFG.

b. Le centre I de h est donc aligné avec A et B, avec D et G et avec C et F. Les droites (AB), (DG) et (CF) sont donc concourantes en I.

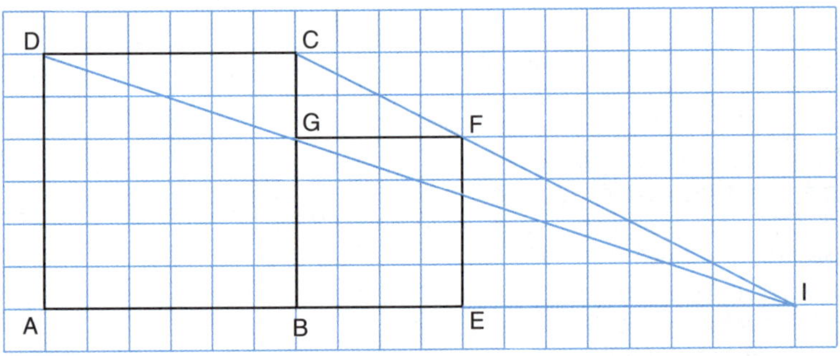

S'ENTRAÎNER

1

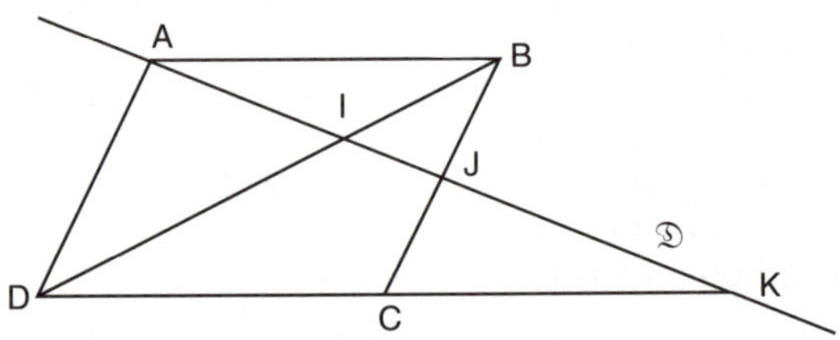

1. Soit J′ l'image de J par l'homothétie h.

Puisque D est l'image de B, (DJ′) est parallèle à (BJ). De plus, J′ est aligné avec I et J. Donc J′ = A. J a pour image A par h.

De même, si A ↦ A′ on doit avoir (DA′) // (BA) et A′ aligné avec I et A. Donc A′ et K sont confondus. L'image de A par h est K.

2. D'après ce que l'on vient de démontrer, on a :
$\overrightarrow{IA} = k\overrightarrow{IJ}$ et $\overrightarrow{IK} = k\overrightarrow{IA}$ (k est le rapport de l'homothétie h).
On peut en déduire $IA = |k|IJ$ et $IK = |k|IA$

donc $IK \times IJ = |k|\ IA \times \dfrac{1}{|k|}\ IA$ ($k \neq 0$ donc $|k| \neq 0$)

$IK \times IJ = IA^2$.

2 Par l'homothétie h de centre K qui transforme A en D, B a pour image un point B′ tel que K, B et B′ sont alignés et tel que la droite (DB′) est parallèle à la droite (AB). Donc B′ = C.
Alors le segment [AB] a pour image le segment [DC] et le milieu I de [AB] a pour image le milieu J de [DC]. Donc K, I et J sont alignés.
De même l'homothétie h' de centre L qui transforme A en C transforme B en D (D aligné avec L et B, et (DC) parallèle à (AB)). Par cette homothétie, l'image de [AB] est [CD] et l'image de I est encore J. Donc L, I et J sont alignés.
En conclusion, K, I, L et J sont alignés.

Remarque : on retrouve la configuration du trapèze complet.

3 **a.**

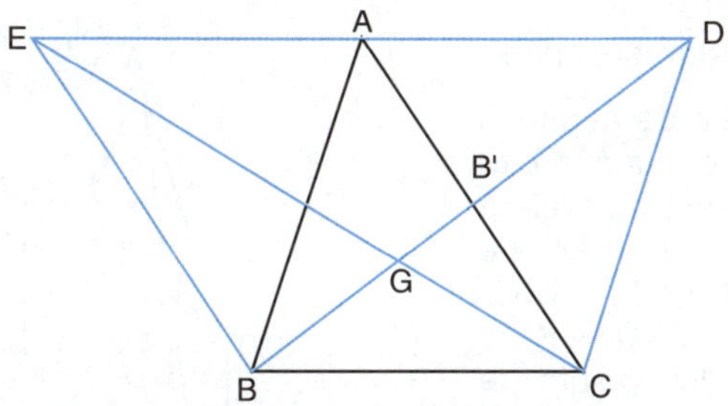

b. Par définition du centre de gravité, G est un point de [BB′].
Par ailleurs, ABCD étant un parallélogramme, B′ est le milieu commun de [AC] et de [BD], donc G, B, D (et B′) sont alignés.
c. Remarquons d'abord qu'une telle homothétie h existe puisque (BC) et (DE) sont parallèles.
En raisonnant comme au **b** ; on montre que G, C et E sont alignés. Donc G est l'intersection de (BD) et (CE) : G est le centre de l'homothétie h.

Par ailleurs, si on a $\begin{matrix} B \mapsto D \\ C \mapsto E \end{matrix}$ alors $\overrightarrow{DE} = k\overrightarrow{BC}$ où k est le rapport de h.
Or, par construction, $\overrightarrow{DE} = -2\overrightarrow{BC}$ donc $k = -2$.
On sait aussi que $\overrightarrow{GB} = -2\overrightarrow{GB'}$ (car G est placé aux $\dfrac{2}{3}$ de [BB′])
donc B′ a pour image B par h.

4 **a.**

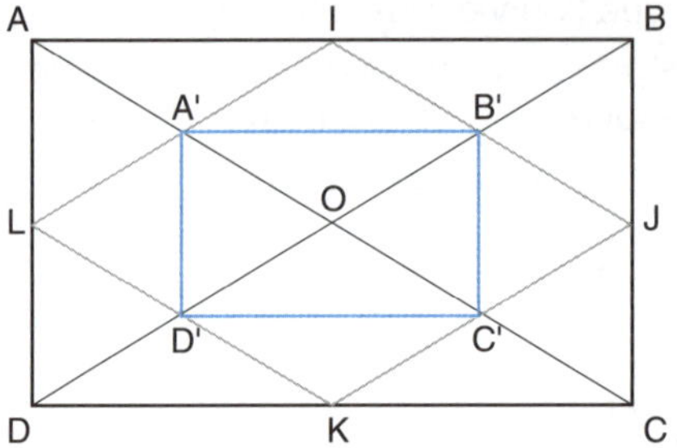

Les diagonales (AC) et (BD) du rectangle se coupent en O ainsi que les médiatrices (IK) et (LJ) des côtés. Celles-ci sont de plus perpendiculaires, donc AIOL est un rectangle. Son centre A′, milieu de [LI], est aussi le milieu de [OA].

Donc $\overrightarrow{OA'} = \frac{1}{2}\overrightarrow{OA}$.

b. On a de même $\overrightarrow{OB'} = \frac{1}{2}\overrightarrow{OB}$; $\overrightarrow{OC'} = \frac{1}{2}\overrightarrow{OC}$; $\overrightarrow{OD'} = \frac{1}{2}\overrightarrow{OD}$.

L'image du rectangle ABCD par l'homothétie *h* de centre O, de rapport $\frac{1}{2}$ est A′B′C′D′, qui est donc aussi un rectangle.

Son aire est égale à $\left(\frac{1}{2}\right)^2$ de l'aire de ABCD, soit $\frac{1}{4}$ de l'aire de ABCD.

5 **a.** On obtient la figure ci-contre.

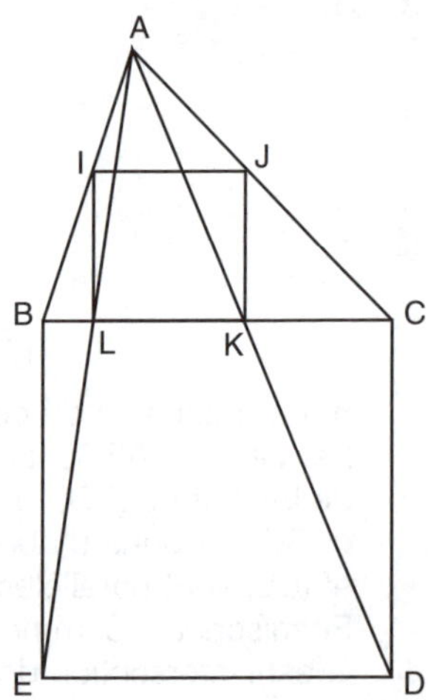

b. Une homothétie de centre A transforme (ED) en une droite parallèle, or (BC) est parallèle à (ED) donc on peut trouver une telle homothétie avec E ↦ L
D ↦ K
où K et L sont des points de (BC).

Par ailleurs, A, E et L doivent être alignés ainsi que A, K et D. L est donc l'intersection de (AE) et (BC) et K l'intersection de (AD) et (BC).

c. Par *h*, l'image du carré BCDE est un carré dont un côté est [KL].

Par ailleurs, l'image de B par *h* est un point de [AB] et l'image de C un point de [AC].

Dans le carré image, les perpendiculaires à (BC) en L et K coupent donc (AB) et (AC) en I = *h*(B) et J = *h*(C) et IJKL est le carré cherché.

6 **a.** $\overrightarrow{IA'} = 2\,\overrightarrow{IA}$ par définition de l'homothétie h ; or $\overrightarrow{IA}$ $(-1 - 1 ; 1 - 2)$ soit $\overrightarrow{IA}(-2 ; -1)$ donc $\overrightarrow{IA'}(-4 ; -2)$.
Mais par ailleurs, en appelant $x_{A'}$ et $y_{A'}$ les coordonnées de A', $\overrightarrow{IA'}$ $(x_{A'} - 1 ; y_{A'} - 2)$.
On a donc le système :

$$\begin{cases} x_{A'} - 1 = -4 \\ y_{A'} - 2 = -2 \end{cases} \quad \text{soit} \quad \begin{cases} x_{A'} = -3 \\ y_{A'} = 0 \end{cases}$$

A' a donc pour coordonnées $(-3 ; 0)$.

b. En suivant le même raisonnement qu'au **a.**, $\overrightarrow{IM'} = 2\overrightarrow{IM}$.
$\overrightarrow{IM}$ a pour coordonnées $(x - 1 ; y - 2)$ et, $\overrightarrow{IM'}$ $(x' - 1 ; y' - 2)$.

On a donc le système : $\begin{cases} x' - 1 = 2(x - 1) \\ y' - 2 = 2(y - 2) \end{cases}$

soit $\begin{cases} x' = 2x - 2 + 1 \\ y' = 2y - 4 + 2 \end{cases}$

$$\begin{cases} x' = 2x - 1 \\ y' = 2y - 2 \end{cases}$$

CHAPITRE 13

POUR FAIRE LE POINT

1. a ; 2. b ; 3. b ; 4. b ; 5. c ; 6. a ; 7. b.

FAIRE

1 **a.** Il y a cinq valeurs différentes pour le caractère : 6; 8; 10; 11 et 12.
La population est constituée par les élèves.

Notes	6	8	10	11	12	Total
Effectif	3	4	6	4	3	**20**
Fréquence	0,15	0,2	0,3	0,2	0,15	**1**

b. $\frac{13}{20} = 0{,}65$ et $\frac{2}{3} = 0{,}66$ ...
Il y a moins des deux tiers des élèves qui ont la moyenne. L'affirmation est donc fausse.

2 Le temps moyen pour un coureur de l'équipe A est de :
$$\frac{50 \times 2 + 51 \times 3 + 52 \times 5 + 53 \times 1}{11} = 51{,}45 \text{ min.}$$

Le temps moyen pour un coureur de l'équipe B est de :

$$\frac{50 \times 3 + 51 \times 1 + 52 \times 4 + 54 \times 1}{9} = 51{,}44 \text{ min.}$$

L'équipe B gagne d'un centième de seconde !

3 Le caractère est quantitatif et continu.
On détermine le centre de chaque intervalle.

Puissance (en chevaux)	[0 ; 10[	[10 ; 50[	[50 ; 100[	[100 ; 150[	150 et plus
Centre de classe	$\frac{0+10}{2} = 5$	30	75	125	180
Pourcentage	28,4	26,6	19,8	9,6	15,5

La puissance moyenne d'un bateau est de :

$$\frac{5 \times 28{,}4 + 30 \times 26{,}6 + 75 \times 19{,}8 + 125 \times 9{,}6 + 180 \times 15{,}5}{100} = 64{,}15 \text{ ch}$$

4 En Seconde A, la note moyenne est de :

$$\frac{5 \times 8 + 7 \times 10 + 6 \times 12 + 2 \times 14}{20} = 10{,}5.$$

La note médiane se situe entre la 10e et la 11e note. C'est donc 10.
En Seconde B, la note moyenne est de :

$$\frac{4 \times 4 + 7 \times 6 + 5 \times 16 + 4 \times 18}{20} = 10{,}5.$$

La note médiane se situe aussi entre la 10e et la 11e note. C'est ici 6.
La Seconde A est plus homogène.

5 **a.**

Tranche horaire (en h)	**FCC**	**FCD**
[0 ; 6[	11,3	100
[6 ; 12[	32,8	88,7
[12 ; 18[	68,7	67,2
[18 ; 24[	100	31,3

Plus de 50 % des accidents dans une journée ont eu lieu avant 18 h. Comme 32,8% se situent avant 12 h, seulement 17,2% des 50% se situent après 12 h.

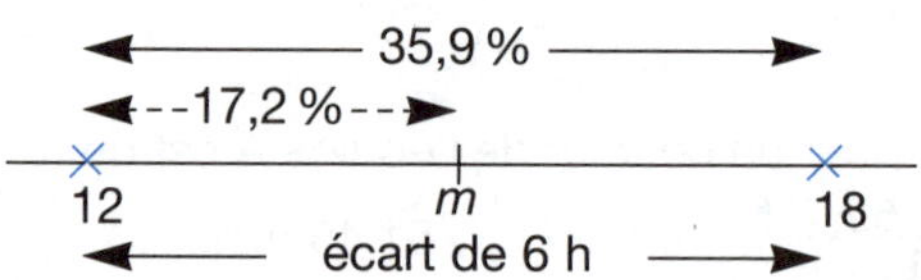

L'heure médiane est : $12 + \frac{17{,}2 \times 6}{35{,}9} = 14{,}87$ h.

Donc plus de 50 % des accidents d'une journée ont lieu avant 15 h.

b.

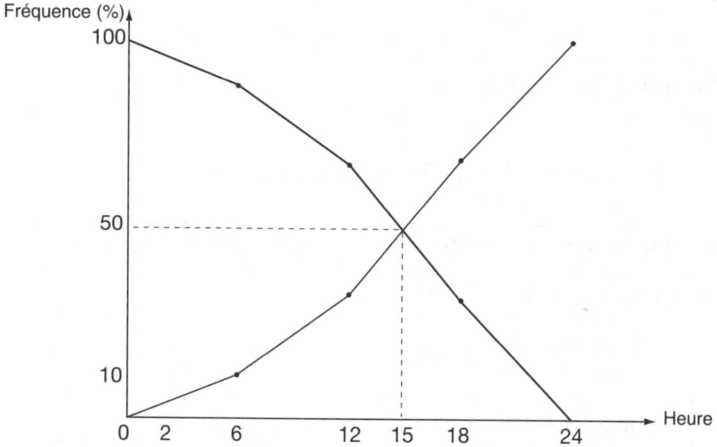

L'heure médiane correspond à l'abscisse du point d'intersection des FCC et des FCD.

6

Âge (en années)	[0 ; 20[	[20 ; 65[	[65 ; 100]
Effectif (en millions)	16	33	7
Nombre d'intervalles unitaires	$20 \div 5 = 4$	$(65 - 20) \div 5 = 9$	$(100 - 65) \div 5 = 7$
Effectif d'un intervalle unitaire (en millions)	$16 \div 4 = 4$	$33 \div 9 = 3{,}7$	$7 \div 7 = 1$

De 0 à 20, on aura par exemple 4 bandes de 4 cm de haut. De 20 à 65, 9 bandes de 3,7 cm de haut. De 65 à 100, 7 bandes de 1 cm de haut.

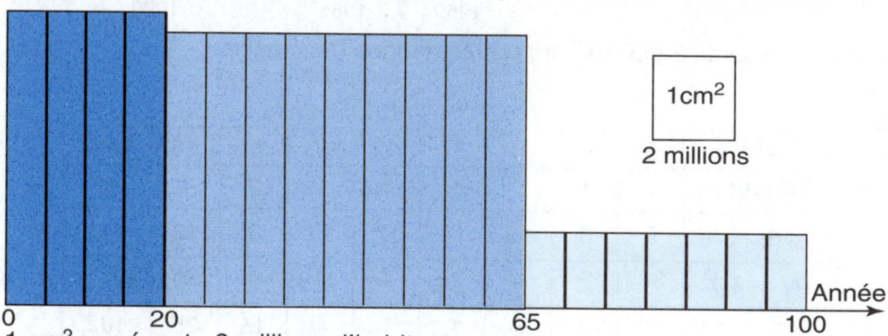

1 cm² représente 2 millions d'habitants.

7 On détermine les effectifs en comptant le nombre de carreaux unitaires sur chaque intervalle.

Ancienneté	[0 ; 10[	[10 ; 15[	[15 ; 30]	**Total**
Effectif	$18 \times 2 = 36$	$12 \times 2 = 24$	$18 \times 2 = 36$	**96**
Montant de la prime	$36 \times 1\,000 = 36\,000$	$24 \times 1\,500 = 36\,000$	$36 \times 2\,000 = 72\,000$	**144 000**

La direction devra répartir 144 000 F entre ses employés.

8

Date d'achèvement	[1900 ; 1950[	[1950 ; 1965[	[1965 ; 1990[
Effectif (en milliers)	7 970	10 856	2 710
Nombre d'intervalles unitaires	$50 \div 5 = 10$	$15 \div 5 = 3$	$25 \div 5 = 5$
Effectif d'un intervalle unitaire (en milliers)	$7\,970 \div 10 \approx 800$	3 620	540

De 1900 à 1950, on pourra dessiner 10 bandes de 0,8 cm de haut. De 1950 à 1965, 3 bandes de 3,6 cm de haut. De 1965 à 1990, 5 bandes de 0,5 cm de haut.

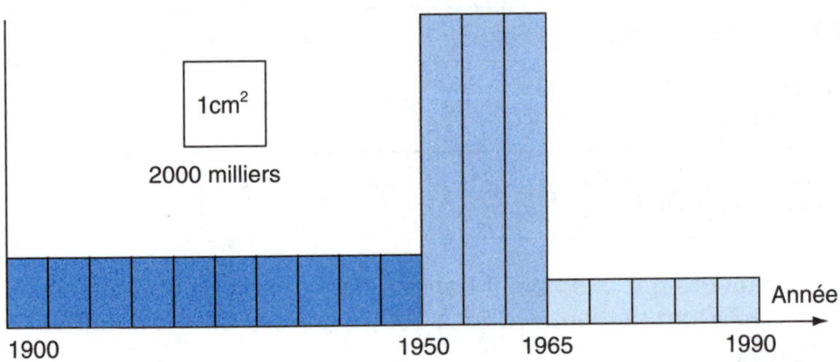

1 cm² représente 2 000 milliers de résidences principales.

9

Note x_i	5	8	9	10	12	13	14	16	**Total**
Effectif n_i	1	1	2	1	1	1	2	1	**10**
$n_i x_i$	5	8	18	10	12	13	28	16	**110**
$(x_i - \bar{x})^2$	36	9	4	1	1	4	9	25	
$n_i(x_i - \bar{x})^2$	36	9	8	1	1	4	18	25	**102**

a. $\overline{x} = 110 \div 10 = 11.$

b. $V = \dfrac{102}{10} = 10{,}2$ et $\sigma = \sqrt{10{,}2} \approx 3{,}2.$

c. Pour une même moyenne, les notes de Zoé sont plus dispersées par rapport à cette moyenne. Les notes d'Alain sont plus homogènes.

10 **a.**

Âge (en années)	[16 ; 20[	[20 ; 40[	[40 ; 60[	[60 ; 70]	**Total**
Centre de classe x_i	$\frac{16+20}{2} = 18$	30	50	65	
Effectif n_i (en milliers)	312	7 500	5 800	434	**14 046**
$n_i\ x_i$	$312 \times 18 = 5616$	225 000	290 000	28 210	**548 826**
$n_i\ x_i^2$	$312 \times 18^2 = 101\ 088$	6 750 000	14 500 000	1 833 650	**23 184 738**

b. La moyenne est $\overline{x} = \dfrac{548\ 826}{14\ 046} \approx 39{,}0735$ soit 39 ans.

L'écart type est $\sigma = \sqrt{\dfrac{23\ 184\ 738}{14\ 046} - (\overline{x})^2} = 11{,}1$ ans.

c. $]\overline{x} - \sigma\ ;\ \overline{x} + \sigma[\ =\ ]27{,}9\ ;\ 50{,}1[$

Par interpolation linéaire sur les intervalles]27,9 ; 40[et [40 ; 50,1[, on obtient :

$$\frac{(40 - 27{,}9) \times 7\ 500}{20} + \frac{(50{,}1 - 40) \times 5\ 800}{20} = 4\ 537{,}5 + 2\ 929$$

= 7466,5 millions d'hommes d'actifs

ou encore, en pourcentage, par rapport à l'effectif total :

$$\frac{7\ 466{,}5 \times 100}{14\ 046} = 53{,}2\ \%$$

L'intervalle $]\overline{x} - \sigma\ ;\ \overline{x} + \sigma[$ regroupe bien plus de 50 % de l'effectif total.

S'ENTRAÎNER

1 **a.** $\dfrac{37 \times 2 + 38 \times 3 + 39 \times 7 + 40 \times 6 + 41 \times 4 + 42 \times 3}{25} = 39{,}64.$

La pointure moyenne est le 40.

b.

Pointure	37	38	39	40	41	42	**Total**
Fréquence	$\frac{2}{25} = 0{,}08$	0,12	0,28	0,24	0,16	0,12	**1**
Nombre de paires à commander	$40 \times 0{,}08 = 3{,}2$ soit 3	5	11	10	6	5	**40**

2 **a.** La moyenne est : $\overline{x} = (105 \times 20\,421 + ... + 1\,804 \times 601) \div (105 + ... + 1\,804)$
$= 10\,653\,006{,}4 \div 12\,011{,}2 = 887$ habitants par km^2.

b. La variance est $V = \dfrac{105 \times 20\,421^2 + ... + 1\,804 \times 601^2}{12\,011{,}2} - 887^2$

$= 5\,160\,805.$

L'écart type est $\sigma = \sqrt{5\,160\,805} = 2\,272$ habitants par km^2.

$]\overline{x} - \sigma ; \overline{x} + \sigma[=]-1\,385 ; 3\,159[$

4 départements sur 8 ont une densité appartenant à l'intervalle $]\overline{x} - \sigma ; \overline{x} + \sigma[$.

3 **a.** Le nombre total d'élèves est : $\dfrac{450 \times 8}{3} = 1\,200$ élèves.

Le nombre d'élèves en Première est : $\dfrac{1\,200 \times 30}{100} = 360$ élèves.

Le nombre d'élèves en Terminale est : $1\,200 - (450 + 360) = 390$ élèves.

b.

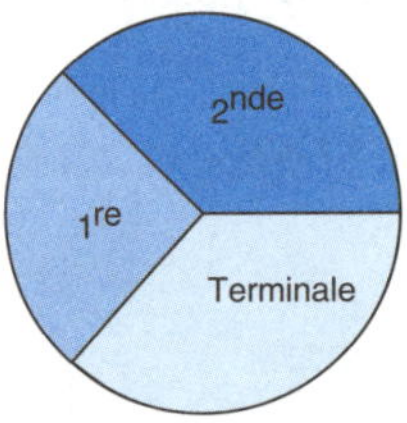

Niveau	2nde	1re	Terminale
Angle (en degrés)	$\dfrac{450}{1\,200} \times 360 = 135°$	108°	117°

CHAPITRE 14

POUR FAIRE LE POINT

1. c ; 2. b ; 3. a ; 4. c ; 5. c ; 6. a ; 7. a ; 8. b ; 9. c.

FAIRE

1 **b.** On a $\overrightarrow{BI} = \dfrac{1}{2}\overrightarrow{BC}$ car I est le milieu du segment [BC].

$\overrightarrow{JK} = \dfrac{1}{2}\overrightarrow{B'C'}$ car (JK) est la droite des milieux du triangle A′B′C′.

$\overrightarrow{BC} = \overrightarrow{B'C'}$ car les bases d'un prisme sont parallèles et superposables.

On en déduit que $\overrightarrow{JK} = \overrightarrow{BI}$.

Le quadrilatère JKIB est donc un parallélogramme. (IK) et (BJ), les supports de ses côtés opposés, sont donc des droites parallèles.

2 **a.** La droite qui joint les milieux de deux côtés d'un triangle est parallèle au troisième.
On applique cette propriété dans les triangles ABD et BCD, d'où (IL) // (JK) // (BD).

b. D'après **a.**, la droite (BD) est parallèle à la droite (JK), incluse dans le plan (IJK). Elle est donc parallèle à ce plan.

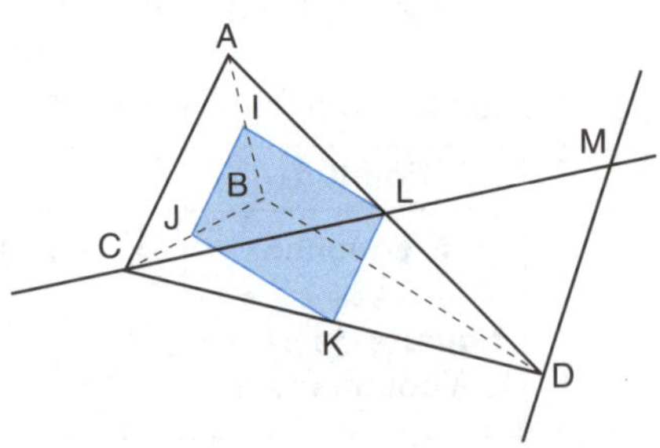

c. La parallèle à (KL) passant par D est incluse dans les plans (ACD) et *P*. C'est donc la droite d'intersection de ces deux plans. Elle coupe la droite (CL) au point M.

3 Démontrons que la droite (SH) est orthogonale à deux droites du plan (ABCD).
H, le centre du carré, est le milieu des diagonales [AC] et [BD].
Comme SA = SC et SB = SD, les triangles SAC et SBD sont isocèles en S.
Leur médiane (SH) est donc aussi hauteur et médiatrice, d'où (SH) ⊥ (AC) et (SH) ⊥ (BD).
(AC) et (BD) étant incluses dans le plan (ABCD), on en déduit que (SH) ⊥ (ABCD).

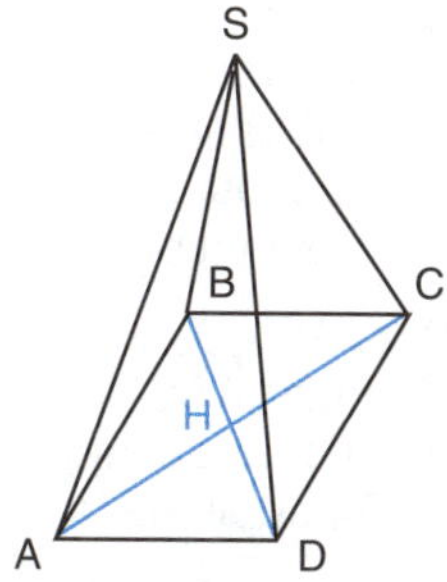

4

→	(EH)	(ABCD)	(AF)	(EHCD)
(AD)	⊥	⊂	⊥	⊥
(BCHG)	⊥	⊥	//	⊥
(DC)	//	⊂	⊥	⊂

5 Dans le triangle ADC, la droite (II′) passe par les milieux des côtés [AC] et [DC], elle est donc parallèle au troisième côté [AD].
La droite (AD), perpendiculaire aux droites (AB) et (AC) du plan (ABC), est perpendiculaire à ce plan.
On a alors (AD) ⊥ (ABC) et (II′) // (AD), d'où (II′) ⊥ (ABC). I′ est donc le projeté orthogonal de I sur (ABC).
La médiane [BI] se projette orthogonalement en [BI′].
On démontre de même que [CJ] se projette en [CJ′].
Par ailleurs, comme (AD) ⊥ (ABC), D se projette orthogonalement sur A.
La médiane [DK] se projette en [AK].

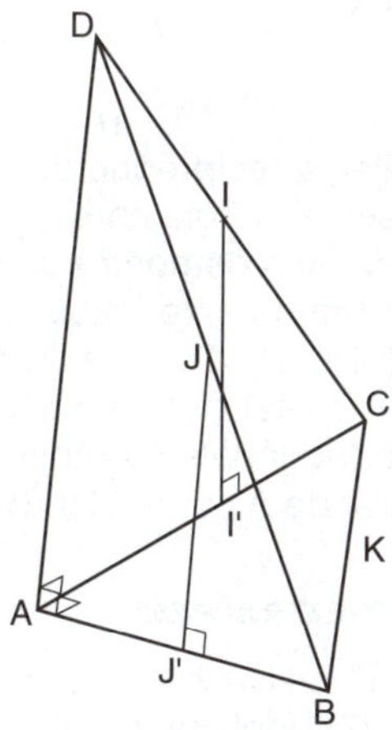

6 **a.** Tous les centres O des sphères passant par A, B et C, vérifient : OA = OB = OC.
Ils appartiennent donc à la fois aux plans médiateurs de [AB], [BC] et [AC].
$\mathfrak{D}$, leur droite d'intersection, est perpendiculaire au plan (ABC), et passe par le centre du cercle circonscrit au triangle ABC.
b. Soit O′ un point de la droite $\mathfrak{D}$. Comme $\mathfrak{D}$ est incluse dans le plan médiateur de [AB], O′ est équidistant de A et B, d'où O′A = O′B. On montre de même O′B = O′C.
O′ est donc le centre d'une sphère passant par les points A, B et C.

c. L'intersection d'une sphère et d'un plan est un cercle. Comme ce cercle doit passer par les points A, B et C, ce ne peut être que le cercle circonscrit au triangle ABC.

7 Soit B′ le symétrique de B par rapport au plan *P*.
P est alors le plan médiateur du, segment [BB′] et M est à égale distance de B et B′, d'où AM + MB = AM + MB′.
Le trajet est donc le plus court lorsque M ∈ [AB′], c'est-à-dire lorsque M est à l'intersection de la droite (AB′) avec le plan *P*.

8 **a.** AB = AD, CD = CB, C′D = C′B. Les trois points A, C et C′ non alignés du plan (ACC′A′) sont équidistants de B et D. Donc (ACC′A′) est le plan médiateur du segment [BD].
b. On applique le théorème de Thalès dans le trapèze AIC′A′.
$\overrightarrow{AI} = \frac{1}{2}\overrightarrow{A'C'}$ donc $\overrightarrow{AK} = \frac{1}{2}\overrightarrow{KC'}$ et $\overrightarrow{KI} = \frac{1}{2}\overrightarrow{A'K}$ soit $\overrightarrow{KA'} + \overrightarrow{A'I} = \frac{1}{2}\overrightarrow{A'K}$
et $\overrightarrow{A'I} = \frac{3}{2}\overrightarrow{A'K}$ ou $\overrightarrow{A'K} = \frac{2}{3}\overrightarrow{A'I}$. K est le centre de gravité du triangle A′BD.
c. $AI^2 = \left(\frac{AC}{2}\right)^2 = \frac{a^2 + a^2}{4} = \frac{a^2}{2}$
$KI^2 = \left(\frac{1}{3}A'I\right)^2 = \frac{A'I^2}{9} = \frac{A'A^2 + AI^2}{9} = \frac{a^2 + 0{,}5a^2}{9} = \frac{3a^2}{18} = \frac{a^2}{6}$
$AK^2 = \left(\frac{1}{3}AC'\right)^2 = \frac{AC'^2}{9} = \frac{AC^2 + CC'^2}{9} = \frac{2a^2 + a^2}{9} = \frac{a^2}{3}$
On vérifie que $\frac{a^2}{6} + \frac{a^2}{3} = \frac{a^2 + 2a^2}{6} = \frac{a^2}{2}$, soit $AI^2 = KI^2 + AK^2$.
Par la réciproque du théorème de Pythagore, on conclut que le triangle AKI est rectangle en K.
d. On a démontré que (AK) ⊥ (KI) d'après **c.**
Comme, de plus (ACC′A′) est le plan médiateur de [BD], on a (BD) ⊥ (ACC′A′). La droite (AC′), incluse dans ce plan, est donc orthogonale à (BD). (AC′) est orthogonale aux droites (KI) et (BD) du plan (A′BD). Elle est donc orthogonale à ce plan. Le point K, son intersection, est le projeté orthogonal de A sur le plan (A′BD).

S'ENTRAÎNER

1 • Dans le cas où les plans sont parallèles, les droites (IK) et (LM) sont coplanaires. N'ayant aucun point commun, elles sont parallèles.
M est donc le point d'intersection de la droite $\mathcal{D}_2$ avec la parallèle à (IK) passant par L.
• Dans le cas où les plans sont sécants, soit Δ leur droite d'intersection.
– Si la droite (IK) est sécante à Δ en un point S alors (LS) est la droite d'intersection des plans ($\mathcal{D}_1$, $\mathcal{D}_2$) et *P*. M est donc l'intersection des droites (LS) et $\mathcal{D}_2$.
– Si la droite (IK) est parallèle à Δ alors la parallèle à (IK) passant par L est contenue dans les plans ($\mathcal{D}_1$, $\mathcal{D}_2$) et *P*. C'est donc leur droite d'intersection. M est à l'intersection de $\mathcal{D}_2$ avec la parallèle à (IK) passant par L.

2 **a.** $\overrightarrow{GF} = \frac{1}{2}\overrightarrow{D'C} = \frac{1}{2}\overrightarrow{A'B} = \overrightarrow{HE}$.

Donc, GFEH est un parallélogramme.
Les points E, F, G et H sont coplanaires.

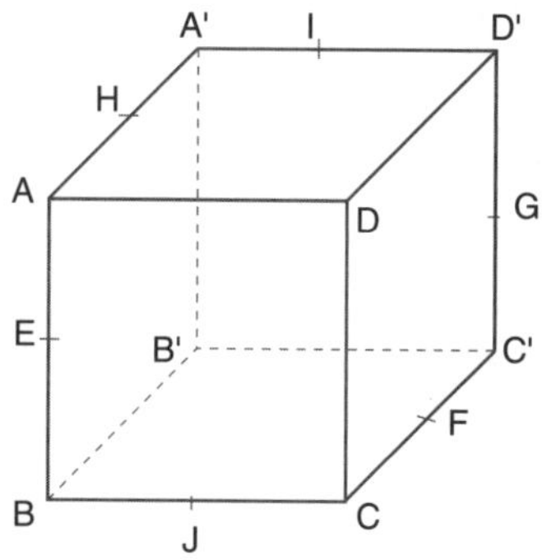

b. $\overrightarrow{GC'} = \frac{1}{2}\overrightarrow{D'C'} = \frac{1}{2}\overrightarrow{AB} = \overrightarrow{EB}$.

GC′BE est aussi un parallélogramme, d'où (GE) // (BC′).
Comme (JF) passe par les milieux de deux côtés du triangle BC′C, on en déduit que (JF) // (BC′).
On en conclut que (JF) // (GE).
D'où J ∈ (FGE).
On établit de même que I est un point du plan (FGE).

c. Le segment qui joint les milieux de deux côtés d'un triangle mesure la moitié de la longueur du troisième côté. Chaque côté de l'hexagone a donc une longueur moitié de la diagonale d'une face.
Par ailleurs, les triangles EJF, JFG, FGI, GIH, IHE et HEJ ont des angles de même mesure. L'hexagone ayant alors six côtés de même longueur et six angles égaux est donc régulier.

3 **a.** Soit I le milieu de l'arête [CD].
(AI) et (BI) sont les médiatrices des triangles ACD et BCD. Donc (CD) ⊥ (AI) et (CD) ⊥ (BI). D'où (CD) ⊥ (ABI).
Comme le plan (BCD) contient la droite (CD), orthogonale au plan (ABI), les plans (ABI) et (BCD) sont orthogonaux.

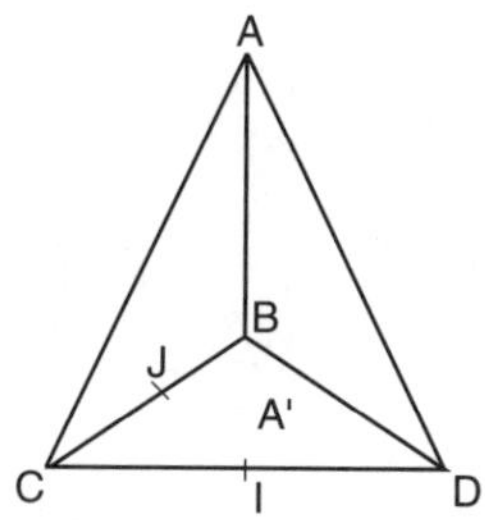

b. La droite (AA′) étant incluse dans le plan (ABI), le point A′ est un point de la droite (BI). On montre de même que A′ appartient aux deux autres médiatrices du triangle BCD.
C'est donc le centre du cercle circonscrit à ce triangle.

c. De (AA′) ⊂ (ADA′) et (AA′) ⊥ (BCD), on déduit que (ADA′) ⊥ (BCD).
Comme par ailleurs (DA′) est la médiatrice de [BC], (ADA′) est le plan médiateur de [BC].

d. H appartient à (AA′), intersection de (ABI) et (ADA′), plans médiateurs de [CD] et [BC] donc HC = HD et HB = HC.
On montre de même qu'il appartient au plan médiateur de [AB]. D'où HA = HB = HC = HD.
C'est donc le centre de la sphère circonscrite au tétraèdre.

Imprimé en France par Pollina, 85400 Luçon - n° 77771
N° d'éditeur : 1930-04 — Dépôt légal : juillet 1999